KB136753

꿀벌이 좋아하는 꽃

약용식물의 사계

농촌진흥청 著

21세기사

약용식물의 사계

1판 1쇄 인쇄 2019년 08월 10일
1판 1쇄 발행 2019년 08월 20일
저　　자 농촌진흥청
발 행 인 이범만
발 행 처 **21세기사** (제406-00015호)
경기도 파주시 산남로 72-16 (10882)
Tel. 031-942-7861　　Fax. 031-942-7864
E-mail : 21cbook@naver.com
Home-page : www.21cbook.co.kr
ISBN 978-89-8468-842-1

정가 28,000원

약용식물의
사계

발간사

꿀벌은 약 4천만 년 전에 출현하여 꽃을 피우는 속씨식물과 공생관계를 맺어왔고, 현재 전 세계적으로 9종이 존재한다. 양봉(養蜂)의 기원은 원시 수렵시대부터 야생 꿀벌이 지은 벌집에서 꿀을 채취해왔다는 것을 동굴벽화(BC 7000경)를 통해 알 수 있다.

예로부터 꿀벌은 근면과 성실의 상징이었고, 침을 갖고 있어 두려움의 대상이 되기도 했다. 성경에는 이스라엘을 '젖과 꿀이 흐르는 땅'으로 표현하여 꿀이 풍요와 복지의 상징으로 등장하였다. 우리나라에서는 고구려 동명성왕(재위 BC 37~19) 때의 동양종꿀벌(토종벌, Apis cerana)에 대한 기록이 최초이며, 서양종꿀벌(양봉, 洋蜂)은 구한말부터 도입되어 현재 전국적으로 두 종을 합쳐 200만 봉군이 사육되고 있다.

꿀벌은 벌 중에서도 특히 사회성이 강하고 근면 · 성실한 특징을 지니며, 꿀을 만들기 때문에 인간과는 언제나 친근한 관계였다. 꿀벌은 꿀과 꽃가루(화분)를 비롯한 로열젤리, 프로폴리스, 봉독, 밀랍과 같은 다양한 양봉산물을 생산하며, 인류는 오래전부터 꿀 등 양봉산물을 식용 또는 약용하여 왔다.

인간이 자연을 떠나 살 수 없듯이 식물 또한 벌 없이는 생존이 불가능하다. 아인슈타인은 꿀벌이 사라진다면 4년 안에 인류 역시 멸망할 것이라고 전망했는데, 그 이유는 지구상에 존재하는 많은 식물들이 꿀벌에게 꽃가루받이(수분)를 의존하고 있으며, 인간의 먹을거리의 1/3 이상이 꿀벌과 밀접한 관련이 있기 때문일 것이다. 또한 꿀벌은 우리 인간에게 생태계 보전이라는 공익적 가치를 제공한다. 전 세계 100대 농작물 중 71%가 꿀벌에 의해 꽃가루받이가 이루어지며, 우리나라에서도 꿀벌이 농작물 꽃가루받이에 기여하는 경제적 가치는 약 6조 원으로 평가된다.

꿀벌에게서 우리가 본받아야 할 점은 첫째, 성실과 근면이다. 일벌은 꿀 1kg을 모으기 위해 지구를 한 바퀴 도는 만큼의 거리를 비행한다. 둘째, 민주적 소통이다. 일벌들은 여왕벌이 알을 낳을 자리, 분가 시기 등을 합의를 통해 결정한다. 셋째, 청결과 협동이다. 벌들은 오염원이 침투하는 것을 막기 위해 끊임없이 청소하고, 군집을 유지하기 위해 서로 협동한다. 넷째, 희생정신이다. 무기인 벌침은 일생 동안 단 한 번밖에 쓸 수 없기 때문에 늙은 일벌들은 벌통을 지키며 외부로부터의 적의 침입에 대응한다. 마지막으로, 다양한 산물을 생산하고 농작물의 꽃가루받이를 하는 주요한 역할을 담당한다.

이 책에서는 꿀벌이 찾는 식물들을 계절별로 분류·수록하였으며, 이 책을 계기로 그동안 벌을 두려워하거나 기피하던 사람들도 이제는 꿀벌이 생태계에서 없어서는 안 될, 우리에게 매우 소중하며 배울 점도 많은 곤충이라는 것을 이해하고 인식할 수 있기를 바라는 마음이다.

국립농업과학원장 이진모

이 책의 구성

유채

Brassica napus L.

- 이명 : 호무, 호숫무
- 영명 : Rape flower
- 분류 : 쌍떡잎식물 양귀비목 십자화과
- 개화 : 3~4월
- 높이 : 1m
- 꽃말 : 명랑, 쾌활

유채는 전 세계적으로 널리 재배되고 있는 두해살이풀로, 높이는 1m가량이다. 원줄기에서 15개 정도의 곁가지가 나오고, 이 곁가지에서 다시 2~4개의 곁가지가 나온다. 잎은 넓은 피침 모양이며 잎끝이 뾰족하고 갈라지지 않는다. 윗부분에 달린 잎은 밑부분이 귀처럼 처져서 원줄기를 감싼다. 잎의 표면은 짙은 녹색이고, 뒷면은 흰빛을 띤다. 잎 사루는 자줏빛을 띤 경우도 있으며, 가장자리에는 치아 모양의 톱니가 있다. 줄기에는 보통 30~50개의 잎이 달린다. 꽃은 4월경에 노란색으로 피는데, 가지 끝에 총상꽃차례로 달리며 길이는 0.6cm가량이다. 꽃받침은 피침상의 배 모양이다. 꽃잎은 끝이 둥근 거꿀달걀 모양이며 길이는 1cm 정도이다. 6개의 수술 중 4개는 길고 2개는 짧으며 암술은 1개이다. 열매는 각과이며 끝에 긴 부리가 있는 원주형으로 중앙에는 봉합선이 있다. 익으면 봉합선이 갈라지며 20개의 암갈색 종자가 나온다. 화분은 단립이고 크기는 소립이며 아장구형이다. 발아구는 3구형이고 표면은 망상이며 망강은 뚜렷하다.

아까시나무

Robinia pseudoacacia L.

- 이명 : 아카시아
- 영명 : False acasia
- 분류 : 쌍떡잎식물 장미목 콩과
- 개화 : 5~6월
- 높이 : 25m
- 꽃말 : 품위

아까시나무 화분(현미경 사진)

아까시나무 꽃

아까시나무 잎

아까시나무는 산과 들에서 자라는 낙엽활엽교목으로, '아카시나무'라고도 한다. 뿌리에 질소 고정 박테리아가 있어서 척박한 땅에서도 잘 자라는 속성 수종으로 사방공사에 이용되었다. 높이는 25m에 달하고, 나무껍질은 노란빛을 띤 갈색이며 세로로 갈라지고 턱잎이 변한 가시가 있다. 잎은 어긋나고 홀수깃꼴겹잎이며, 잔잎은 9~19개이다. 잔잎은 2.5~4.5cm에 타원형 또는 달걀 모양이며 양면에 털이 없고 가장자리가 밋밋하다. 꽃은 5~6월에 피는데, 일년생가지의 잎겨드랑이에서 나온 길이 10~20cm의 총상꽃차례에 달린다. 꽃의 빛깔은 흰색이지만 기부는 누른빛이 돌며 향기가 진하다. 우리나라에서 생산되는 꿀의 약 80%가 아까시나무 꿀이다. 열매는 길이 5~10cm에 넓은 줄 모양으로 편평하고 털이 없다. 종자는 5~10개씩 들어 있으며 콩팥 모양이고 9월에 흑갈색으로 익는다. 화분은 단립이고 크기는 중립이며 아장구형이다. 발아구는 3구형이고 표면은 평활상이며 작은 구멍이 있다.

아까시나무 열매

성질이 평하고 맛은 달다. 꽃은 '자괴화'라 하여, 대장 하혈, 객혈을 멎게 하고 홍통(腸風)을 치료한다.

유사종

꽃아까시나무 *Robinia hispida* L. : 높이가 1m 정도이며, 줄기와 가지 등에 길고 억센 붉은색 털이 난다.

꽃아까시나무

288 289

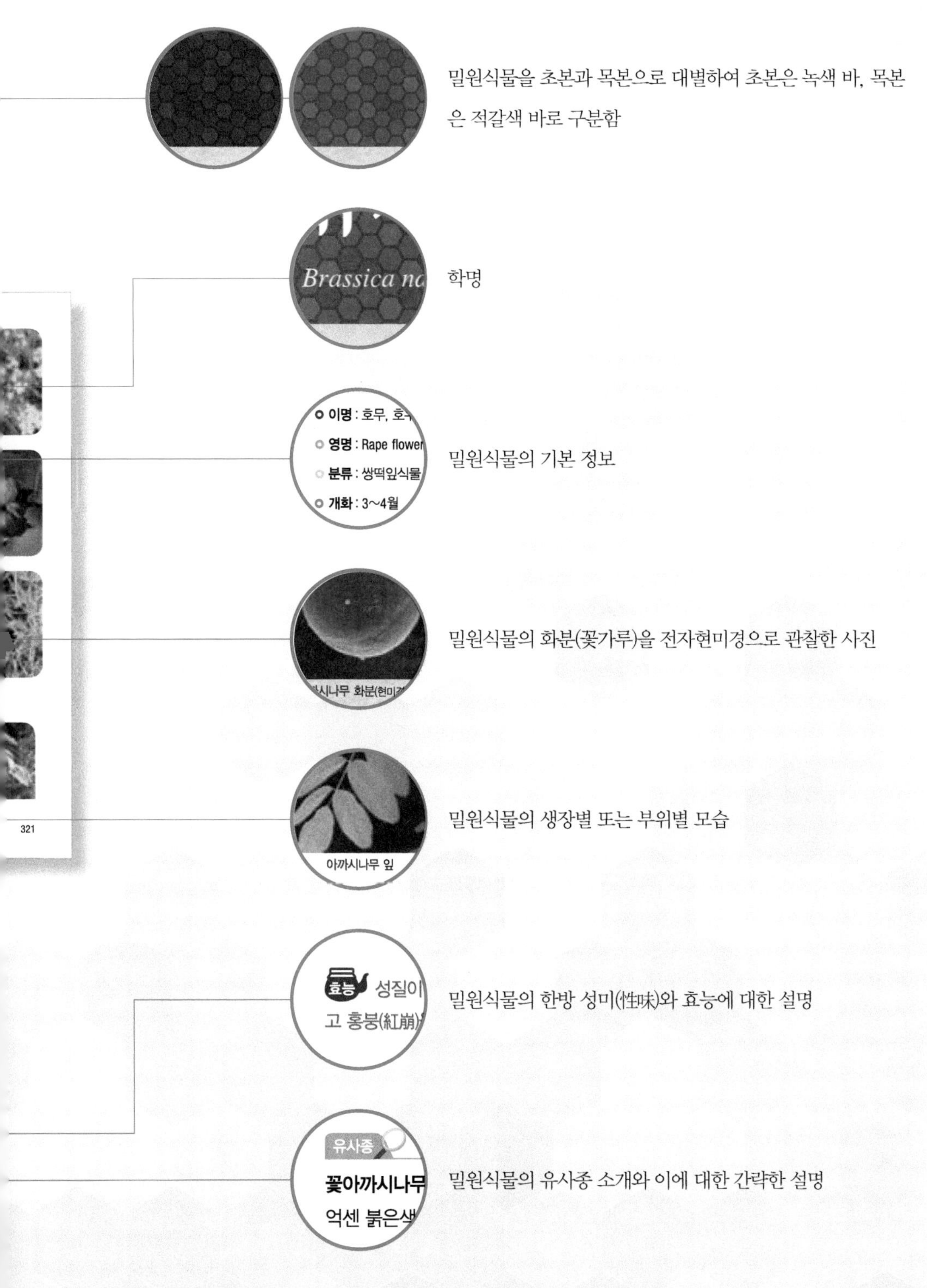

밀원식물을 초본과 목본으로 대별하여 초본은 녹색 바, 목본은 적갈색 바로 구분함

학명

밀원식물의 기본 정보

밀원식물의 화분(꽃가루)을 전자현미경으로 관찰한 사진

밀원식물의 생장별 또는 부위별 모습

밀원식물의 한방 성미(性味)와 효능에 대한 설명

밀원식물의 유사종 소개와 이에 대한 간략한 설명

차례

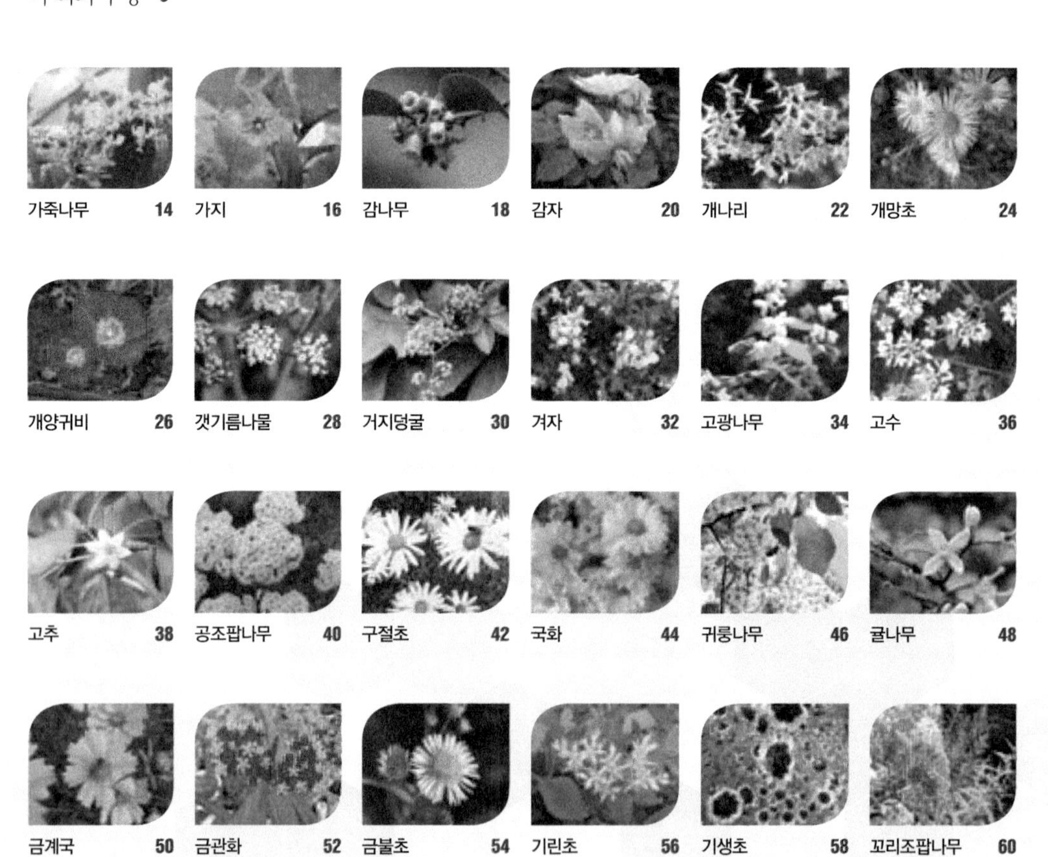

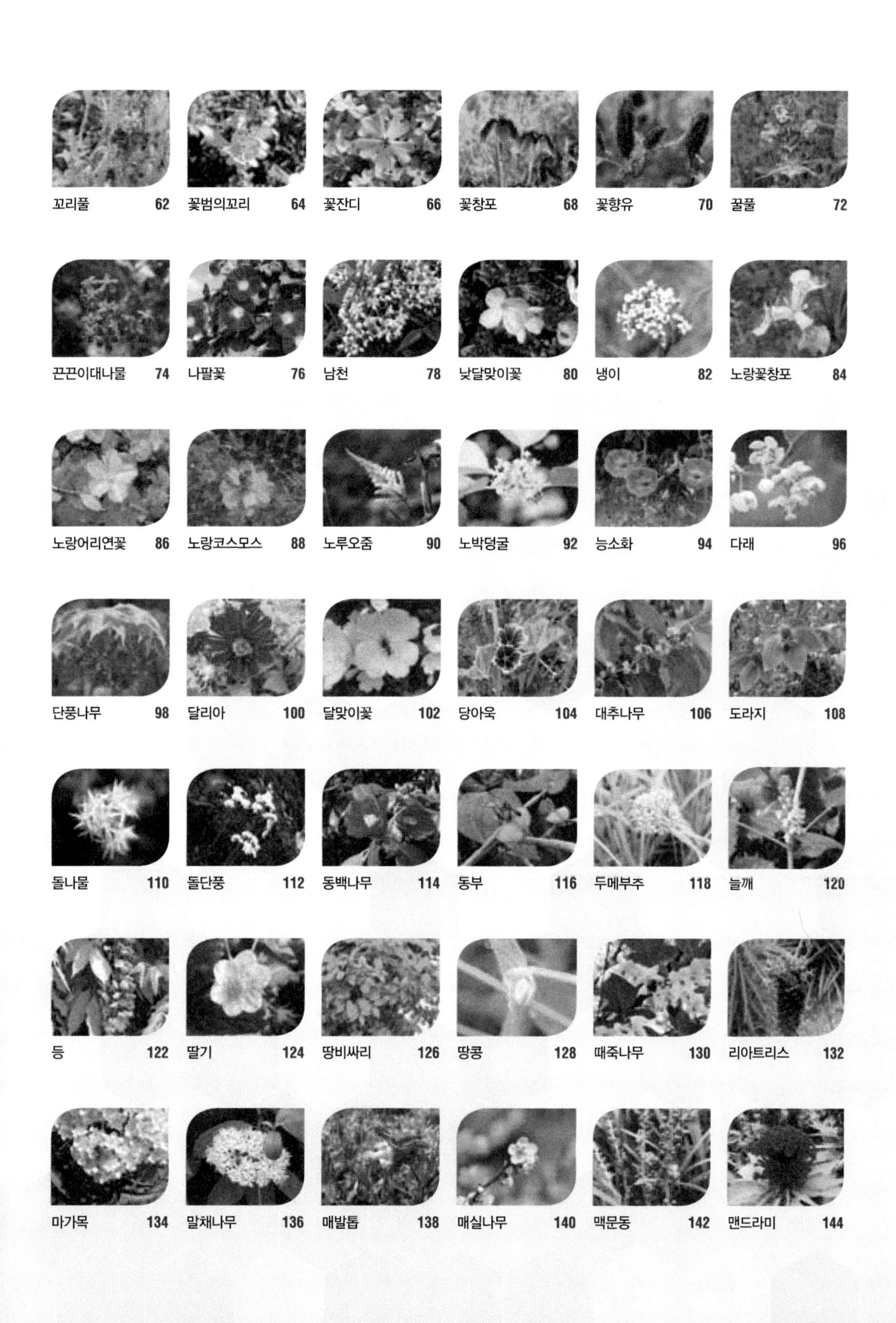

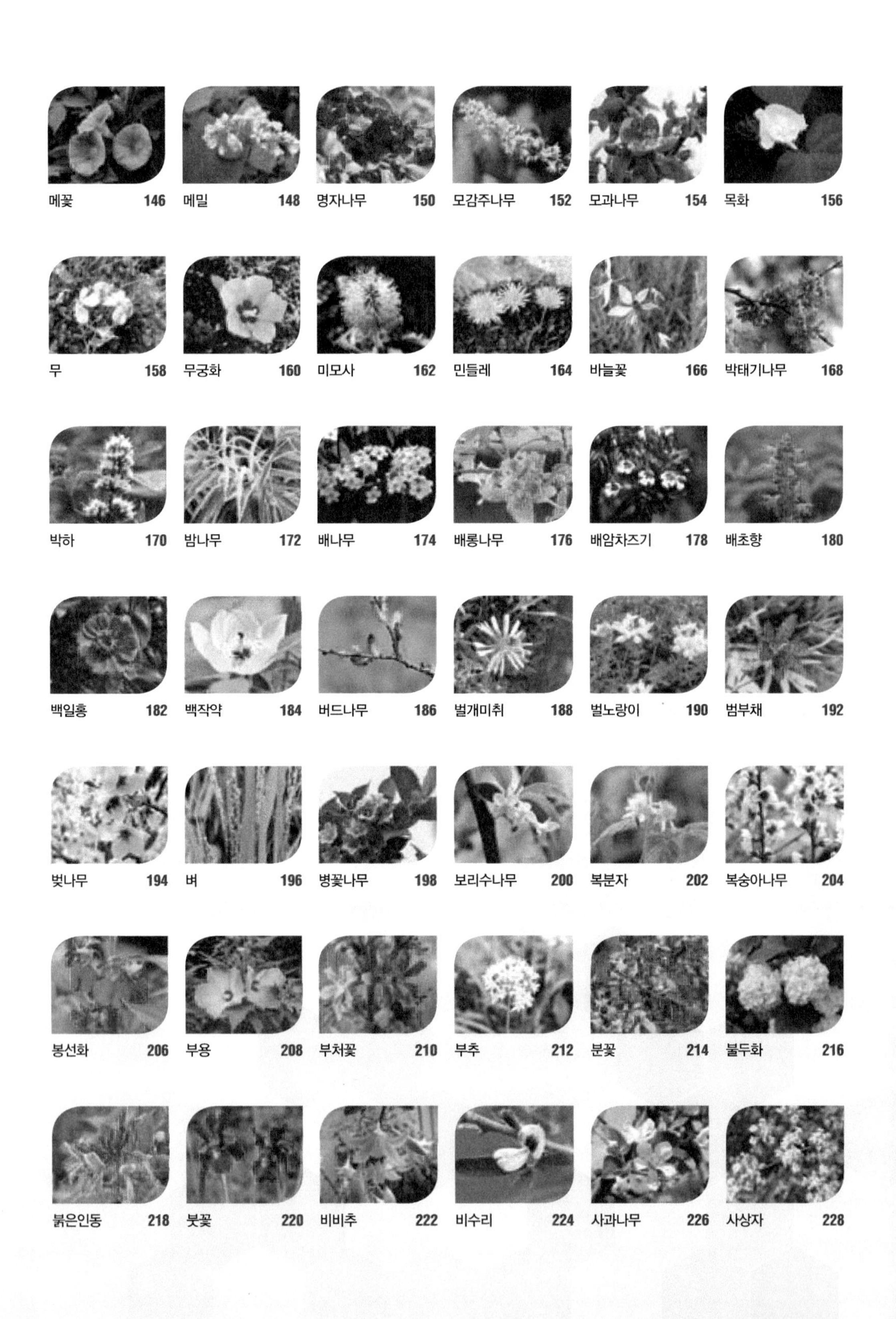

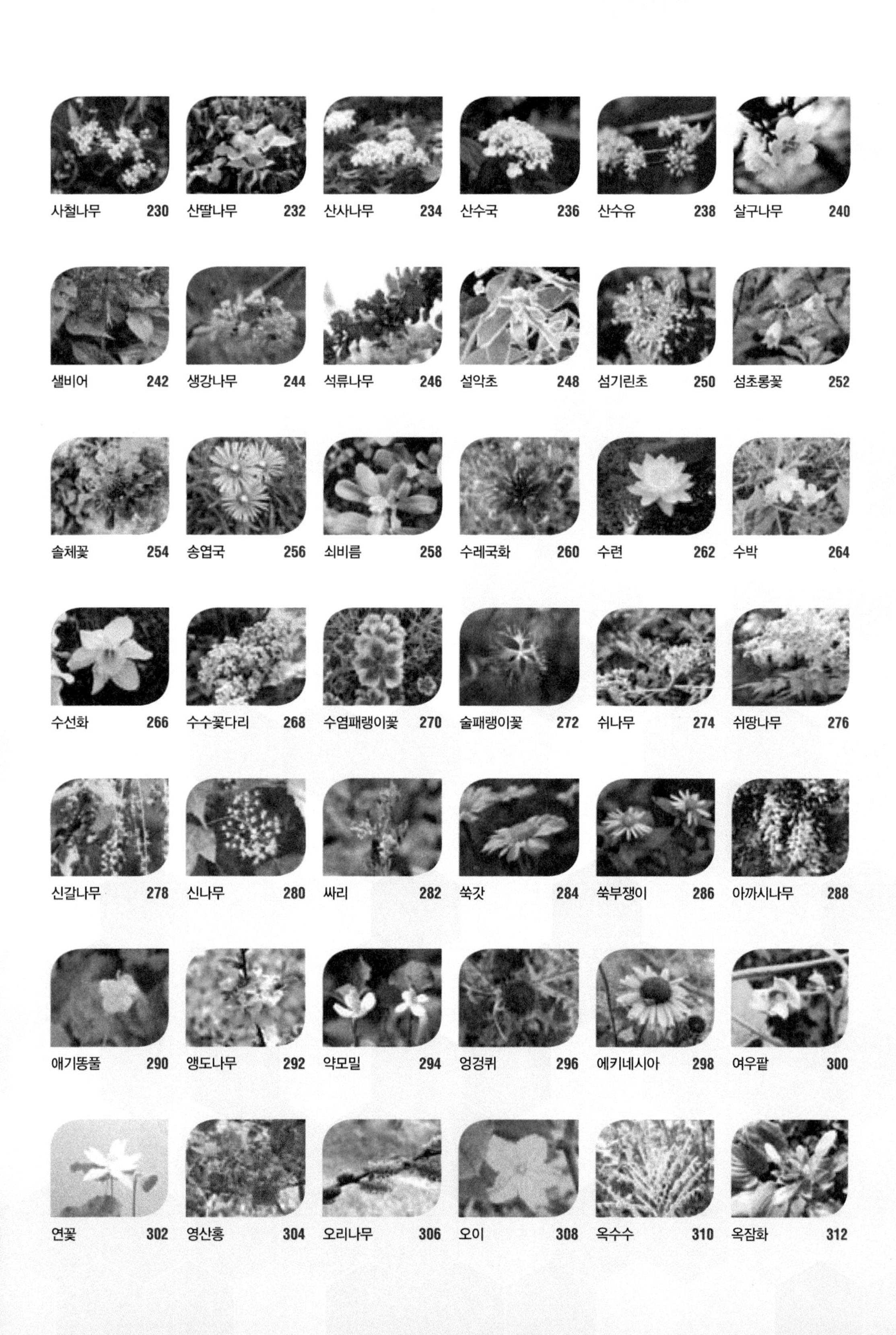

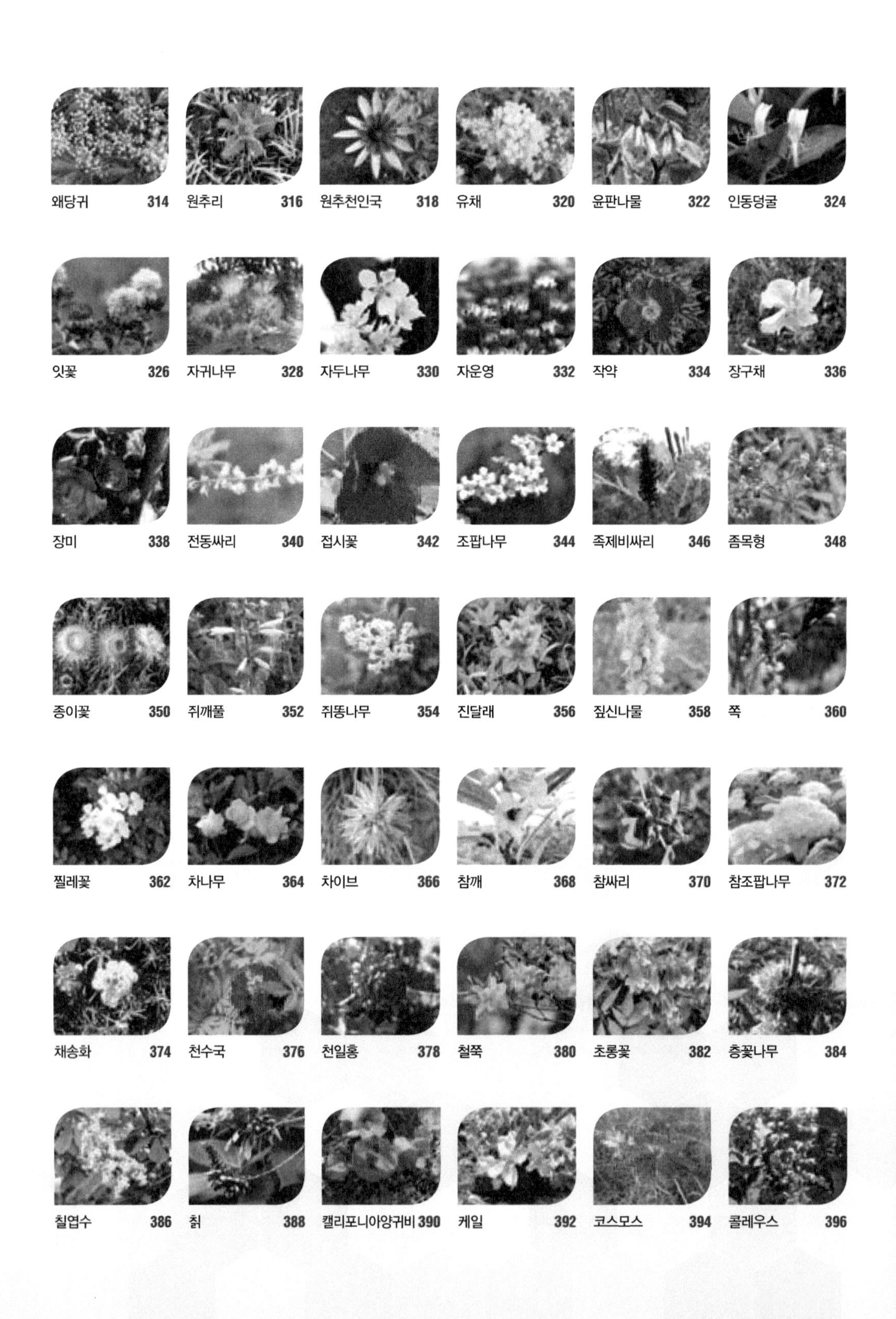

가죽나무

Ailanthus altissima (Mill.) Swingle

- **이명** : 가승목, 가중나무, 가짜죽나무
- **영명** : Tree-of-heaven, Copal tree, Varnish tree
- **분류** : 쌍떡잎식물 쥐손이풀목 소태나무과
- **개화** : 6～8월
- **높이** : 20m
- **꽃말** : 누명

가죽나무 잎

가죽나무는 가짜죽나무라는 뜻이며, '가중나무'라고도 한다. 낙엽활엽교목으로, 높이가 20m가량이다. 줄기가 곧게 자라며, 나무껍질은 회갈색이고 오랫동안 갈라지지 않는다. 일년생 가지는 황갈색 또는 적갈색이며 털이 있으나 없어지는 것도 있다. 잎은 어긋나고 길이 60~80cm에 홀수깃꼴겹잎이다. 잔잎은 13~25개이며, 길이 7~13cm, 너비 5cm에 넓은 피침상의 달걀 모양이다. 잎끝이 점차 뾰족해지며, 부드러운 털이 있고 아랫부분에 2~4개의 톱니와 샘점이 있다. 잎의 표면은 짙은 녹색이고, 뒷면은 연한 녹색이며 털이 없다. 꽃은 암수딴꽃으로, 6~8월에 길이 10~30cm의 원추꽃차례가 가지 끝에 달려 지름 0.7~0.8cm의 녹색을 띤 흰색 꽃이 핀다. 꽃받침은 5개로 갈라지고, 5개의 꽃잎은 끝이 안으로 꼬부라진다. 수술은 10개이고, 5심피로 된 씨방의 암술대가 5개로 갈라진다. 열매는 시과(翅果)로 3~5개씩 달리고, 길이 3~4cm, 너비 1cm에 얇은 피침 모양으로 연한 적갈색이다. 열매의 날개 가운데 1개의 종자가 들어 있다. 9~10월에 성숙하여 봄까지 달려 있다.

가죽나무 암꽃

가죽나무 수꽃

가죽나무 열매

효능 뿌리 또는 줄기의 속껍질은 '저근백피(樗根白皮)', 잎은 '저엽(樗葉)', 열매는 '봉안초(鳳眼草)'라 한다. 한방에서는 봄과 가을에 뿌리의 껍질을 채취하여 겉껍질을 벗기고 햇볕에 말려서 이질(적리), 치질, 장풍 치료에 처방한다. 민간에서는 이질, 장풍에 의한 혈변, 혈뇨, 붕루(崩漏), 백대하를 치료하는 데 쓴다. 3~9g을 달여서 마시거나 가루 내어 복용한다.

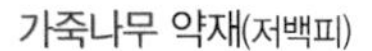

가죽나무 약재(저백피)

유사종

붉은가죽나무 *Ailanthus altissima* f. *erythrocarpa* Rehder : 잎 표면이 짙은 녹색이고 뒷면은 짙은 회색이며, 열매는 붉은빛을 띤다.

가지

Solanum melongena L.

- **이명** : 까지
- **영명** : Eggplant
- **분류** : 쌍떡잎식물 통화식물목 가지과
- **개화** : 6~9월
- **높이** : 60~100cm
- **꽃말** : 진실

가지 화분(현미경 사진)

가지는 한해살이풀로, 중국 송나라의 《본초연의(本草衍義)》에 "신라에 일종의 가지가 나는데, 모양이 달걀 비슷하고 엷은 자색에 광택이 나며, 꼭지가 길고 맛이 단데 지금 중국에 널리 퍼졌다."라고 기록되어 있다. 높이가 60~100cm이고, 전체에 회색의 별 모양 털이 빽빽이 나 있다. 잎은 어긋나고 길이 15~35cm에 달걀상 타원형이며, 긴 잎자루가 있다. 잎끝은 뾰족하거나 둔하고, 가장자리가 거의 밋밋하지만 다소 물결 모양으로 되며 좌우가 같지 않다. 꽃은 6~9월에 피는데, 마디 사이의 중앙에서 꽃대가 나와 자주색 꽃이 몇 송이 달린다. 꽃받침은 종 모양에 5개로 깊게 갈라지고 보통 자주색이다. 꽃받침조각은 피침 모양으로 가시 같은 털이 있다. 꽃부리는 지름 3cm 정도에 얕은 술잔 모양이며 끝이 5개로 갈라져 수평으로 퍼진다. 수술은 5개이며 꽃밥은 황색이다. 한 꽃대에서 밑부분의 것만이 성숙하지만 품종에 따라서는 여러 개가 성숙하는 것도 있다. 열매는 큰 장과로 보통은 흑자색이지만 홍자색, 자색, 흰색, 녹백색을 띠기도 하며, 형태는 품종에 따라 각각 다르다. 열매는 쪄서 나물로 먹거나 전으로 부치고, 찜을 해서 먹기도 한다. 화분은 단립(團粒)이고 크기는 소립이며 약단구형이다. 발아구는 3공구형이고 외구연은 비후되어 있다. 표면은 미립상이며 돌기가 빽빽하게 배열되어 있다.

가지 꽃

가지 잎

가지 열매

화초가지

효능 열매는 '가자(茄子)', 뿌리는 '가근(茄根)', 잎은 '가엽(茄葉)', 꽃은 '가화(茄花)', 숙존악(宿存萼)은 '가체(茄蔕)'라 하며 약용한다.

화초가지 *Solanum sensation* : 잎의 생김새가 가지와 비슷하지만 크기가 작고 가장자리가 물결 모양이다. 또 열매는 처음에 강렬한 흰색이지만 익으면서 점차 노란색으로 변한다.

감나무

Diospyros kaki Thunb.

- **이명** : 돌감나무, 산감나무, 똘감나무, 시수(枾樹)
- **영명** : Oriental persimmon tree
- **분류** : 쌍떡잎식물 감나무목 감나무과
- **개화** : 5~6월
- **높이** : 6~14m
- **꽃말** : 경의, 자애, 소박

감나무 열매

감나무는 낙엽활엽교목으로, 높이가 6~14m이다. 줄기의 겉껍질은 비늘 모양으로 갈라지며 작은 가지에 갈색 털이 있다. 잎은 어긋나고, 길이 7~17cm, 너비 4~10cm에 타원상 달걀 모양으로 두꺼우며, 가장자리에 톱니가 없다. 잎자루는 길이가 0.5~1.3cm이며 털이 있다. 꽃은 5~6월에 양성화 또는 단성화가 피는데, 잎겨드랑이에 황백색으로 달린다. 수꽃은 16개의 수술이 있으나 양성화에는 4~16개의 수술이 있다. 암꽃의 암술은 길이가 1.5~1.8cm이고, 암술대는 털이 있고 길게 갈라지며 씨방은 8실이다. 열매는 장과이며 지름 4~8cm에 달걀상의 원형 또는 납작한 공 모양이고, 10월에 황적색으로 익는다.

효능 익은 열매의 꼭지는 '시체(柿蒂)', 뿌리는 '시근(柿根)', 나무껍질은 '시목피(柿木皮)', 잎은 '시엽(柿葉)', 꽃은 '시화(柿花)', 열매는 '시자(柿子)', 말린 열매는 '시병(柿餅)', 말린 열매의 흰 가루는 '시상(柿霜)', 열매껍질은 '시피(柿皮)', 덜 익은 열매를 물과 섞어서 찧어 만든 즙은 '시칠(柿漆)'이라 하며 약용한다. 감잎은 비타민 C가 풍부한 차로 애용되며 고혈압의 치료에도 효과가 있다. 한방에서는 감꼭지를 딸꾹질, 구토, 야뇨증 등에 달여서 복용하게 한다. 곶감은 해수, 토혈, 객혈, 이질의 치료에 쓰이며 곶감 표면의 흰 가루는 진해, 거담의 효능이 있고 자양 식품으로 쓰인다.

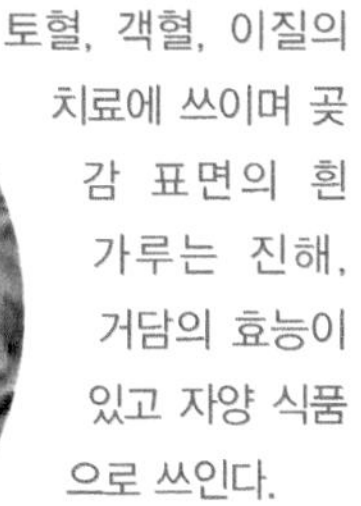

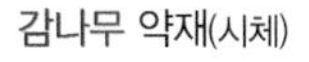

감나무 약재(시체)

감나무 암꽃

감나무 수꽃

감나무 잎

감자

Solanum tuberosum L.

- **이명** : 하지감자
- **영명** : Potato
- **분류** : 쌍떡잎식물 통화식물목 가지과
- **개화** : 6월
- **높이** : 60～100cm
- **꽃말** : 당신을 따르겠습니다

감자 화분(현미경 사진)

감자 꽃

감자 잎

감자는 '마령서', '하지감자', '북감저'라고도 한다. 페루, 칠레 등 안데스 산맥 원산의 여러해살이풀로, 전국 각지에서 자란다. 높이는 60~100cm이고, 땅속에 있는 줄기 마디로부터 기는줄기가 나오고 그 끝이 비대해져 덩이줄기를 형성하며, 독특한 냄새가 난다. 덩이줄기에는 오목하게 팬 눈 자국이 있고, 그 자국에서 어린싹이 돋는다. 땅 위 줄기의 단면은 둥글게 모가 져 있다. 잎은 어긋나고 1회 깃꼴겹잎이며, 줄기의 각 마디에서 나온다. 대개 3~4쌍의 잔잎으로 된 겹잎이고, 잔잎 사이에 다시 작은 조각잎이 붙는다. 꽃은 6월경에 피며, 잎겨드랑이에서 나온 긴 꽃대에 엷은 자주색 또는 흰색 꽃이 취산꽃차례를 이룬다. 꽃부리는 가장자리가 별 모양의 5갈래로 얕게 갈라진다. 열매는 장과로 둥글며, 꽃이 진 뒤에 토마토 비슷한 작은 열매가 달린다. 화분은 단립이고 크기는 소립이며 약장구형이다. 발아구는 3공구형이고 외구연은 비후되어 있다. 표면은 미립상이며 작은 돌기가 빽빽하게 배열되어 있다.

감자 덩이줄기

효능 철분이 많이 들어있고 빈혈을 예방할 수 있다. 생즙은 염증을 치료하고 콜레스테롤을 녹여 혈액을 맑게 하는 효능이 있다. 또한 사포닌 성분이 함유되어 있어 위궤양을 치료한다. 나트륨 등 유해 물질을 몸 밖으로 배출하기 때문에 부기를 가라앉히며 뼈엉성증, 비염에도 도움이 된다.

개나리

Forsythia koreana (Rehder) Nakai

- **이명** : 연교, 신리화
- **영명** : Korean forsythia
- **분류** : 쌍떡잎식물 용담목 물푸레나무과
- **개화** : 4월
- **높이** : 3m
- **꽃말** : 희망, 기대

개나리 화분(현미경 사진)

개나리는 낙엽활엽관목으로, 산기슭 양지에서 많이 자란다. 높이는 약 3m이고, 줄기 끝이 밑으로 처진다. 잔가지는 처음에는 녹색이지만 점차 회갈색으로 변하고 껍질눈이 뚜렷하게 나타난다. 잎은 마주나고 길이 3~12cm에 타원형이며 가장자리에 톱니가 있다. 잎의 앞면은 짙은 녹색이고 뒷면은 황록색이며 양면에 털이 없다. 잎자루는 길이 1~2cm이다. 꽃은 4월에 노란색으로 피는데, 잎겨드랑이에 1~3송이씩 달리며 꽃자루는 짧다. 꽃받침은 4갈래이며 녹색이다. 꽃부리는 길이 2.5cm 정도에 끝이 4갈래로 깊게 갈라지는데 갈래조각은 긴 타원형이다. 수술은 2개이고 꽃부리에 붙어 있으며 암술은 1개이다. 암술대가 수술보다 위로 솟은 것은 암꽃이고, 암술대가 짧아 수술 밑으로 숨은 것은 수꽃이다. 열매는 삭과로 9월에 결실하며, 길이는 1.5~2cm이고 달걀 모양이다.

개나리 꽃

개나리 잎

효능 한방에서 개나리 종류의 열매를 말린 것을 '연교'라 하여 약용하는데, 한열(寒熱), 발열, 화농성 질환, 림프샘염, 소변불리, 종기, 신장염, 습진 등을 치료한다. 뿌리를 '연교근', 줄기와 잎을 '연교지엽'이라 하여 약용한다. 개나리 열매껍질에서 추출한 물질에는 항균 성분이 있다. 개나리 꽃으로 담근 술을 개나리주라 하고, 햇볕에 말린 열매로 담근 술을 연교주라 한다.

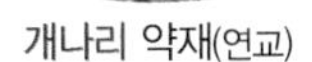

개나리 약재(연교)

개나리 열매

개망초

Erigeron annuus (L.) Pers.

- **이명** : 망국초, 왜풀, 개망풀
- **영명** : Daisy fleabane
- **분류** : 쌍떡잎식물 국화목 국화과
- **개화** : 6~7월
- **높이** : 30~100cm
- **꽃말** : 화해

개망초 화분(현미경 사진)

개망초는 두해살이풀로, 높이가 30~100cm이다. 줄기는 곧게 서며, 전체에 짧고 굵은 털이 있고 가지가 많이 갈라진다. 잎은 어긋나고, 밑부분의 것은 길이 4~15cm, 너비 1.5~3cm에 달걀 모양 또는 달걀상의 피침 모양이다. 잎의 양면에 털이 있고 가장자리에 톱니가 드문드문 있으며, 잎자루에는 날개가 있다. 윗부분의 잎은 좁은 달걀 모양 또는 피침 모양으로, 가장자리에 뾰족한 톱니가 있고 뒷면 맥 위와 가장자리에 털이 있다. 뿌리잎은 달걀 모양으로 가장자리에 뾰족한 톱니가 있고 잎자루가 긴데, 꽃이 필 때 시든다. 꽃은 6~7월에 피며, 가지 끝과 원줄기 끝에 지름 2cm 정도의 흰색 꽃이 산방상으로 달린다. 때로 자줏빛을 띤 혀꽃이 둘러싸고 있다. 혀꽃부리는 길이 0.7~0.8cm, 너비 0.1cm 정도로 총포(總苞)보다 약간 길거나 같다. 총포는 길이 0.6~0.8cm, 너비 1.5~1.7cm의 종 모양이며, 총포조각은 3줄로 배열되고 길이 0.3cm의 피침 모양으로 뒷면에 벌어진 긴 털이 있다. 열매는 수과인데, 수꽃의 수과는 피침 모양으로 털이 있고, 암꽃의 수과에는 짧은 막질의 갓털이 있다. 양성화의 수과에는 막질 갓털과 10~15개의 센털로 이루어진 갓털이 있으며, 8~9월에 익는다. 화분은 단립이고 크기는 소립이며 공 모양이다. 발아구는 3공구형이고 삭개(蒴蓋 : 홀씨주머니인 삭의 꼭대기를 덮는 뚜껑 모양의 기관)가 있다. 표면은 가시 모양의 돌기가 있으며 작은 구멍이 존재한다.

효능 열을 내리고 독을 풀어주며 소화를 돕는 효능이 있어 감기, 말라리아, 소화 불량, 장염, 설사, 전염성 간염, 림프절염, 혈뇨 등의 치료에 효과적이다.

개망초 꽃

개망초 잎

개망초 줄기

개양귀비

Papaver rhoeas L.

- **이명** : 여춘화, 금피화
- **영명** : Corn poppy
- **분류** : 쌍떡잎식물 양귀비목 양귀비과
- **개화** : 5월경
- **높이** : 30~80cm
- **꽃말** : 화려함, 감사, 허영, 위안

개양귀비 화분(현미경 사진)

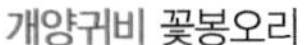

개양귀비 꽃봉오리

개양귀비 꽃

개양귀비는 두해살이풀로, 배수가 잘되는 사질 토양에서 잘 자란다. 높이는 30~80cm 정도이고, 포기 전체에 털이 있어 아편 양귀비와 구별된다. 잎은 어긋나고 깃 모양으로 갈라지며, 갈래조각은 선상의 피침 모양으로 잎끝이 뾰족하고 가장자리에 톱니가 있다. 꽃은 5월경에 붉은색으로 가지 끝에 1송이씩 달리는데, 피기 전에는 아래를 향하다가 필 때에는 위를 향한다. 꽃받침조각은 2개로 녹색이고 가장자리는 흰색이며 겉에 털이 있는데, 꽃이 필 때 떨어진다. 꽃잎은 4개가 서로 어긋나며 마주나고 길이 3~4cm에 다소 둥글다. 수술이 많고 씨방은 거꿀달걀 모양에 털이 없으며, 암술대는 방사형이고 꽃대에 퍼진 털이 있다. 열매는 삭과이며 길이 1cm 정도에 넓은 거꿀달걀 모양이고 털이 없다. 화분은 단립이고 크기는 중립이며 공 모양이다. 발아구는 3구형이고 표면에 미립상 작은 돌기가 있다.

개양귀비 잎

개양귀비 열매

효능 전초를 달여서 복용하면 진통, 진해, 지사 등의 효능이 있다. 또한 열매의 유즙에는 마취제와 비슷한 진통제 성분이 있어 마취, 진통, 기침 치료 등에 쓰인다. 꽃에는 진해의 효능이 있다.

갯기름나물

Peucedanum japonicum Thunb.

- **이명** : 개기름나물, 목단방풍, 미역방풍, 보안기름나물
- **영명** : Coastal hogfennel
- **분류** : 쌍떡잎식물 산형화목 산형과
- **개화** : 6～8월
- **높이** : 60～100cm
- **꽃말** : 고백

갯기름나물 화분(현미경 사진)

갯기름나물 꽃

갯기름나물 잎

갯기름나물은 여러해살이풀로, 높이가 60~100cm이다. 줄기는 곧게 서고 끝에 짧은 털이 나 있으며 가지가 갈라진다. 잎은 어긋나고 3회 깃꼴겹잎이며 털이 없고 윤기가 난다. 잔잎은 마름모꼴의 거꿀달걀 모양이고 두꺼우며 보통 세 갈래로 갈라지는데, 불규칙하고 깊은 톱니가 있다. 잎자루는 길고 회녹색이며 흰 가루를 칠한 듯하다. 꽃은 줄기 끝과 잎겨드랑이에 난 꽃대 끝에서 겹산형 꽃차례를 이루며, 6~8월에 흰색으로 핀다. 꽃차례는 10~20개의 작은 꽃차례로 갈라지며, 그 끝에 각각 20~30송이의 꽃이 달린다.

갯기름나물 줄기

꽃잎은 5장으로 거꿀달걀 모양이며 끝이 오목하고 안으로 말린다. 꽃자루 안쪽에는 털이 나 있다. 열매는 분과로 편평하고 넓은 타원형이며 잔털이 있고, 길이가 4~5mm이다.

갯기름나물 약재(식방풍)

효능 한방에서는 뿌리를 '식방풍'이라 하여 약재로 사용하는데, 폐의 열증에 의한 기침 증상을 없애고, 이뇨와 해독 작용이 있으며, 요로 감염증 치료에도 도움이 되는 것으로 알려져 있다. 또한 만성 두통과 감기, 류머티즘성 관절염 등에도 쓰이며, 쿠마린(coumarin)이 함유되어 있어 세포 독성을 보이고 혈액 응고를 억제하는 것으로 알려져 있다.

거지덩굴

Cayratia japonica (Thunb.) Gagnep.

- **이명** : 풀덩굴, 울타리덩굴, 새발덩굴, 새받침덩굴, 풀머루덩굴
- **영명** : Bushkiller
- **분류** : 쌍떡잎식물 갈매나무목 포도과
- **개화** : 7~8월
- **길이** : 3~5m
- **꽃말** : 기쁨, 박애, 자선

거지덩굴 꽃

거지덩굴은 덩굴성 여러해살이풀로, 원산지는 한국이다. 원줄기는 녹자색으로 능선이 있고 마디가 긴 털이 있다. 덩굴줄기의 길이는 3~5m이고, 다른 식물체로 뻗어가서 왕성하게 퍼진다. 잎은 어긋나고 손꼴겹잎이며, 잔잎은 5개이고 달걀 모양 또는 긴 달걀 모양으로 가장자리에 톱니가 있다. 중앙부의 잔잎은 길이 4~8cm, 너비 2~3cm이며, 표면의 맥 위에 털이 있고 잎자루가 길다. 꽃은 7~8월에 피는데, 연한 녹색의 작은 꽃이 산방상 취산꽃차례에 여러 개 달린다. 꽃차례는 잎과 마주나고 처음에는 3개로 갈라지며 길이는 8~15cm이다. 꽃받침은 작고, 꽃잎과 수술은 각각 4개이며 1개의 암술이 있다. 밀선반(蜜腺盤)은 둥글고 적색이다. 열매는 장과이며 지름 6~8cm에 둥글고, 상반부에 옆으로 달린 1개의 줄이 있다. 흑색으로 익으며, 종자는 길이 0.4cm 정도이다.

거지덩굴 잎과 줄기

효능 전초 또는 뿌리줄기를 '오렴매'라고 하며 약용한다. 청열, 해독, 진통, 이뇨, 이습, 소염, 소종의 효능이 있으며 옹종, 정창, 유행성 이하선염, 단독, 류머티즘 통증, 황달, 전염성 이질, 혈뇨, 백탁 등을 치료한다.

거지덩굴 열매

겨자

Brassica juncea var. *crispifolia* L.H.Bailey

- **이명** : 갓, 게자, 계자
- **영명** : Mustard
- **분류** : 쌍떡잎식물 이판화군 겨자과
- **개화** : 봄~여름
- **높이** : 1~2m
- **꽃말** : 무관심

겨자 화분(현미경 사진)

겨자 꽃

겨자 잎

겨자는 두해살이풀 또는 한해살이풀로, 높이가 1~2m이다. 잎은 뿌리잎과 줄기잎으로 나뉘는데, 뿌리잎은 깃 모양으로 갈라졌고 톱니가 있으나 줄기잎은 거의 톱니가 없다. 꽃은 노란색이며, 봄에 십자 모양의 꽃이 총상꽃차례로 핀다. 열매는 원기둥 모양의 협과로, 짧은 자루가 있다. 열매껍질 안에 갈색을 띤 노란색 종자가 들어 있다.

겨자 줄기

효능 겨자와 갓의 종자를 개자(芥子)라고 하는데, 성질이 따뜻하고 맛은 맵다. 종자는 가루 내어 향신료로 쓰기도 하고 물에 반죽하여 샐러드의 조미료로도 쓴다. 열매껍질이 누렇게 되었을 때 줄기째 베어 말린 다음 종자를 털어 모은다. 폐경에 작용하며 부패 방지 작용이 있고 약효도 있어 겨잣가루를 따뜻한 물에 풀어 진흙처럼 만들어서 아픈 곳에 바르기도 한다. 특히, 신경통, 관절염, 통풍, 폐렴의 호흡 곤란 등을 치료하는 데 쓰이는데, 이것은 겨자의 센 자극성을 이용한 것이다.

겨자, 갓, 백개, 흑겨자의 익은 종자를 말린 것을 '백개자'라 하여 약으로 쓴다.

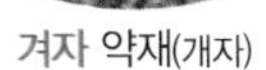

겨자 약재(개자)

고광나무

Philadelphus schrenkii Rupr. var. *schrenkii*

- **이명** : 동북산매화, 쇠영꽃나무
- **영명** : Mock orange
- **분류** : 쌍떡잎식물 장미목 범의귀과
- **개화** : 4~5월
- **높이** : 2~4m
- **꽃말** : 추억

고광나무 종자 결실

고광나무는 낙엽활엽관목으로, 높이가 2~4m이다. 가지는 2개로 갈라지고, 일년생 가지는 갈색으로 털이 다소 있으며 2년생 가지는 회색으로 껍질이 벗겨진다. 잎은 마주나고, 길이 7~13cm, 너비 4~7cm에 달걀 모양으로 잎끝이 점차 좁아지면서 뾰족해지며 세로의 종맥이 있다. 열매가 달리는 가지의 잎은 길이 4.5~7cm, 너비 1.5~4cm 정도로 가장자리에 뚜렷하지 않은 톱니가 있다. 잎의 표면은 녹색으로 털이 거의 없으나 뒷면은 연녹색으로 맥 위에 잔털이 있다. 꽃은 4~5월에 흰색으로 피는데, 줄기 끝이나 잎겨드랑이에서 나는 총상꽃차례에 달린다. 꽃차례에는 잔털이 있고 5~7개의 꽃이 달리며, 밑부분의 꽃은 잎겨드랑이에서 나고 지름 3~3.5cm에 향기가 있다. 작은 꽃대의 길이는 0.6~1.3cm로 꽃받침통과 더불어 털이 있다. 꽃받침조각은 안쪽 끝에 잔털이 있으며 꽃잎은 4개로 원형 또는 넓은 달걀 모양이다. 암술대는 4개로 깊게 갈라지고 암술대와 밀선반까지 털이 발달한다. 열매는 삭과이며 9월 말~10월 말에 결실한다. 열매의 길이는 0.6~0.9cm, 지름은 0.4~0.5cm이고 타원형으로 끝이 뾰족하다. 중앙 윗부분에 꽃받침이 달려있고 털이 떨어지는 것도 있다.

꽃은 봄에, 덜 익은 열매는 여름에 채취하여 바람이 잘 통하는 그늘에 말려서 쓴다.

고광나무 꽃

고광나무 잎

고광나무 열매

유사종

털고광나무 *Philadelphus schrenkii* var. *jackii* Koehne : 잎의 양면 특히 맥 위에 털이 있고, 일년생 가지는 밤색이며 흰색 털이 있고 껍질이 벗겨지지 않는다. 씨방과 암술머리에 털이 많다.

애기고광나무 *Philadelphus pekinensis* Rupr. : 일년생 가지에 잔털이 약간 있거나 없으며 2년생 가지는 밤색이고 벗겨진다.

고수

Coriandrum sativum L.

- **이명** : 호유실, 빈대풀
- **영명** : Coriander
- **분류** : 쌍떡잎식물 산형화목 미나리과
- **개화** : 6~7월
- **높이** : 30~60cm
- **꽃말** : 지혜

고수 열매

고수 꽃

고수 잎

고수는 한해살이풀로, 높이가 30~60cm이다. 원줄기는 곧게 서며 속이 비어 있고, 가지가 약간 갈라지며 털이 없다. 잎은 뿌리잎과 줄기잎으로 나뉘며, 뿌리잎은 잎자루가 길지만 위로 갈수록 짧아지고 밑부분이 모두 잎집으로 된다. 줄기잎은 밑부분의 것은 1~2회 깃꼴겹잎이지만 위로 가면서 2~3회 깃 모양으로 갈라지고 잎 갈래가 좁아진다. 꽃은 6~7월에 원줄기 끝과 가지 끝에서 발달한 산형꽃차례에 흰색으로 핀다. 각 꽃차례는 3~6개의 소산경으로 갈라져서 10송이 정도의 꽃이 달린다. 꽃잎은 5개이고 가장자리의 꽃잎이 특히 크다. 수술은 5개이고 씨방은 하위로 1개이다. 열매는 둥글고 10개의 능선이 있다.

고수 줄기

효능 한방에서 전초는 '호유', 열매는 '호유자'라 하여 건위제로 쓰거나 고혈압, 거담 치료에 사용한다. 절에서 많이 재배하며, 잎은 맛과 향이 매우 독특하여 김치를 담가 먹기도 한다. 중국에서는 '향채'라 하여 향료로 많이 이용한다.

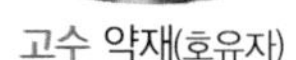

고수 약재(호유자)

고추

Capsicum annuum L.

- **이명** : 당추, 꼬치, 긴고추, 남고추
- **영명** : Hot pepper
- **분류** : 쌍떡잎식물 통화식물목 가지과
- **개화** : 7~8월
- **높이** : 60cm
- **꽃말** : 세련

고추 화분(현미경 사진)

고추 꽃

고추 잎

고추 열매

고추는 한해살이풀로, 높이가 60cm 정도이다. 줄기는 곧게 서며 전체에 털이 약간 있다. 잎은 어긋나고 잎자루가 길며, 달걀상의 피침 모양에 양끝이 좁고 가장자리가 밋밋하다. 꽃은 7~8월에 흰색으로 피는데, 잎겨드랑이에 1개 또는 2~3개가 곧게 또는 아래를 향해 달린다. 꽃받침은 녹색이고 끝이 짧게 5조각으로 갈라진다. 꽃부리는 지름 1.2~1.8cm에 얕은 접시 모양이며, 방사상으로 5~9갈래로 깊게 갈라진다. 수술은 5개이지만 3~7개인 것도 있고 중앙에 모여 달리며, 꽃밥은 황색이고 씨방은 2~3실이다. 열매는 장과로 원뿔 모양이며 8~10월에 붉게 익는다. 화분은 단립이고 크기는 소립이며 약단구형이다. 발아구는 3공구형이고 외구연은 비후되어 있다. 표면은 소망상이며 망강은 작고 망벽은 뚜렷하지 않다.

잎은 나물로 먹고 덜 익은 열매는 조려서 반찬으로 먹는다. 익은 열매는 번초(蕃椒)라 하여 향신료나 김장 재료로 이용한다.

효능 중풍, 신경통, 동상에 효능이 있으며 캡사이신 성분이 함유되어 있어 체지방을 분해하고 지방을 연소하여 다이어트에 좋다. 또한 입맛을 자극하여 식욕을 돋우는 효능이 있다. 껍질에는 피부를 보호하고 노화를 막는 항산화 효과와 항암 효과가 우수한 비타민 P가 들어 있다.

공조팝나무

Spiraea cantoniensis Lour.

- **이명** : 석봉자
- **영명** : Reeves spiraea
- **분류** : 쌍떡잎식물 장미목 장미과
- **개화** : 4~5월
- **높이** : 1~2m
- **꽃말** : 노력

공조팝나무 화분(현미경 사진)

공조팝나무 꽃봉오리

공조팝나무 꽃

공조팝나무는 꽃차례가 가지에 산방상으로 배열되어 마치 작은 공을 쪼개어 놓은 것 같아 이 이름이 붙여졌다. 전국 각지에서 자라는 낙엽활엽관목으로, 높이는 1~2m이고 가지 끝이 약간 처진다. 잎은 어긋나고 피침 모양 또는 넓은 타원형이며 상반부에 깊이 패어 들어간 톱니가 있다. 잎의 양면에 털이 없으며, 뒷면은 흰빛을 띠고 털이 없다. 꽃은 4~5월에 잎과 함께 흰색으로 피며, 가지에 우산 모양으로 배열되어 달린다. 작은꽃줄기에 때로 실 같은 작은꽃턱잎이 있다. 꽃잎은 둥글며 꽃받침잎은 삼각형으로 끝이 뾰족하고 털이 없다. 화반은 안쪽에 짧은 털이 있으며 수술은 25개이고 꽃밥은 흰색이다. 열매는 7~8월에 익는다. 화분은 단립이고 크기는 소립이며 약장구형이다. 발아구는 3구형이고 외구연은 약하게 비후되어 교각을 형성한 것처럼 보인다. 표면은 유선상이며 선은 균일하고 골에는 작은 구멍이 있다.

공조팝나무 잎

구절초

Dendranthema zawadskii var. *latilobum* (Maxim.) Kitam.

- **이명** : 구일초, 선모초
- **영명** : White-lobe Korean dendranthema
- **분류** : 쌍떡잎식물 국화목 국화과
- **개화** : 9~11월
- **높이** : 50cm
- **꽃말** : 어머니의 사랑

구절초 종자 결실

구절초 꽃

구절초 잎

구절초는 여러해살이풀로, 음력 9월 9일에 꽃과 줄기를 잘라 부인병의 약재로 썼다고 하여 이 이름이 붙여졌다. 흔히 감국, 산국, 쑥부쟁이, 개미취 등의 국화과 식물을 총칭하기도 한다. 높이는 약 50cm이고, 뿌리줄기가 지표면 가까이에서 길게 뻗으며, 자그마한 무리를 이룬다. 줄기 아랫부분은 목질화된다. 잎은 달걀 모양 또는 넓은 달걀 모양이며 밑부분이 편평하거나 심장 모양이다. 윗부분의 것은 잎끝이 점차 좁아지면서 뾰족해지며 가장자리가 1회 깃 모양으로 갈라진다. 갈래조각은 흔히 4개로 긴 타원형이며 잎끝이 짧게 뾰족하고 가장자리가 약간 갈라지거나 톱니가 있다. 꽃은 9~11월에 흰색 또는 연한 홍색으로 피는데, 줄기나 가지 끝에 1개씩 두상화가 달린다. 대롱꽃은 노란색이고, 혀꽃은 일렬로 배열된다. 두상화는 지름이 6~8cm로 산구절초보다 크다. 꽃은 향기가 있으며 한 포기에서 5송이 정도 핀다. 열매는 수과로 길이 0.2cm 정도에 긴 타원형이고, 5개의 줄이 있으며 밑부분이 약간 구부러진다. 종자는 10월 하순경부터 11월 초에 성숙한다.

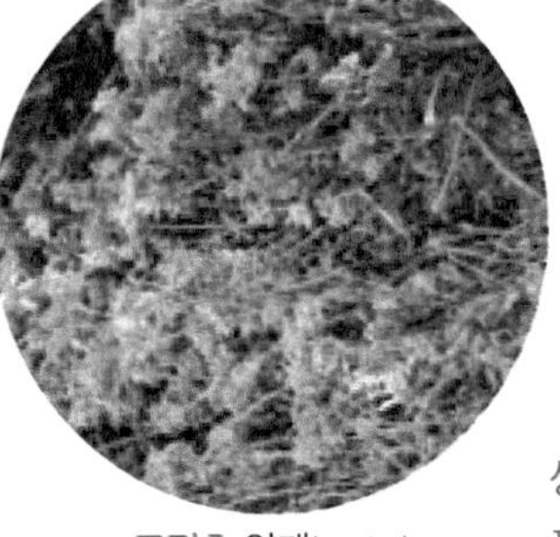

구절초 약재(구절초)

효능 한방에서는 구절초, 산구절초, 바위구절초의 전초를 '구절초'라 하며 약용한다. 예로부터 월경 불순, 지궁 냉증, 불임증 등의 부인병의 치료에 사용했다. 생약 구절초는 줄기와 잎을 말린 것이며, 한방과 민간에서는 꽃이 달린 전초를 치풍, 부인병, 위장병에 처방한다.

유사종

감국 *Dendranthema indicum* (L.) Des Moul. : 잎은 어긋나고, 달걀 모양의 원형에 깃꼴로 깊게 갈라진다.

국화 *Dendranthema morifolium* : 잎은 어긋나고, 달걀 모양에 깃꼴로 깊게 갈라지며, 갈래조각에는 불규칙한 결각과 톱니가 있다.

국화

Chrysanthemum morifolium Ramat.

- **이명** : 국, 절화, 중양화, 금화
- **영명** : Chrysanthemum
- **분류** : 쌍떡잎식물 국화목 국화과
- **개화** : 9∼11월
- **높이** : 60∼120cm
- **꽃말** : 성실과 진실, 감사

국화 화분(현미경 사진)

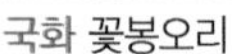

국화 꽃봉오리

국화 잎과 줄기

국화는 여러해살이풀로, 높이가 60~120cm에 달하며, 줄기 밑부분이 목질화된다. 잎은 어긋나고 잎자루가 있으며, 달걀 모양인데 중앙부까지 깃 모양으로 갈라진다. 잎 가장자리에는 불규칙한 톱니가 있다. 꽃은 두상화로 줄기 끝에 피는데, 가운데는 대롱꽃이고 주변부는 혀꽃이다. 혀꽃은 암술만 있는 암수딴꽃이고, 대롱꽃은 암술과 수술을 모두 가진 양성화이다. 꽃의 빛깔은 품종에 따라 노란색, 흰색, 빨간색, 보라색 등으로 다양하고 크기나 생김새도 품종에 따라 다르다. 재배 국화는 꽃송이의 크기에 따라서 대국, 중국, 소국으로 나뉘며, 꽃이 피는 시기에 따라 추국, 동국, 하국 등으로 나뉜다. 대국은 꽃의 지름이 18cm 이상 되는 것으로 흔히 재배하는 종류이며, 중국은 꽃의 지름이 9~18cm인 것, 소국은 꽃의 지름이 9cm 미만인 것을 말한다.

국화 약재(국화)

효능 감국화, 흰국화, 들국화를 약으로 쓰며, 꽃, 뿌리, 어린싹, 잎을 약용한다. 감국화는 장과 위를 편안하게 하고 5맥을 좋게 하며, 팔다리를 잘 움직이게 하고 풍으로 어지러운 증상과 두통에 효과적이다. 또한 눈의 정혈을 돕고 눈물이 나는 것을 멎게 하며, 머리와 눈을 시원하게 하고 풍습비를 치료한다. 흰국화도 풍으로 어지러울 때 쓰며, 들국화는 여성의 배 속에 있는 어혈을 치료한다.

꽃은 식용하기도 하는데, 조선 시대에 왕세자들이 두뇌 발달을 위해 국화죽과 국화차를 즐겨 먹었다고 한다. 또한 꽃으로 술을 담근 국화주는 그 향이 매우 그윽하다.

귀롱나무

Prunus padus L. for. *padus*

- **이명** : 귀롱나무
- **영명** : Bird cherry, European bird cherry, Hagberry
- **분류** : 쌍떡잎식물 장미목 장미과
- **개화** : 5월
- **높이** : 10～15m
- **꽃말** : 사색

귀롱나무 화분(현미경 사진)

귀룽나무는 낙엽활엽교목으로, 높이가 10~15m이다. 가지와 잎이 옆으로 퍼지면서 나무의 모양이 둥글게 형성된다. 일년생 가지를 꺾으면 냄새가 나고 나무껍질은 흑갈색이며 세로로 벌어진다. 잎은 어긋나고 길이 6~12cm, 너비 3~6cm에 거꿀달걀상의 타원형, 거꿀달걀 모양 또는 타원형이다. 잎끝은 뾰족하거나 점점 좁아지면서 뾰족해지고 밑부분은 둥글며 가장자리에 잔톱니가 있다. 잎의 표면은 녹색으로 털이 없으며, 뒷면은 회갈색으로 잎맥의 가장자리에 털이 있다. 잎자루는 길이 1.0~1.5cm에 털이 없고 꿀샘이 있다. 꽃은 5월에 햇가지의 잎겨드랑이에서 흰색으로 피는데, 털이 없고 같은 길이로 어긋나게 갈라진 꽃대가 나와 끝마다 지름 1~1.5cm 정도의 꽃이 달린다. 씨방은 털이 없고, 암술은 1개이며 암술대는 수술 길이의 1/2 정도이고 암술머리는 원반형이다. 수술은 20여 개이며 꽃잎보다 짧고 많다. 열매는 둥근 핵과이며 6~7월에 검은색으로 익는다. 종자의 핵에 주름이 있으며 열매살은 떫다.

귀룽나무 꽃

귀룽나무 잎

귀룽나무 열매

귀룽나무 약재(구룡목)

효능 한방에서는 열매를 '앵액'이라고 하여 약용하는데, 설사를 멎게 하고 소화가 잘되게 하여 복통이나 이질에 처방한다고 기록되어 있다. 어린가지와 잎은 '구룡목'이라 하며, 연중 채취하여 햇빛에 말리면 거풍, 진통, 지사의 효능이 있다.

흰털귀룽나무 *Prunus padus* f. *pubescens* (Regel) Kitag. : 일년생 가지와 꽃자루에 털이 있고 잎의 뒷면에 갈색 털이 빽빽이 나 있다.

서울귀룽나무 *Prunus padus* f. *seoulensis* (H. Lév.) W. T. Lee : 꽃자루의 길이가 0.5~2cm이다.

흰귀룽나무 *Prunus padus* f. *glauca* (Nakai) Kitag. : 잎의 뒷면이 회백색이다.

귤나무

Citrus unshiu Marcov.

- **이명** : 온주귤, 온주밀감
- **영명** : Unshiu orange, Satsuma orange
- **분류** : 쌍떡잎식물 무환자나무목 운향과
- **개화** : 6월
- **높이** : 3~5m
- **꽃말** : 친애, 깨끗한 사랑

귤나무 꽃

귤나무 잎

귤나무 열매

귤나무는 상록소교목으로, 높이가 3~5m이고 가지가 퍼지며 가시는 없다. 잎은 어긋나고 타원형이며, 가장자리가 밋밋하거나 물결 모양 잔톱니가 있다. 잎자루는 길이 0.5~1cm에 날개가 뚜렷하지 않다. 꽃은 6월에 흰색으로 피는데, 꽃받침조각과 꽃잎은 각각 5개이고 수술은 여러 개이며 암술은 1개이다. 열매는 지름 5~8cm의 작은 공 모양이고, 10월에 노란빛을 띤 붉은색으로 익는다. 열매껍질이 잘 벗겨지고 가운데 축이 비어 있으며, 열매를 날것으로 먹는다.

귤나무 약재(진피)

효능 열매껍질 말린 것을 '진피(陣皮)'라 하여 약용하며, 열매에는 비타민 C가 많이 함유되어 피로 회복, 감기 예방, 피부 미용에 도움이 된다. 열매껍질 중에는 비타민 P(헤스페리딘)가 있어 혈관의 노화를 방지하여 동맥 경화를 예방할 수 있다. 과즙 중에 비타민 A가 많고 당질, 유기산, 미네랄, 비타민, 방향성의 정유가 들어 있어 영양 유지에 필요하며 식욕 증진의 역할을 한다. 감기와 유행성 독감에 열매를 불에 태워 따뜻하게 즙을 내어 마시면 치료 효과가 있으며 토마토, 포도 등을 조금 섞어 마시면 더욱 효과가 좋다.

참고

감귤(柑橘)은 감귤속, 금감속, 탱자나무속의 과일을 총칭하는 말이다. 유자, 레몬, 자몽, 오렌지, 탱자 등도 모두 감귤이다. 귤은 감귤과 비슷한 뜻으로 쓰이기도 하지만 제주의 감귤만을 이르기도 한다.

금계국

Coreopsis drummondii Torr. & A. Gray

- **이명** : 공작이국화, 각시꽃
- **영명** : Lance-leaved tickseed, Golden wave flower
- **분류** : 쌍떡잎식물 국화목 국화과
- **개화** : 6~8월
- **높이** : 30~60cm
- **꽃말** : 상쾌한 기분

금계국 화분(현미경 사진)

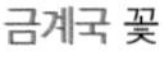
금계국 꽃

금계국 잎

금계국 줄기

금계국은 한해살이풀 또는 두해살이풀로, 꽃이 황금색이기 때문에 붙여진 이름이다. 높이는 30~60cm이고 윗부분에서 가지가 갈라지며 잔털이 있거나 없다. 잎은 마주나고 1회 깃꼴겹잎이며, 밑부분의 잎은 잎자루가 있으나 윗부분의 것은 잎자루가 없다. 갈래조각은 타원형 또는 달걀 모양인데, 가운데의 것이 가장 크고 둥근 달걀 모양이며 가장자리는 모두 밋밋하다. 꽃은 6~8월에 피는데, 원줄기와 가지 끝에 지름 2.5~5cm의 두상화가 1송이씩 달린다. 혀꽃은 8개로 황금색이며, 위 가장자리가 불규칙하게 5개로 갈라지고 밑부분이 자갈색 또는 흑자색이다. 대롱꽃은 황갈색 또는 암자색이다. 총포조각은 2줄로 배열되고, 외포조각은 8개로 줄 모양에 녹색이며 내포조각은 넓은 타원형에 갈색이다. 열매는 수과이며 거꿀달걀 모양으로 가장자리가 두껍다.

효능 열을 내리고 독을 없애는 효능이 있다. 말리지 않은 잎이나 줄기를 짓찧어서 환부에 붙이고, 꽃은 따서 뜨거운 물에 넣고 목욕을 하기도 한다.

금관화

Asclepias curassavica L.

- **이명** : 왕관화
- **영명** : Scarlet milkweed
- **분류** : 쌍떡잎식물 용담목 박주가리과
- **개화** : 4~9월
- **높이** : 1m
- **꽃말** : 화려한 추억

금관화 잎

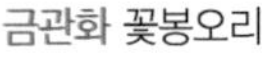

금관화 꽃봉오리

금관화 꽃

금관화는 여러해살이풀로, 꽃이 왕관을 닮았다고 하여 이 이름이 붙여졌다. 높이가 약 1m이고, 줄기는 곧게 자라며 황갈색으로 털이 있고 자르면 흰 유액이 나온다. 잎은 긴 타원형이며 주맥(主脈)이 뚜렷하게 보이고, 잎에서도 유액이 나온다. 꽃은 4~9월에 오렌지색으로 피는데, 작은 꽃이 줄기 끝에 5~10송이 달려 우산 모양을 이룬다. 꽃처럼 보이는 붉은색 꽃받침은 5갈래로 갈라지며, 왕관처럼 생긴 꽃을 감싼다. 수술은 5개이다. 열매는 삭과로 양끝이 뾰족한 원기둥 모양이며, 종자에 털이 나 있다.

효능 뿌리는 기관지 비대증의 치료와 림프액을 늘리는 데 쓰이고, 기관지염과 늑막염에 효과적이며 비뇨기 질환의 치료에도 이용된다. 강력한 발한 작용과 거담 작용이 있어 감기, 인플루엔자, 호흡 장애 치료에도 효과가 있다. 또한 에스트로겐과 유사한 작용을 하여 피임약으로도 사용하였다.

금관화 줄기

금불초

Inula britannica var. *japonica* (Thunb.) Franch. & Sav.

- **이명** : 하국
- **영명** : Oriental yellowhead
- **분류** : 쌍떡잎식물 국화목 국화과
- **개화** : 7~9월
- **높이** : 20~60cm
- **꽃말** : 상큼함, 상존함

금불초 화분(현미경 사진)

금불초 꽃

금불초 잎

금불초는 꽃의 색깔이 노랗다고 하여 이 이름이 붙여졌다. 산과 들의 습지에서 자라는 여러해살이풀로, 높이가 20~60cm이다. 줄기가 곧게 서며 전체에 털이 있고 뿌리줄기가 뻗으면서 번식한다. 잎은 뿌리잎과 줄기잎이 있는데, 뿌리잎은 작고 꽃이 필 때 시든다. 줄기잎은 어긋나고, 길이 5~10cm, 너비 1~3cm에 넓은 피침 모양 또는 긴 타원형이다. 잎끝이 약간 뾰족하고 가장자리는 밋밋하며 드문드문 점이 있다. 윗부분의 잎은 점차 작아진다. 꽃은 7~9월에 피는데, 가지 끝과 줄기 끝에 노란색으로 달리며, 꽃의 지름은 약 3~4cm이다. 다른 국화류와는 달리 꽃잎이 좁고 길게 나와 있는 것이 특징이다. 열매는 수과이며 10개의 능선과 털이 있고, 갓털의 길이는 0.5cm이다. 화분은 단립이고 크기는 소립이며 구형이다. 발아구는 3공구형이고 삭개(operculum)가 있다. 표면은 극상이며 작은 구멍이 나 있다.

금불초 종자 결실

금불초 약재(선복화)

효능 꽃을 말린 것을 '선복화'라 하며 약용하는데 거담, 진해, 건위, 진토, 진정 등의 효능이 있다. 전초와 뿌리도 각각 '금불초', '금불초근'이라 하여 약용한다. 뿌리를 짓이기면 점액이 생기면서 독특한 향기가 나고, 맛이 쓰다. 이러한 특성은 이눌린이라는 성분에서 비롯된다.

기린초

Sedum kamtschaticum Fisch. & C. A. Mey.

- **이명** : 혈산초
- **영명** : Orange stonecrop
- **분류** : 쌍떡잎식물 장미목 돌나물과
- **개화** : 6~7월
- **높이** : 5~30cm
- **꽃말** : 소녀의 사랑

기린초 화분(현미경 사진)

기린초는 여러해살이풀로, 산지의 바위 틈이나 돌밭 등 햇볕이 잘 드는 곳에서 자라며, 추위와 더위에 비교적 잘 견디나 습한 장소에서는 잘 자라지 못한다. 높이는 5~30cm이며, 뿌리가 굵고 원줄기가 한군데에서 많이 나온다. 잎은 어긋나고, 넓은 거꿀달걀 모양에 잎끝이 둥글고 가장자리에는 약간 둔한 톱니가 있다. 잎의 밑부분이 좁아져서 줄기에 직접 달린다. 꽃은 6~7월에 피는데, 별 모양의 노란색 꽃이 원줄기 끝에 5~7송이 정도 뭉쳐서 달린다. 꽃잎은 5개이며 끝이 뾰족하고, 꽃받침은 5개이며 줄 모양으로 녹색이다. 암술은 5개이고 수술은 10개이다. 열매는 골돌과로 5개이며 별 모양이다. 화분은 단립이고 크기는 소립이며 약장구형이다. 발아구는 3공구형이고 외구연은 비후되어 있다. 표면은 유선상이며 유선이 엉성하게 배열되어 있다.

효능 자양 강장 효과가 있으며, 가슴이 두근거리거나 울렁거리는 증상이 있을 때 전초를 약용하면 효과적이다. 전초 뿌리를 '비채'라고 하며 약용하고, 활혈, 지혈, 이습, 소종, 해독의 효능이 있다.

기린초 꽃

기린초 잎

기린초 종자 결실

가는기린초 *Sedum aizoon* L. : 잎이 기린초보다 좁다. 길이 3~6cm에 좁은 피침 모양 또는 달걀상의 거꿀피침 모양이며, 단단하고 두껍다.

섬기린초 *Sedum takesimense* Nakai : 7~9월에 황색 꽃이 피는데, 편평꽃차례에 20~30송이가 달린다.

섬기린초

기생초

Coreopsis tinctoria Nutt.

- **이명** : 춘자국, 사목국, 각씨꽃
- **영명** : Calliopsis, Golden coreopsis
- **분류** : 쌍떡잎식물 국화목 국화과
- **개화** : 7~10월
- **높이** : 1m
- **꽃말** : 다정다감한 당신의 마음

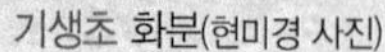

기생초 화분(현미경 사진)

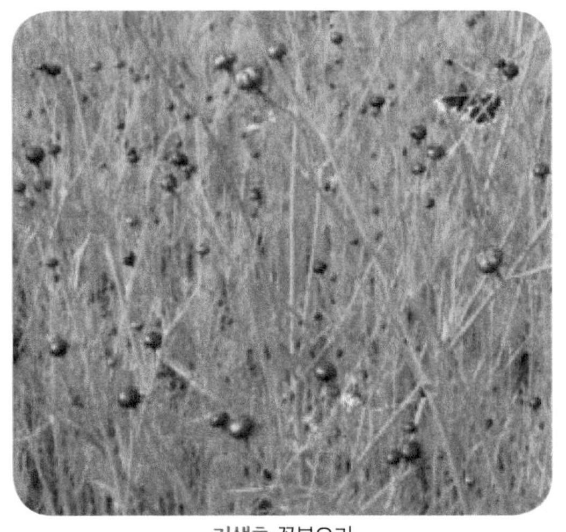

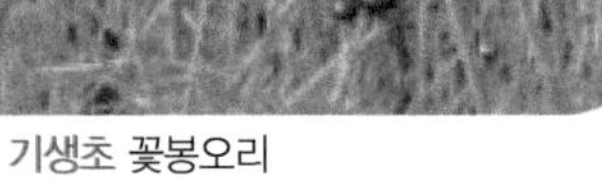

기생초 꽃봉오리

기생초 꽃

기생초는 노란색 꽃 가운데에 짙은 밤색의 무늬가 있어 기생이 치장한 것처럼 화사하다고 하여 이 이름이 붙여졌다. 또 뱀의 눈을 닮았다고 하여 '사목국'이라고도 한다. 한두해살이풀로, 전국 각지의 길가에서 흔히 볼 수 있는 귀화 식물이다. 높이는 1m 정도이고 가지가 갈라지며 털이 없다. 잎은 마주나고 잎자루가 있으며, 2회 깃 모양으로 갈라지는데, 윗부분 잎은 잎자루가 없으며 갈라지지 않는다. 갈래조각은 줄 모양 또는 피침 모양이다. 꽃은 7~10월에 피는데, 두상꽃차례가 줄기나 가지 끝에 1개씩 나와 꽃이 위를 향해 달린다. 총포는 길이가 0.6~0.7cm이고, 총포조각은 1~2줄로 배열되며 선상의 긴 타원형에 가장자리가 막질이다. 내포조각은 길이 0.5~0.6cm에 달걀 모양이다. 혀꽃은 끝이 3갈래로 얕게 갈라지고 황색이며 밑부분은 짙은 적색이다. 열매는 수과이며 선상의 긴 타원형에 안으로 굽는다. 날개가 없고 밑부분에 흔히 돌기가 있으며 갓털이 없다.

효능 강장약으로 쓰이는데, 신장을 보양하며 간 기능을 좋게 해줄 뿐만 아니라 근육과 뼈를 튼튼하게 만들어준다. 류머티즘, 신경통 등의 통증에 탁월한 효과가 있다. 암 예방, 피부 미용, 독소 배출의 효능이 있다.

꼬리조팝나무

Spiraea salicifolia L.

- **이명** : 진주화, 수선국
- **영명** : Willow spiraea
- **분류** : 쌍떡잎식물 장미목 장미과
- **개화** : 6~7월
- **높이** : 1~1.5m
- **꽃말** : 은밀한 사랑

꼬리조팝나무 꽃봉오리

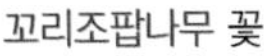
꼬리조팝나무 꽃

꼬리조팝나무 잎

꼬리조팝나무는 아시아와 유럽의 온대에서부터 아한대에 걸쳐 분포하는 낙엽활엽관목으로, 골짜기 습지에서 자란다. 높이는 1~1.5m이고, 가지에 능선이 있으며 털이 있거나 없다. 잎은 어긋나고 피침 모양이며 양끝이 뾰족하고 가장자리에 날카로운 톱니가 있다. 잎의 길이는 4~8cm, 너비는 1.5~2cm이고 뒷면에 잔털이 있다. 꽃은 6~7월에 연한 붉은색으로 피며, 줄기 끝에 원추꽃차례로 달린다. 꽃받침통은 거꾸로 세운 원뿔 모양이고 5개로 갈라지며, 갈래조각은 곧게 서고 털은 거의 없다. 수술은 꽃잎보다 길고 붉은색이며, 꽃밥은 노란색이고 씨방은 4~7개이다. 열매는 골돌과로 털이 있으며 9월에 익는다. 화분은 단립이고 크기는 소립이며 아장구형이다. 발아구는 3구형이고 공구 주변의 외표벽이 비후되어 교각을 형성한다. 표면은 유선상이며 선은 뚜렷하고 골은 얕으며 골에 크고 작은 구멍이 있다.

꼬리조팝나무 종자 결실

효능 뿌리는 해열, 수렴 등의 효능이 있어 감기로 인한 열, 신경통 등에 쓰인다.

꼬리풀

Veronica linariaefolia Pall.

- **이명** : 가는잎꼬리풀, 자주꼬리풀
- **영명** : Speedwell
- **분류** : 쌍떡잎식물 통화식물목 현삼과
- **개화** : 7~8월
- **높이** : 40~70cm
- **꽃말** : 달성, 순결한 연애관의 소유자

꼬리풀 화분(현미경 사진)

꼬리풀은 산과 들의 풀밭에서 자라는 여러해살이풀로, 높이는 40~70cm이다. 줄기는 곧게 서고 가지가 약간 갈라지며 위로 향한 굽은 털이 있다. 잎은 마주나고 길이 4~8cm, 너비 0.5~0.8cm에 긴 타원형이며 끝은 길게 뾰족하고 밑부분이 좁아지면서 잎자루처럼 된다. 잎의 뒷면 맥에 굽은 털이 있으며 윗부분에는 톱니가 약간 있다. 꽃은 7~8월에 하늘색으로 피는데, 줄기 끝에 총상꽃차례를 이루며 달린다. 꽃차례는 길이가 10~30cm이며 짧고 굵은 털이 있다. 꽃받침은 4개로 깊게 갈라지며, 꽃받침조각은 끝이 둔하고 가장자리에 털이 있다. 수술은 2개이고 암술은 1개이다. 열매는 삭과이며 편평하고 둥근 모양으로 꽃받침에 싸여 있다. 화분은 단립이고 크기는 소립이며 약장구형이다. 발아구는 3구형이고 표면은 유선상으로 선은 뚜렷하지 않으며 골은 옅고 작은 구멍이 분포한다.

효능 진통, 진해, 거담, 이뇨, 통경, 사하의 효능이 있다. 감기, 기침, 천식, 기관지염, 신경통, 중풍, 류머티슴, 편두통, 변비, 각기 등의 치료에 사용한다. 그밖에 월경이 잘 나오지 않는 증세나 안면 신경 마비에도 효과가 있다.

흰꼬리풀 *Veronica linariaefolia* for. *alba* : 흰색 꽃이 핀다.

큰꼬리풀 *Veronica linariaefolia* var. *dilatata* : 잎이 넓은 피침 모양 또는 달걀상의 긴 타원형이다.

꼬리풀 꽃

꼬리풀 잎

꼬리풀 종자 결실

꽃범의꼬리

Physostegia virginiana L.

- **이명** : 가용두화, 피소스테기아
- **영명** : Obedient plant
- **분류** : 쌍떡잎식물 통화식물목 꿀풀과
- **개화** : 7~9월
- **높이** : 60~120cm
- **꽃말** : 추억, 열정

꽃범의꼬리 화분(현미경 사진)

꽃범의꼬리는 꽃이 핀 모습이 호랑이 꼬리처럼 길고 뾰족하게 보여서 이 이름이 붙여졌다. 여러해살이풀로, 배수가 잘되는 사질 토양에서 잘 자란다. 높이는 60~120cm이고, 줄기는 네모지며, 옆으로 뻗는 뿌리줄기에서 줄기가 무더기로 나온다. 잎은 마주나고 뾰족한 피침 모양이며 가장자리에 톱니가 있다. 꽃은 7~9월에 피는데, 수백 송이의 입술 모양 꽃이 각 가지마다 아래로부터 하나씩 피어 올라가서 맨 위까지 총상꽃차례를 이룬다. 꽃의 빛깔은 붉은색, 보라색, 흰색 등 여러 가지이다. 꽃잎은 길이 2~3cm에 입술 모양으로 갈라진다. 꽃받침은 종 모양이며 길이 0.6~0.8cm에 얕게 5갈래로 갈라진다. 열매는 세모지며 털이 없고, 짙은 갈색이다. 화분은 단립이고 크기는 소립이며 약장구형이다. 발아구는 6구형이고 표면은 망상이며 여러 개의 원주상 기둥으로 구성되어 있다.

효능 한방에서 뿌리를 약재로 쓰는데, 황달, 이질, 습진 등으로 인한 손과 발의 경련, 두통에 효과가 있다.

꽃범의꼬리 꽃봉오리

꽃범의꼬리 꽃

꽃범의꼬리 잎과 줄기

꽃범의꼬리 꼬투리

꽃잔디

Phlox subulata L.

- **이명** : 지면패랭이
- **영명** : Moss phlox
- **분류** : 쌍떡잎식물 통화식물목 꽃고비과
- **개화** : 4~9월
- **높이** : 10cm
- **꽃말** : 희생

꽃잔디 화분(현미경 사진)

꽃잔디는 멀리서 보면 잔디 같지만 아름다운 꽃이 피기 때문에 이 이름이 붙여졌다. 꽃의 생김새가 패랭이꽃과 비슷하고 지면으로 퍼지기 때문에 '지면패랭이꽃'이라고도 한다. 여러해살이풀로, 높이가 10cm 정도이고 많은 가지가 갈라져 잔디처럼 땅을 완전히 덮는다. 잎은 마주나고 잎자루가 없다. 잎의 길이는 0.8~2cm이고 대개 피침 모양으로 잎끝이 뾰족하며 가장자리가 거칠다. 꽃은 4~9월에 피지만 주로 4월에 피며, 줄기 상부에서 갈라진 3~4개의 가지 끝에 1송이씩 달린다. 꽃자루는 꽃받침과 더불어 선이 없거나 간혹 있고, 꽃받침은 5개로 갈라지며 끝이 예리하게 뾰족하고 잔털이 있다. 꽃받침조각은 피침 모양이다. 꽃부리는 깊게 5개로 갈라지며 끝이 얕게 파이고 수평으로 퍼진다. 꽃부리 통은 길이 1cm가량이며 가늘고, 끝이 깊이 0.2cm 정도 파이며, 빛깔은 붉은색, 자홍색, 분홍색, 연한 분홍색, 흰색 등 여러 가지이다. 수술은 5개이고 통 부분 안쪽에 붙어 있으나 일부는 밖으로 뻗으며, 암술대의 길이는 약 1.2cm이다. 열매는 삭과이고, 종자는 각 실에 1개씩 들어 있다.

꽃잔디 꽃

유사종

드람불꽃 *Phlox drummondii* Hook. : 잎은 줄기 아래쪽은 마주나고, 위쪽은 어긋나며 잎자루가 없고 피침 모양에 가장자리가 밋밋하다. 꽃은 가지 끝에 여러 송이가 모여나는데, 흰색 · 분홍색 · 붉은색 등 빛깔이 다양하다.

풀협죽도 *Phlox paniculata* L. : 잎은 번갈아 마주나서 열십자 모양이거나 3장이 돌려나며, 긴 타원형 또는 달걀상 피침 모양에 가장자리가 밋밋하다. 꽃은 줄기 끝에 둥근 원추꽃차례로 달리고 연한 붉은색 또는 흰색이다.

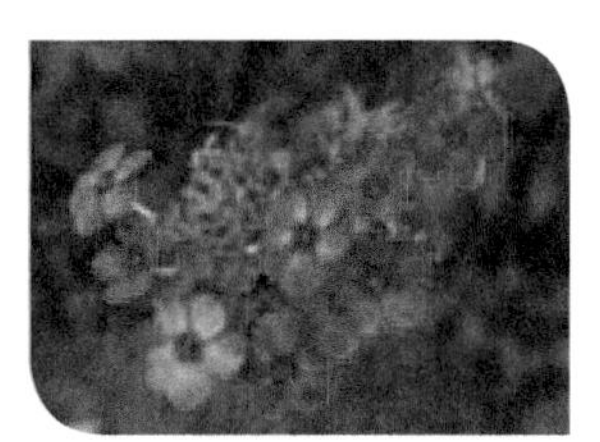
풀협죽도

꽃창포

Iris ensata var. *spontanea* (Makino) Nakai

- **이명** : 화창포, 옥선화, 들꽃창포
- **영명** : Japanese iris
- **분류** : 외떡잎식물 백합목 붓꽃과
- **개화** : 6~7월
- **높이** : 60~120cm
- **꽃말** : 우아한 마음, 좋은 소식

꽃창포 열매

꽃창포 꽃

꽃창포 잎

꽃창포 뿌리

꽃창포는 여러해살이풀로, 햇볕이 잘 드는 습지에서 자란다. 높이는 60~120cm이고 줄기의 지름은 약 0.6cm이다. 털이 없고 곧게 자라는데, 때로는 가지가 갈라지고 속이 비어 있으며 1~3개의 줄기잎이 있다. 뿌리줄기는 짧고 굵으며 갈색 섬유로 덮여 있다. 잎은 길이 20~60cm, 너비 0.5~1.5cm로 넓은 줄 모양이며 두껍다. 잎의 표면은 광택이 많이 나는 녹색이며, 가운데 잎맥이 뚜렷하게 나타나 있다. 꽃은 6~7월에 적자색으로 피는데, 잎 사이에서 잎보다 작게 원줄기 또는 가지 끝에 달린다. 열매는 삭과이며, 길이 2.5~3cm에 긴 타원형으로 끝이 뾰족하고, 9월경에 갈색으로 익어 뒤쪽에서 터진다. 열매 속에 적갈색 종자가 많이 들어 있다.

효능 한방에서는 뿌리와 줄기를 '옥선화'라 하여, 장기간 소화가 안 되어 일어난 복부팽만증과 복통, 이뇨, 인후염, 백일해 등에 약용한다. 민간에서는 타박상에 이용한다.

노랑꽃창포 *Iris pseudoacorus* L. : 잎은 줄 모양으로 길이는 약 1m, 너비는 약 3cm이다. 잎끝은 점점 좁아지고, 가장자리는 밋밋하며 가운데 잎맥이 뚜렷하다.

각시붓꽃 *Iris rossii* Baker : 잎은 칼 모양이며 다 자라면 길이 30cm, 너비 0.2~1cm이고, 잎끝이 매우 뾰족하다.

노랑꽃창포

꽃향유

Elsholtzia splendens Nakai

- **이명** : 붉은향유
- **영명** : Haichow elsholtzia
- **분류** : 쌍떡잎식물 통화식물목 꿀풀과
- **개화** : 9~10월
- **높이** : 60cm
- **꽃말** : 가을향기

꽃향유 종자 결실

꽃향유는 여러해살이풀로, 높이가 60cm에 달하고 원줄기는 사각형이며 잎자루와 더불어 굽은 털이 줄지어 돋아 있다. 잎은 마주나고, 길이 1~7cm, 너비 0.8~4cm에 달걀 모양으로 잎끝이 짧게 뾰족하거나 점점 좁아지면서 뾰족해지며 잎자루로 흐른다. 잎의 양면에 털이 드물게 있고, 특히 맥 위에 많으며 뒷면에는 샘점이 있고 가장자리에 톱니가 있다. 꽃은 9~10월에 피는데, 분홍빛을 띤 자주색 꽃이 한쪽으로 빽빽하게 치우쳐서 이삭꽃차례를 이룬다. 꽃차례는 길이 2~5cm로 원줄기 끝과 가지 끝에 달리며, 바로 밑에 잎이 있다. 꽃턱잎은 콩팥 모양으로 끝이 갑자기 바늘처럼 뾰족해지며 자줏빛을 띠고 가장자리에 긴 털이 있다. 꽃받침은 대롱 모양이고 끝이 5개로 갈라지며 털이 있다. 꽃부리는 길이 0.6cm 정도에 입술 모양으로 갈라지는데, 윗입술꽃잎은 끝이 오목하게 들어가고 아랫입술꽃잎은 3개로 갈라진다. 수술은 4개인데 그중 2개가 길다. 열매는 분과(分果)이며 거꿀달걀 모양에 편평하고, 물에 젖으면 끈적거린다.

꽃향유 꽃

꽃향유 잎

꽃향유 약재(향유)

효능 열풍을 없애주며, 갑작스럽게 쥐가 나서 근육이 뒤틀린 데에는 끓인 국물을 먹으면 좋다. 또 말려서 가루 낸 것을 물과 함께 복용하면 비출혈을 멎게 한다. 기를 내리고 번열을 제거하며 구역냉기를 치료한다. 여름에 끓여서 차 대신 마시면 열병을 낫게 하고 위를 따뜻하게 한다. 즙을 내어 양치질하면 취기가 가신다.

유사종

가는잎향유 *Elsholtzia angustifolia* (Loes.) Kitag. : 잎은 마주나고 줄 모양이며, 표면에 짧은 털이 약간 있고, 가장자리에는 톱니가 조금 있다.

배초향 *Agastache rugosa* (Fisch. & C. A. Mey.) Kuntze : 잎은 마주나고, 달걀 모양에 잎끝이 뾰족하고 밑부분은 둥글며, 가장자리에는 둔한 톱니가 있다.

배초향

꿀풀

Prunella vulgaris var. *lilacina* Nakai

- **이명** : 봉두초, 가지골나물, 꿀방망이
- **영명** : Self-heal
- **분류** : 쌍떡잎식물 통화식물목 꿀풀과
- **개화** : 5~7월
- **높이** : 20~30cm
- **꽃말** : 추억, 너를 위한 사랑

꿀풀 화분(현미경 사진)

꿀풀은 여러해살이풀로, 산기슭이나 들의 양지바른 곳에서 자란다. 높이는 20~30cm이며 원줄기는 네모지고 전체에 짧은 흰색 털이 흩어져 있다. 잎은 마주나고 길이 2~5cm에 달걀 모양이며, 밑부분이 둥글다. 잎 가장자리는 밋밋하거나 톱니가 약간 있다. 꽃은 양성화인데, 5~7월에 입술 모양의 보라색 꽃이 줄기 끝에 수상꽃차례를 이루며 빽빽이 달린다. 꽃받침은 입술 모양이며 5갈래로 갈라지고 꽃부리는 아랫입술꽃잎이 3갈래로 갈라진다. 수꽃이 퇴화된 꽃은 크기가 작고 수술은 4개 중 2개가 길다. 열매는 소견과이며 4개로 갈라지고, 노란빛을 띤 갈색으로 익는다. 화분은 단립이고 크기는 중립이며 아장구형이다. 발아구는 6구형이며 구구는 길게 발달한다. 표면은 망상이며 망강 내에 다시 미세한 망이 있다.

꿀풀 꽃

꿀풀 잎

꿀풀 약재(하고초)

효능 간을 맑게 해주며 이뇨, 소염, 소종 등의 효능이 있고 전염성 간염, 폐결핵, 림프샘염, 수종, 유선염, 임질, 소변이 잘 나오지 않는 증세, 고혈압 등의 치료에 쓰인다. 그 밖에 악성 종양이나 눈이 붉게 부어 통증이 있는 증세 등에도 쓰인다.

꿀풀 종자 결실

갈래꿀풀 *Prunella pinnatifida* Pers. : 줄기는 가늘고 곧게 자라며, 털이 성기거나 빽빽이 난다. 맨 위쪽 잎은 줄 모양 또는 좁은 타원형으로 잎자루가 없고, 아래쪽 잎은 달걀 모양 또는 타원형으로 결각상 톱니가 있다.

두메꿀풀 *Prunella vulgaris* L. : 기는줄기가 없고 짧은 새순이 줄기 밑에 달린다. 잎은 넓은 피침 모양 또는 달걀 모양이다.

흰꿀풀 *Prunella vulgaris* f. *albiflora* Nakai : 잎은 마주나며 잎자루는 위로 갈수록 짧아진다. 꽃은 흰색이며 줄기 끝에 수상꽃차례로 핀다.

끈끈이대나물

Silene armeria L.

- **이명** : 세레네
- **영명** : Sweet william catchfly
- **분류** : 쌍떡잎식물 중심자목 석죽과
- **개화** : 6~8월
- **높이** : 50cm
- **꽃말** : 청춘의 사랑

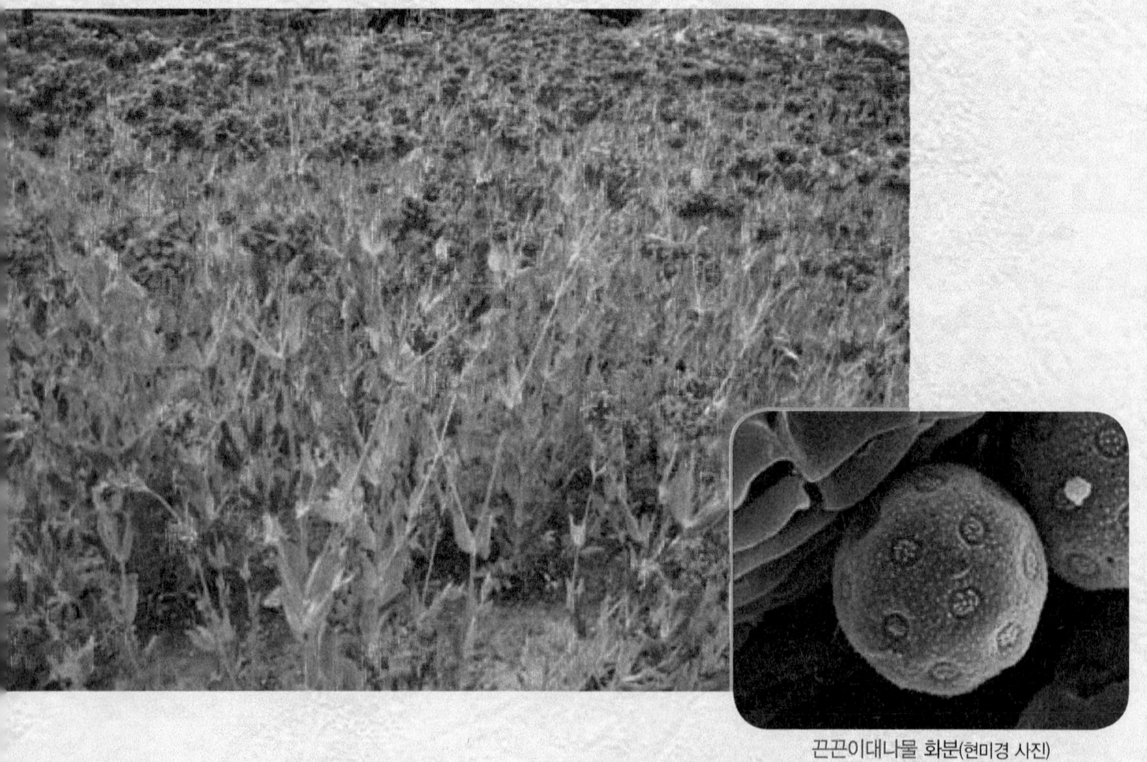

끈끈이대나물 화분(현미경 사진)

끈끈이대나물은 한해살이풀 또는 두해살이풀로, 강가나 바닷가에서 주로 자란다. 높이는 50cm 정도이며 식물 전체가 분을 뒤집어쓴 것처럼 흰빛을 띠고 털은 없다. 줄기 윗부분의 마디 밑에서 점액을 분비한다. 잎은 마주나고 길이 3~4.5cm에 달걀 모양 또는 넓은 피침 모양이며 잎끝이 뾰족하다. 꽃은 6~8월에 홍색 또는 흰색으로 피는데, 원줄기 끝부분에서 가지가 많이 갈라져서 그 끝에 지름 1cm 정도의 꽃이 모여 달린다. 꽃잎은 5개로 수평으로 펴져 피며, 꽃받침은 5개로 갈라진다. 10개의 수술과 3개의 암술대가 있다.

끈끈이대나물 꽃

열매는 삭과이며 긴 타원형에 6개로 갈라지고 꽃받침으로 싸여 있다. 화분은 단립이고 크기는 중립이며 구형이다. 발아구는 산공형이고 구구는 약간 함몰되어 있으며 표면에 극상의 돌기가 있다. 표면은 미세한 극상 또는 유공상이고 구간면은 편평하다.

효능 전초는 정혈, 최유 등의 효능이 있어 약재로 사용한다. 뿌리는 거담제로 쓰인다.

끈끈이대나물 잎

끈끈이대나물 줄기

나팔꽃

Ipomoea nil (L.) Roth

- **이명** : 금령, 초금령
- **영명** : Japanese morning glory
- **분류** : 쌍떡잎식물 통화식물목 메꽃과
- **개화** : 7~8월
- **길이** : 3m
- **꽃말** : 풋사랑, 덧없는 사랑, 기쁨

나팔꽃 화분(현미경 사진)

나팔꽃 꽃

나팔꽃 잎

나팔꽃은 덩굴성 한해살이풀로, 원줄기를 길게 뻗어 다른 식물이나 물체를 왼쪽으로 3m 정도 감아 올라간다. 줄기에는 아래쪽을 향한 털이 빽빽이 나 있다. 잎은 어긋나고 긴 잎자루가 있으며, 둥근 심장 모양이고 잎몸의 끝이 보통 3개로 갈라진다. 갈래조각은 가장자리가 밋밋하고 톱니가 없으며 표면에 털이 있다. 꽃은 7~8월에 푸른 자주색, 붉은 자주색, 흰색, 붉은색 등 여러 가지 빛깔로 피는데, 잎겨드랑이에서 나온 꽃대에 1~3송이씩 달린다. 꽃받침은 깊게 5개로 갈라지고, 꽃받침조각은 가늘고 길며 끝이 뾰족하고 뒷면에 긴 털이 있다. 꽃부리는 지름 10~13cm에 깔때기처럼 생겼으며, 꽃봉오리는 붓끝 같은 모양으로 오른쪽으로 말려 있다. 수술은 5개, 암술은 1개이다. 열매는 둥근 삭과이며, 3칸으로 나누어져 꽃받침에 둘러싸여 있다. 3칸에 각각 2개의 종자가 들어 있다. 화분은 단립이고 크기는 극대립이며 구형이다. 발아구는 산공형으로 전체에 퍼져 있다. 표면은 극상으로 크고 작은 돌기가 혼재하며 발아구 주변에 망상의 무늬가 발달한다.

나팔꽃 종자 결실

효능 한방에서는 말린 종자를 '견우자'라고 하여 약용하는데, 대소변을 원활하게 하고, 부종, 적취, 요통 치료에 효과가 있다. 민간에서는 잎이 많이 붙어 있을 때 뿌리에서부터 20cm 정도를 잘라서 말려 두었다가, 동상에 걸렸을 때 이것을 달인 물로 환부를 찜질한다.

남천

Nandina domestica L.

- **이명** : 남천촉, 남천죽
- **영명** : Heavenly bamboo
- **분류** : 쌍떡잎식물 미나리아재비목 매자나무과
- **개화** : 6~7월
- **높이** : 1~3m
- **꽃말** : 전화위복

남천 화분(현미경 사진)

남천 꽃

남천 잎

남천은 상록활엽관목으로, 높이가 1~3m로 자란다. 흔히 밑에서 줄기가 여러 가지로 갈라진다. 잎은 어긋나고 3회 깃꼴겹잎이며, 길이 30~50cm로 잎줄기에 마디가 있다. 잔잎은 잎자루가 없으며, 길이 3~10cm에 타원상 피침 모양으로 잎끝이 점점 좁아지면서 뾰족해진다. 잎 가장자리에는 톱니가 없으며 질이 두껍다. 겨울철에는 잎이 홍색으로 변한다. 꽃은 양성화로, 6~7월에 흰색 꽃이 가지 끝에 원추꽃차례를 이루며 달린다. 꽃잎은 6개, 수술 6개이고 1개의 암술대가 있다. 열매는 구형의 장과이며, 10월에 붉은색으로 익는다.

익은 열매를 '남천실'이라 하며 해수, 천식, 백일해, 간 기능 장애 등의 치료에 쓴다.

남천 열매

낮달맞이꽃

Oenothera speciesa Nutt

- **이명** : 꽃달맞이꽃, 하늘달맞이꽃
- **영명** : Mexican evening primrose
- **분류** : 쌍떡잎식물 도금양목 바늘꽃과
- **개화** : 6～9월
- **높이** : 20cm
- **꽃말** : 무언의 사랑

낮달맞이꽃 화분(현미경 사진)

낮달맞이꽃 꽃

낮달맞이꽃 줄기

낮달맞이꽃은 밤에 피는 달맞이꽃과는 달리, 낮에 꽃이 피고 저녁에 시들어서 이 이름이 붙여졌다. 여러해살이풀로, 높이가 20cm 정도이다. 다른 종류의 달맞이꽃은 곧게 자라는 데 반해, 낮달맞이꽃은 땅속줄기를 옆으로 뻗으며 자란다. 꽃은 6~9월에 피며, 빛깔은 흰색에서 끝부분으로 갈수록 옅은 분홍색으로 변한다. 4장의 꽃잎에는 붉은 실핏줄 같은 맥이 있다. 수술은 8개이고, 암술은 1개인데 4갈래로 갈라져 있다.

효능 씨앗에서 짠 기름은 당뇨병, 고혈압, 비만증, 고지혈증에 약용한다. 뿌리는 해열, 소염의 효능이 있어, 감기, 인후염, 기관지염, 피부염 등의 치료에 쓰인다.

낮달맞이꽃 잎

냉이

Capsella bursa-pastoris L.

- **이명** : 나생이, 나숭게
- **영명** : Shepherds's purse
- **분류** : 쌍떡잎식물 풍접초목 십자화과
- **개화** : 5~6월
- **높이** : 10~50cm
- **꽃말** : 당신께 나의 모든 것을 드립니다

냉이 뿌리

냉이는 두해살이풀로, 높이가 10~50cm이다. 줄기는 곧게 서며 전체에 털이 나 있고 줄기 윗부분에서 가지가 많이 갈라진다. 잎은 뿌리에서 뭉쳐나 지면에 퍼지고 긴 잎자루가 있다. 길이 10cm 이상에 깃 모양으로 갈라지지만 끝부분이 넓다. 줄기잎은 어긋나고 피침 모양이며, 위로 올라갈수록 작아지면서 잎자루가 없어져 줄기를 반 정도 감싼다. 꽃은 5~6월에 피는데, 흰색 십자꽃이 많이 달려 총상꽃차례를 이룬다. 꽃받침은 4개로 긴 타원형이고 꽃잎은 거꿀달걀 모양이다. 6개의 수술 중 4개가 길며, 1개의 암술이 있다. 열매는 편평한 거꿀삼각형이고 25개의 종자가 들어 있다.

냉이 꽃

효능 《본초강목》에서는 혈액 순환을 도와 간을 보하고 눈을 맑게 한다고 하였다. 냉이의 뿌리를 짓이겨 낸 즙을 안약 대용으로 사용하기도 한다.

냉이 잎

노랑꽃창포

Iris pseudacorus L.

- **이명** : 황창포, 서양창포, 서양꽃창포
- **영명** : Yellow flag iris
- **분류** : 외떡잎식물 백합목 붓꽃과
- **개화** : 5월
- **높이** : 60～120cm
- **꽃말** : 우아한 마음

노랑꽃창포 열매

노랑꽃창포 꽃

노랑꽃창포 뿌리

노랑꽃창포 잎

노랑꽃창포는 여러해살이풀로, 연못가나 습지에서 잘 자란다. 높이는 60~120cm이며, 줄기가 곧게 선다. 줄기는 지름 0.6cm 정도에 속이 비어 있으며 털이 없다. 때로 가지가 갈라지며 1~3개의 줄기잎이 달린다. 잎은 길이 20~60cm, 너비 0.5~1.2cm이며 2줄로 늘어서 있다. 꽃은 5월에 노란색으로 피는데, 밑에 2개의 큰 꽃턱잎이 있다. 가장 바깥쪽에 붙어 있는 3장의 꽃잎은 밑부분이 좁아지는 넓은 달걀 모양에 밑으로 늘어지며, 중심 부분의 꽃잎은 3장이고 긴 타원형으로 곧게 서 있다. 암술대는 좁은 바탕부분이 넓어져 3개로 갈라지고, 각각의 갈래가 다시 2개로 갈라지며 갈라진 조각에는 뾰족한 톱니가 있다. 3개의 수술은 암술대가 갈라진 밑부분에 붙어 있다. 열매는 삭과이며 삼각상 타원형으로 끝이 뾰족하고, 3개로 갈라져 갈색 종자가 나온다.

효능 한방에서는 뿌리와 줄기를 '옥선화'라 하며, 장기간 소화가 안 되어 일어난 복부 팽만증, 복통에 효과적이다.

노랑어리연꽃

Nymphoides peltata (Gmelin) Kuntze

- **이명** : 마름나물, 노랑이, 연엽행초, 금연자, 행채
- **영명** : Fringed water-lily
- **분류** : 쌍떡잎식물 용담목 조름나물과
- **개화** : 7~9월
- **높이** : 1m
- **꽃말** : 수면의 요정, 청순, 순결

노랑어리연꽃 꽃봉오리

노랑어리연꽃은 전국 각지의 연못과 늪 등 물이 깊지 않고 오래 고여 있는 곳에서 자라는 여러해살이 수생식물이다. 높이는 1m이고, 뿌리줄기가 물 밑의 흙 속에서 옆으로 길게 뻗으며 실 모양으로 자란다. 잎은 마주나고 지름 5~10cm에 달걀 모양 또는 원형이며 밑부분이 2개로 갈라진다. 긴 잎자루가 있으며, 약간 두껍고 잎 가장자리에 물결 모양의 톱니가 있다. 물 위에 뜨는 잎의 표면은 녹색이고 뒷면은 자줏빛을 띤 갈색이다. 꽃은 7~9월에 노란색으로 피는데, 잎겨드랑이에서 2~3개의 꽃대가 물 위로 나와 2~3송이씩 달린다. 꽃의 생김새는 오이꽃과 비슷하며, 지름은 3~4cm이고 수술은 5개이다. 꽃받침은 깊게 5갈래로 갈라지며, 꽃이 진 후에도 떨어지지 않는다. 열매는 삭과로 납작한 타원형이며 꽃받침보다 조금 길다. 종자는 길이 0.3cm가량에 납작한 거꿀달걀 모양으로 날개가 있고, 가장자리에 기둥 모양의 돌기가 있다.

노랑어리연꽃 꽃

효능 간과 방광에 이로우며 해열과 이뇨, 해독 등의 효능이 있다. 종기를 가라앉히므로 부스럼이나 악성 종기에 외용하기도 한다.

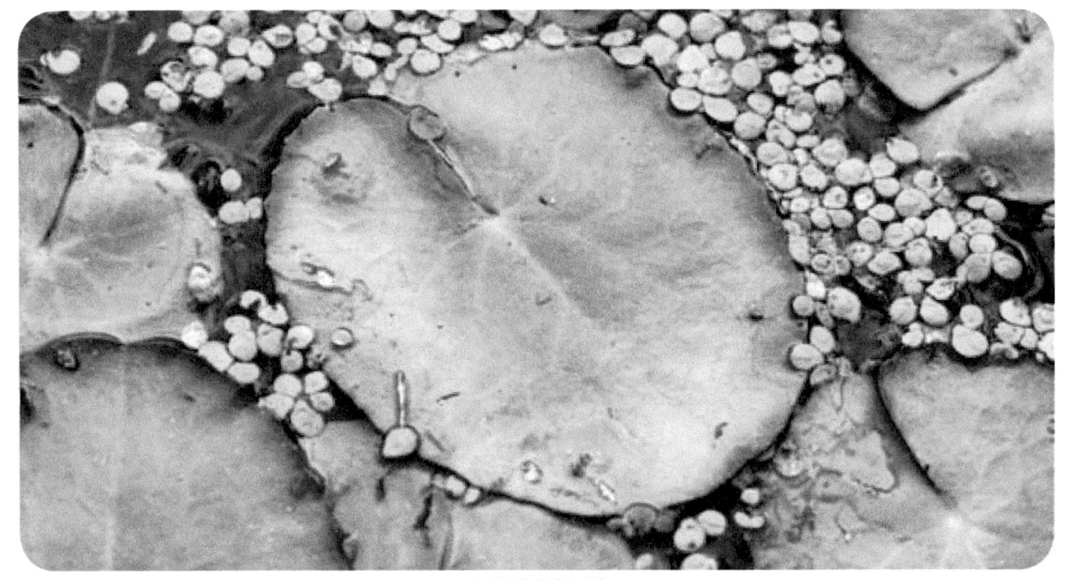
노랑어리연꽃 잎

노랑코스모스

Cosmos sulphureus Cav.

- **이명** : 오렌지 코스모스
- **영명** : Sulphur cosmos
- **분류** : 쌍떡잎식물 국화목 국화과
- **개화** : 7~9월
- **높이** : 40~100cm
- **꽃말** : 애정, 야성미

노랑코스모스 화분(현미경 사진)

노랑코스모스는 한해살이풀로, 높이가 40~100cm이다. 줄기는 곧게 서고 위쪽에서 가지가 갈라지며 털이 없다. 잎은 마주나는데, 밑부분의 것은 긴 잎자루가 있고 달걀 모양이며 2회 깃 모양으로 깊게 갈라진다. 갈래조각은 긴 타원형 또는 피침 모양으로, 끝이 뾰족하고 양면 모두 털이 없다. 위쪽의 잎은 잎자루가 없으며, 1~2회 깃 모양으로 깊게 갈라진다. 잎이 코스모스보다 넓고 잎끝이 뾰족하게 갈라지는 점이 다르다. 꽃은 7~9월에 주황색으로 피며, 가지 끝에 나온 여러 개의 두상꽃차례에 1개씩 달린다. 꽃의 지름은 5~6cm이고, 밑동을 싸고 있는 총포는 지름이 0.6~1cm이며, 총포조각은 0.9~1cm로 길쭉한 피침 모양이다. 열매는 수과로 약간 굽었으며, 긴 부리 모양의 돌기와 2개의 가시가 있다.

노랑코스모스 꽃봉오리

노랑코스모스 꽃

노랑코스모스 잎

노랑코스모스 줄기

노루오줌

Astilbe rubra Hook.f. & Thomson

- **이명** : 홍승마, 홍상칠
- **영명** : Chinese astilbe
- **분류** : 쌍떡잎식물 장미목 범의귀과
- **개화** : 7~8월
- **높이** : 30~70cm
- **꽃말** : 기약없는 사랑, 연정

노루오줌 종자 결실

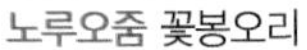

노루오줌 꽃봉오리

노루오줌 꽃

노루오줌은 '큰노루오줌', '왕노루오줌', '노루풀'이라고도 한다. 산지의 냇가나 습한 곳에서 자라는 여러해살이풀로, 높이는 30~70cm이다. 뿌리줄기는 굵고 옆으로 짧게 뻗으며, 줄기는 곧게 서고 긴 갈색 털이 있다. 잎은 어긋나고 잎자루가 길며, 2~3회 3장의 잔잎이 나온다. 잔잎은 길이 2~8cm에 긴 달걀 모양 또는 달걀상의 긴 타원형이다. 잎끝이 뾰족하고 밑부분은 뭉뚝하거나 심장 모양이며, 때로 가장자리에 톱니가 있다. 꽃은 7~8월에 붉은빛을 띤 자주색으로 피는데, 줄기 끝에 원추꽃차례로 달린다. 꽃차례는 길이가 30cm 정도이고 짧은 털이 나 있다. 꽃부리가 작고 꽃잎은 5개로 줄 모양이다. 꽃받침은 5개로 갈라지며 꽃받침조각은 달걀 모양이다. 수술은 10개이고 암술대는 2개이다. 열매는 삭과로 길이가 0.3~0.4m이고, 9~10월에 익으면 끝이 2개로 갈라진다.

노루오줌 잎

효능 몸속의 열을 내려주고 기침을 멎게 하며 통증을 완화한다. 또 혈액 순환을 원활하게 하고 어혈을 없애며 독을 풀어준다.

노박덩굴

Celastrus orbiculatus Thunb.

- **이명** : 남사등, 합환화
- **영명** : Oriental bittersweet
- **분류** : 쌍떡잎식물 노박덩굴목 노박덩굴과
- **개화** : 5~6월
- **길이** : 10m
- **꽃말** : 위험한 장난, 냉정

노박덩굴 열매

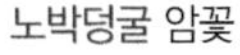

노박덩굴 암꽃

노박덩굴 수꽃

노박덩굴은 낙엽활엽 덩굴나무로, 덩굴 길이가 10m에 이르며 가지는 갈색 또는 잿빛을 띤 갈색이다. 잎은 길이 5~10cm, 너비 3~8cm로 둥글거나 타원형이다. 잎끝이 갑자기 뾰족해지며 밑부분은 둥글고 가장자리에 톱니가 있다. 턱잎은 갈고리 모양이고 잎자루의 길이는 1~2.5cm이다. 꽃은 암수딴그루 또는 잡성화이며, 5~6월에 노란빛을 띤 녹색 꽃이 잎겨드랑이에서 나온 취산꽃차례에 1~10송이씩 달린다. 꽃받침조각과 꽃잎은 각각 5개이다. 수꽃에 5개의 긴 수술이 있으며 암꽃에 5개의 짧은 수술과 1개의 암술이 있다. 열매는 삭과로 공 모양이며, 10월에 노란색으로 익어 3개로 갈라진다. 종자는 노란빛을 띤 붉은색의 헛껍질에 싸여 있다.

노박덩굴 잎

효능 잎을 즙을 내어 마시면 아편 해독 효과가 있고, 항암, 불면증 치료 등에도 효과가 있다. 생리통에는 열매를 가루 내어 먹으면 효과적이다.

능소화

Campsis grandifolia (Thunb.) K.Schum.

- **이명** : 능수화, 금등화
- **영명** : Chinese trumpet creeper, Chinese trumpet flower
- **분류** : 쌍떡잎식물 통화식물목 능소화과
- **개화** : 6월 말~8월 말
- **길이** : 10m
- **꽃말** : 명예. 영광, 슬픈 전설

능소화 화분(현미경 사진)

능소화 암술과 수술

능소화 꽃

능소화는 옛날에 양반집 마당에만 심을 수 있었다고 하여, '양반꽃'이라고도 한다. 낙엽 덩굴나무로, 줄기에 흡착근이 있어 벽에 붙어서 자라며, 덩굴 길이가 10m에 달한다. 잎은 마주나고 1회 홀수깃꼴겹잎이며, 잔잎은 7~9개로 길이 3~6cm에 달걀 모양 또는 달걀상의 피침 모양이다. 잎끝이 점차 뾰족해지며 가장자리에는 톱니와 털이 나 있다. 꽃은 6월 말~8월 말에 피는데, 가지 끝에 5~15송이가 달려 원추꽃차례를 이룬다. 꽃의 지름은 6~8cm이고, 빛깔은 귤색이며 안쪽은 주황색이다. 꽃받침은 길이 3cm에 5개로 갈라지며, 꽃받침조각은 피침 모양이고 꽃부리는 깔때기와 비슷한 종 모양이다. 수술은 4개 중 2개가 길고, 암술은 1개이다. 열매는 네모진 삭과이며, 10월에 익으면 2개로 갈라진다. 화분은 단립이고 크기는 소립이며 약장구형이다. 발아구는 3구형이고 표면은 망상으로 망강은 뚜렷하다.

능소화 잎

효능 민간에서 꽃을 생혈약, 통경약, 이뇨제, 해열제로 쓰며, 신우염, 월경 불능, 출산 후의 여병, 붕중, 징가, 혈폐 등의 치료에 쓴다. 또한 어혈을 풀어주고 안태시키며, 혈액을 깨끗하게 해주고 풍을 없애준다. 혈열로 피부가 가려울 때 달여서 마시면 좋다.

다래

Actinidia arguta (Siebold & Zucc.) Planch.

- **이명** : 참다래나무, 다래덩쿨
- **영명** : Hardy kiwi
- **분류** : 쌍떡잎식물 차나무목 다래나무과
- **개화** : 5월
- **길이** : 7m
- **꽃말** : 깊은 사랑

다래 화분(현미경 사진)

다래는 전국 각지의 산지에 분포하는 낙엽 덩굴나무로, 숲이나 등산로의 반그늘에서 자란다. 덩굴 길이는 7m 정도이고, 줄기의 골속은 갈색이며 어린가지에 잔털이 있고 껍질눈이 뚜렷하다. 잎은 어긋나며 길이 6~12cm, 너비 3.5~7cm에 넓은 달걀 모양 또는 타원형이다. 잎끝은 급하게 뾰족해지고 가장자리에 바늘 모양의 잔톱니가 있다. 잎의 앞면은 윤이 난다. 잎자루는 길이가 3~8cm이며 잔털이 있다. 잎은 가을에 노랗게 물이 든다. 꽃은 5월에 연한 갈색을 띤 흰색으로 피는데, 잎이 달린 자리에서 끝마다 마주 갈라지는 꽃대가 나와 각 마디와 끝에 지름 2cm 정도의 꽃이 3~10송이 달린다. 암꽃과 수꽃이 한 나무에 달리거나 다른 나무에 달리거나 하나의 꽃에 암술과 수술이 함께 나오기도 한다. 암꽃은 끝이 여러 갈래로 갈라진 암술 1개와 퇴화된 헛수술이 있다. 수꽃은 40여 개의 수술과 퇴화된 암술이 있다. 꽃잎은 5장이고, 꽃받침잎은 5갈래로 갈라진다. 열매는 장과이고 길이 2~3cm의 달걀 모양이며 10월에 황록색으로 익는다. 화분은 단립이고 크기는 소립이며 아장구형이다. 발아구는 3구형이고 발아구 주변의 외피벽은 약하게 비후되어 있다. 표면은 평활상이며 극히 미세한 돌기가 있다.

다래 암꽃

다래 수꽃

다래 잎

효능 익은 열매는 키위, 즉 양다래와 맛이 매우 흡사하다. 뿌리는 가을부터 겨울 사이에, 잎은 봄에 채취하여 바람이 잘 통하는 그늘에 말려서 약으로 쓴다. 중풍, 신장염, 간 질환, 부종, 관절염, 위염에 말린 약재를 달여서 마신다. 열매 말린 것을 달여서 마시면 당뇨, 잇몸병 치료에 효과가 있다.

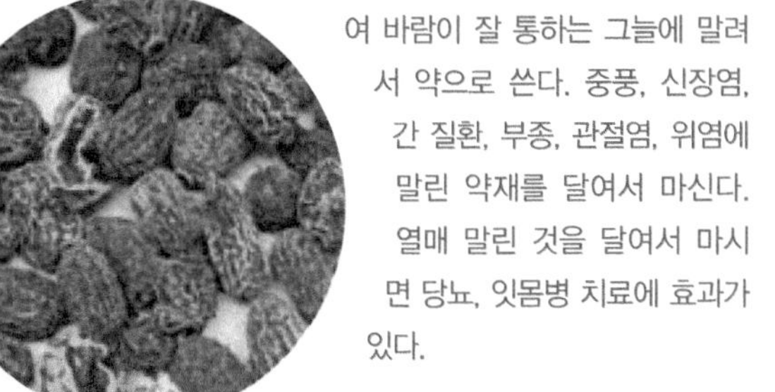
다래 약재(미후도)

다래 열매

단풍나무

Acer palmatum Thunb.

- **이명** : 계조촉, 단풍, 참단풍나무
- **영명** : Palmate maple, Japanese maple
- **분류** : 쌍떡잎식물 무환자나무목 단풍나무과
- **개화** : 5월
- **높이** : 10m
- **꽃말** : 사양, 은둔, 자제

단풍나무 화분(현미경 사진)

단풍나무는 낙엽활엽교목으로, 높이가 10m에 이른다. 작은 가지는 털이 없으며 붉은빛을 띤 갈색이다. 잎은 마주나고 손바닥 모양으로 5~7갈래 깊게 갈라진다. 갈래조각은 길이 5~6cm에 넓은 피침 모양으로 잎끝이 뾰족하고 가장자리에 겹톱니가 있다. 잎자루는 길이가 3~5cm이며 붉은색을 띤다. 꽃은 수꽃과 양성화가 한 그루에 피는데, 5월에 검붉은 꽃이 가지 끝에 산방꽃차례를 이루며 달린다. 암꽃은 꽃잎이 없거나 2~5개의 흔적이 있으며, 수꽃은 꽃잎이 없고 수술은 8개이다. 꽃받침조각은 5개이며 부드러운 털이 있다. 암꽃의 씨방은 털이 없으며 암술대는 길고 암술머리가 갈라진다. 수꽃의 수술은 꽃부리 밖으로 돌출되어 있다. 열매는 시과로 길이 1cm에 털이 없으며, 날개는 긴 타원형이고 9~10월에 익는다.

효능 한방에서 뿌리껍질과 가지를 '계조축'이라 하여 약용하는데, 무릎 관절염으로 통증이 심할 때 달여서 복용하고, 골절상을 입었을 때 오가피를 배합해서 사용한다. 뿌리는 관절염으로 인한 관절의 통증, 타박상이나 골절에 효과가 있다. 또한 소염 작용과 해독 효과도 있다.

단풍나무 암꽃

단풍나무 수꽃

단풍나무 잎

단풍나무 열매

달리아

Dahlia pinnata Cav.

- **이명** : 다리아, 다알리아
- **영명** : Dahlia
- **분류** : 쌍떡잎식물 국화목 국화과
- **개화** : 7～9월
- **높이** : 1.5～2m
- **꽃말** : 화려, 정열, 감사

달리아 화분(현미경 사진)

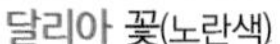
달리아 꽃(노란색)

달리아 꽃(흰색)

달리아는 여러해살이풀로, 높이가 1.5~2m이고 줄기는 원기둥 모양에 털이 없으며, 뿌리로 번식한다. 잎은 마주나고 1~2회 깃 모양으로 갈라지며 잎자루가 있다. 잔잎은 달걀 모양이며 가장자리에 톱니가 있다. 잎의 표면은 짙은 녹색이고 뒷면은 흰빛을 띤다. 꽃은 7~9월에 줄기와 가지 끝에 1개씩 옆을 향해 달리며, 흰색, 붉은색, 노란색 등 여러 가지 빛깔로 핀다. 열매는 수과로 타원형이며, 10월에 익는다. 화분은 단립이고 크기는 중립이며 구형이다. 발아구는 3구형이며 표면은 극상에 불규칙하고 구멍이 있다.

효능 위와 장을 튼튼하게 하고 두통을 가라앉히며, 구취 제거, 동맥 경화 예방 등의 효능이 있다. 꽃을 달인 차는 이뇨 작용이 있다.

달리아 잎

달맞이꽃

Oenothera biennis L.

- **이명** : 야래향, 월하향, 금달맞이꽃, 월견초
- **영명** : Evening primrose
- **분류** : 쌍떡잎식물 도금양목 바늘꽃과
- **개화** : 7월
- **높이** : 50～90cm
- **꽃말** : 기다림, 말없는 사랑

달맞이꽃 화분(현미경 사진)

달맞이꽃은 남아메리카 칠레 원산의 귀화 식물이며 물가, 길가, 빈터에서 자란다. 달맞이꽃이라는 이름은 꽃이 밤에 달을 맞이하며 피는 습성에서 붙여진 것이다. 굵고 곧은 뿌리에서 1개 또는 여러 개의 줄기가 나와 곧게 서며, 높이가 50~90cm이다. 전체에 짧은 털이 난다. 잎은 어긋나고 선상의 피침 모양이며 끝이 뾰족하고, 가장자리에 얕은 톱니가 있다. 꽃은 7월에 노란색으로 피고 잎겨드랑이에 1개씩 달리며, 지름이 2~3cm이고 저녁에 피었다가 아침에 시든다. 꽃받침조각은 4개인데 2개씩 합쳐지고, 꽃이 피면 뒤로 젖혀진다. 꽃잎은 4개로 끝이 파진다. 수술은 8개이고, 암술은 1개이며 암술머리가 4개로 갈라진다. 씨방은 원뿔 모양이며 털이 있다. 열매는 삭과로 긴 타원형이고 길이가 2.5cm이며, 4개로 갈라지면서 종자가 나온다. 종자는 여러 개의 모서리각이 있으며 젖으면 점액이 생긴다.

달맞이꽃 꽃

달맞이꽃 잎

효능 한방에서는 뿌리를 '월견초(月見草)'라고 하여 약재로 쓰는데, 감기로 열이 높고 인후염이 있을 때 물을 넣고 달여 복용한다. 또한 종자를 '월견자(月見子)'라고 하여 고지혈증에 사용한다. 달맞이꽃은 본래 북아메리카 인디언들이 약초로 활용했던 꽃이다. 인디언들은 달맞이꽃의 전초를 물을 넣고 달여 피부염이나 종기를 치료하는 데 썼고, 기침이나 통증을 멎게 하는 약으로 달여 먹기도 했다. 감기로 인한 인후염이나 기관지염이 생기면 뿌리를 잘 말려서 끓여 먹기도 했다. 피부염이 생겼을 때는 달맞이꽃의 꽃잎을 생으로 찧어 피부에 바르면 좋다. 여성의 생리불순과 생리통 경감에 도움이 되며, 지방조직을 자극하여 연소시킴으로써 비만인 중년에게도 좋다. 또한 달맞이꽃 기름은 아토피성 질환을 완화해주고 피를 맑게 하며 관절염을 예방한다.

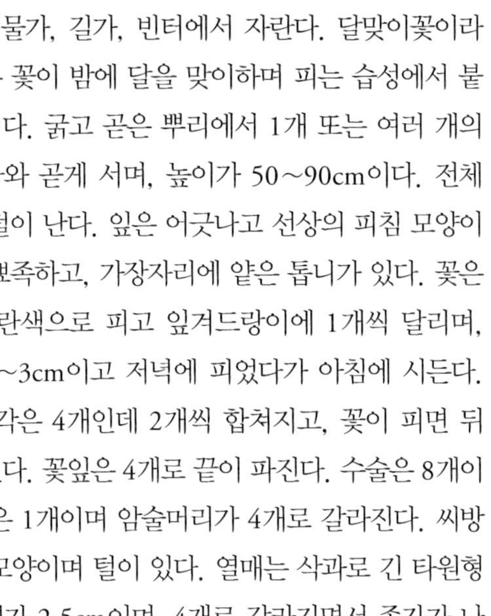
달맞이꽃 약재(월견자)

달맞이꽃 열매

당아욱

Malva sylvestris var. *mauritiana* Boiss.

- **이명** : 금규(錦葵)
- **영명** : Mallow flowers
- **분류** : 쌍떡잎식물 아욱목 아욱과
- **개화** : 5~6월
- **높이** : 60~90cm
- **꽃말** : 어머니의 사랑, 자애

당아욱 화분(현미경 사진)

당아욱 꽃

당아욱 잎

당아욱은 바닷가에서 자라는 두해살이풀로, 높이가 60~90cm이고 줄기에는 털이 거의 없다. 잎은 어긋나고 손바닥 모양이며 5~9개로 얕게 갈라지고 가장자리에 작은 톱니가 있다. 꽃은 5~6월에 피며, 지름 2~5cm의 꽃이 작은 꽃자루가 있는 밑에서부터 피어 올라간다. 꽃잎은 5개이고 연한 자줏빛 바탕에 짙은 자줏빛 맥이 있다. 꽃받침은 녹색이고 5개로 갈라진다. 여러 개의 수술대가 한데 뭉쳐 있으며, 암술은 실처럼 가늘고 많다. 열매는 삭과로 편평하며 익으면 10~14개로 벌어진다. 화분은 단립이고 크기는 극대립이며 구형이다. 발아구는 산공형으로 전체에 퍼져 있다. 표면은 극상으로 크고 작은 돌기가 혼재한다.

당아욱 줄기

효능 한방에서 잎과 줄기를 '금규'라 하여 약용하는데, 대소변을 원활하게 하고 림프절 결핵과 대하, 제복동통을 치료하는 데 효과가 있다.

대추나무

Zizyphus jujuba var. *inermis* Rehder.

- **이명** : 대추, 여초
- **영명** : Common Jujbe
- **분류** : 쌍떡잎식물 갈매나무목 갈매나무과
- **개화** : 5~6월
- **높이** : 10m
- **꽃말** : 처음, 만남

대추나무 화분(현미경 사진)

대추나무 꽃

대추나무 잎

대추나무는 낙엽활엽소교목 또는 관목으로, 높이가 10m에 이른다. 줄기에 가시가 있으나 오래되면 없어진다. 잎은 어긋나고, 약간 넓은 달걀 모양이며 3개의 잎맥이 뚜렷이 보인다. 잎의 윗면은 연한 초록색으로 광택이 약간 나며, 잎 가장자리에는 잔톱니가 있다. 꽃은 잎겨드랑이에서 취산꽃차례를 이루며 연한 초록색으로 5~6월에 핀다. 꽃잎, 꽃받침, 수술은 각각 5개이고 암술은 1개이다. 열매는 핵과로 길이 2.5~3.5cm에 타원형이며, 9~10월에 푸른색을 띤 붉은색으로 익는다.

대추나무 열매

대추나무 약재(대조)

효능 오장을 보하고 자양 강장의 효능이 있으며, 열매를 차로 마시면 위경련과 자궁 경련의 진통에 효과적이다. 열매를 말린 것은 약리 작용이 커서 주독, 주체, 해수에 탁월한 효과가 있고, 감기의 치료와 신경 안정 등에 쓰인다. 또한 여러 가지 약재를 서로 화합하는 데에도 사용된다.

도라지

Platycodon grandiflorum L.

- **이명** : 아기도라지, 하늘도라지, 좀도라지
- **영명** : Balloon flower, Chinese bellflower
- **분류** : 쌍떡잎식물 초롱꽃목 초롱꽃과
- **개화** : 7~8월
- **높이** : 40~100cm
- **꽃말** : 성실, 품위

도라지 화분(현미경 사진)

도라지는 산과 들에서 자라는 여러해살이풀로, 높이가 40~100cm이다. 뿌리가 굵고 줄기는 곧게 자라며 자르면 흰색 즙액이 나온다. 잎은 어긋나고, 길이 4~7cm, 너비 1.5~4cm에 긴 달걀 모양 또는 넓은 피침 모양으로 가장자리에 톱니가 있으며, 잎자루는 없다. 잎끝이 날카롭고 밑부분은 넓으며, 잎의 앞면은 녹색이고 뒷면은 회색빛을 띤 파란색이며 털이 없다. 꽃은 7~8월에 흰색 또는 보라색으로 위를 향하여 피는데, 지름 4~5cm에 끝이 퍼진 종 모양이며 5개로 갈라진다. 꽃받침은 5개로 갈라지고 꽃받침조각은 피침 모양이다. 수술은 5개, 암술은 1개이고 암술머리는 5개로 갈라지며 씨방은 5실이다. 열매는 삭과로 달걀 모양이고 꽃받침조각이 달린 채로 익는다. 화분은 단립이고 크기는 중립이며 약단구형이다. 발아구는 6구형이며 표면에 불규칙하고 작은 가시가 분포한다.

효능 도라지의 주요 성분은 사포닌이다. 뿌리는 껍질을 벗겨 말리거나 그대로 말려서 사용하며, 이것을 '길경'이라 한다. 한방에서는 치열, 폐열, 편도염, 설사의 치료에 사용한다. 《동의보감》에서는 "성질이 약간 차고, 맛은 맵고 쓰며 약간 독이 있다. 폐, 목, 코, 가슴의 병을 다스리고 벌레의 독을 내린다."고 하였다.

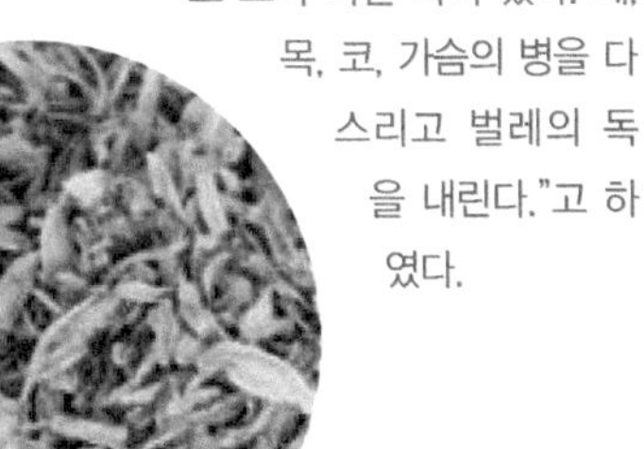
도라지 약재(길경)

도라지 꽃

도라지 잎

도라지 열매

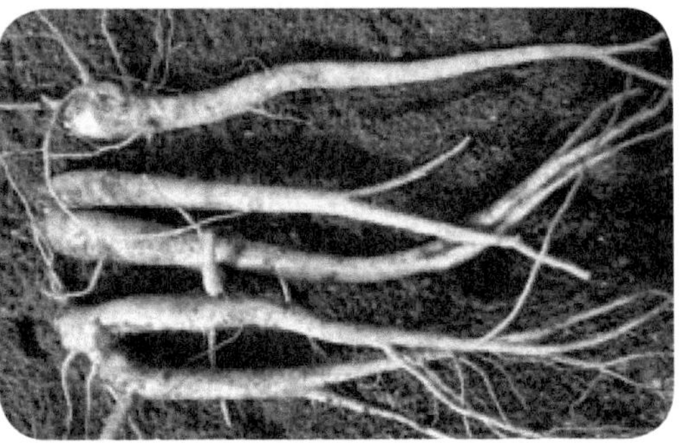
도라지 뿌리

돌나물

Sedum sarmentosum Bunge

- **이명** : 돈나물
- **영명** : Stringy stonecrop
- **분류** : 쌍떡잎식물 장미목 돌나물과
- **개화** : 5~6월
- **높이** : 15cm
- **꽃말** : 근면

돌나물 뿌리

돌나물 꽃

돌나물 잎

돌나물은 양지바른 들판, 풀밭 또는 바위 틈에서 자라는 여러해살이풀로, 높이는 15cm 정도이다. 줄기는 땅 위로 뻗는데, 밑에서 가지가 갈라져서 지면으로 뻗은 줄기의 마디에서 뿌리가 내린다. 잎은 보통 3개씩 돌려나고 잎자루가 없이 원줄기에 달리며, 길이 1.5~2cm, 너비 0.3~0.6cm에 긴 타원형으로 가장자리가 밋밋하다. 꽃은 5~6월에 피는데, 높이 15cm 정도의 꽃대가 곧게 나와 그 끝에 지름 0.6~1cm의 황색 꽃이 많이 달린다. 열매는 골돌과이며 비스듬히 벌어진다.

돌나물 줄기

어린줄기와 잎은 김치를 담가 먹고 연한 순은 나물로 무쳐 먹는다.

돌나물 약재(수분초)

효능 비타민 C가 풍부하여 뼈엉성증에 효과가 있고, 갱년기 우울증에도 좋다. 이담 작용을 하는데, 담즙의 분비나 배출을 촉진하여 담석증, 담낭염 치료에 도움을 준다. 급성 기관지염 등 각종 감염성 질환의 염증을 없애주며, 항암 보조 작용이 있어 간암의 치료제로도 쓰인다.

돌단풍

Mukdenia rossii var. *typica* Nakai

- **이명** : 돌나리, 부처손, 장장포
- **영명** : Aceriphyllum rossii
- **분류** : 쌍떡잎식물 장미목 범의귀과
- **개화** : 5월
- **높이** : 30cm
- **꽃말** : 생명력, 희망

돌단풍 화분(현미경 사진)

돌단풍은 물가의 바위틈에서 자라는 여러해살이풀로, 높이가 30cm 정도이다. 뿌리줄기는 굵고, 짧고 굵은 줄기는 가로로 뻗으며 비늘조각 모양의 막질로 된 포가 붙어 있다. 잎은 모여나고 잎자루가 길며 손바닥 모양으로 5~7갈래 깊게 갈라진다. 잎의 양면에 털이 없고 윤이 나며 가장자리에 톱니가 있다. 꽃은 흰색이나 엷은 홍색으로 5월에 원뿔 모양의 취산꽃차례를 이루며 핀다. 꽃줄기는 곧게 서며 꽃대가 짧다. 꽃잎은 5~6개이며 달걀상의 피침 모양으로 끝이 날카롭고 꽃받침조각보다 짧으며, 꽃이 필 때 꽃받침과 함께 뒤로 젖혀진다. 꽃받침조각은 6개이고 긴 달걀 모양이며 끝이 뾰족하다. 꽃부리는 지름이 1.2~1.5cm이고 수술은 6개이며 꽃잎보다 조금 짧다. 열매는 삭과로 달걀 모양이다.

돌단풍 꽃

돌단풍 종자 결실

돌단풍 잎(앞면)

돌단풍 잎(뒷면)

동백나무

Camellia japonica L.

- **이명** : 산다, 산다수, 남산다, 동백꽃, 동백유
- **영명** : Common camellia
- **분류** : 쌍떡잎식물 물레나무목 차나무과
- **개화** : 2~4월
- **높이** : 7m
- **꽃말** : 신중, 허세 부리지 않음

동백나무 화분(현미경 사진)

동백나무 꽃

동백나무 잎

동백나무는 상록활엽소교목으로, 밑에서 가지가 갈라져서 관목 모양으로 되는 것이 많다. 높이는 7m에 달하고, 나무껍질은 회갈색이며 평활하고 일년생 가지는 갈색이다. 잎은 어긋나고 길이 5~12cm, 너비 3~7cm에 타원형 또는 긴 타원형이며 가장자리에 물결 모양의 잔톱니가 있다. 잎의 표면은 짙은 녹색에 광택이 나고 뒷면은 황록색이며 털이 없다. 꽃은 2~4월에 피는데, 붉은색 꽃이 가지 끝에 1개씩 달린다. 꽃잎은 5~7개가 밑에서 합쳐져 비스듬히 퍼진다. 암술대는 3개로 갈라지고, 수술은 많으며 꽃잎에 붙어서 꽃잎이 떨어질 때 함께 떨어진다. 열매는 삭과로 지름 3~4cm에 둥글고 3실이며, 검은 갈색의 종자가 들어 있다. 화분은 단립이고 크기는 중립이며 아장구형이다. 발아구는 3구형이고 외구연은 비후하다. 표면은 망상으로 망강은 좁고 망벽은 비교적 두껍게 발달한다.

동백나무 열매

동백나무 약재(산다화)

효능 꽃은 타닌이 많이 함유되어 있어 수렴, 지혈, 정장제로 쓰인다. 또한 지혈, 산어, 소종의 효능이 있다.

동부

Vigna unguiculata L. Walp.

- **이명** : 강두, 장두, 동부콩, 돔부
- **영명** : Cowpef
- **분류** : 쌍떡잎식물 콩목 콩과
- **개화** : 8월
- **길이** : 1~2m
- **꽃말** : 반드시 오고야 말 행복

동부 화분(현미경 사진)

동부 꽃

동부 잎

동부 열매

동부는 한해살이풀로, 건조하고 강우량이 많지 않은 지역에서는 물론 모래 토양에서도 잘 자라나 따뜻한 지방에 알맞은 작물이며 서리에 약하다. 우리나라에서는 여름의 고온 시기를 이용하여 재배가 가능하다. 줄기는 덩굴성이나 반덩굴성 또는 직립성을 띠는데, 덩굴성의 경우 줄기의 길이가 1~2m인 데 비해 직립형은 0.5~0.7m이다. 전체적으로 털이 없다. 잎은 3출 겹잎인 것과 떡잎, 홑잎으로 나뉜다. 보통 떡잎 위에 홑잎이 마주나며, 홑잎은 심장 모양으로 끝이 가늘고 뾰족하다. 꽃은 8월에 흰색, 자주색, 담황색 등으로 잎겨드랑이에 총상꽃차례를 이루며 피는데, 꽃의 생김새는 나비 모양이다. 열매는 협과이며, 3~4개 또는 6~13개의 종자가 들어 있다. 야생종은 열매와 종자의 크기가 작지만, 재배종은 10~110cm로 다양하다. 종자의 빛깔도 흰색에서 크림색, 베이지색, 녹색, 빨간색, 갈색, 검정색 등으로 다양하며, 크기는 1cm 안팎이다.

효능 한방에서 약용하는데, 신장을 보호하고 위장을 튼튼하게 하며, 혈액 순환을 원활하게 하고 당뇨병, 구토, 설사 등에도 효과가 있다고 알려져 있다. 또한 비타민 B_1과 B_2가 다량 함유되어 있고 라이신 함량이 높아 피로 축적을 예방하며, 콜라겐 생성과 성장 및 발육에 도움을 준다. 또한 폴리페놀 함량이 팥보다도 높아 항암 작용, 노화 방지 등에도 효과적이다.

두메부추

Allium senescens L.

- **이명** : 산구, 메부추
- **영명** : Broadleaf chives
- **분류** : 외떡잎식물 백합목 백합과
- **개화** : 8～9월
- **높이** : 20～30cm
- **꽃말** : 좋은 추억

두메부추 화분(현미경 사진)

두메부추 꽃

두메부추 잎

두메부추는 산에서 자라는 여러해살이풀로, 높이는 20~30cm이다. 비늘줄기는 달걀상의 타원형으로 지름은 4cm이고, 겉껍질이 얇은 막질로 싸여 있으며 섬유가 없다. 잎은 뿌리에서 많이 나오고, 길이 20~30cm, 너비 0.2~0.9cm의 줄 모양이다. 꽃은 8~9월에 홍자색으로 피는데, 원기둥 모양의 꽃줄기가 20~35cm 정도 자라서 산형꽃차례를 이루며 달린다. 꽃덮이는 6장, 수술은 6개이며, 수술대의 밑이 넓고 톱니가 없다. 열매는 삭과이며 종자는 검은색이다. 화분은 단립이고 크기는 중립이며 배 모양이다. 발아구는 원구형이고 구구는 길며 표면은 나선상이고 골은 얕다.

두메부추 종자 결실

효능 줄기는 진통, 거담 효능이 있어 천식, 소화 불량, 협심증 등의 약재로 쓰이고, 줄기를 짓찧어 신경통 치료에 이용했다는 기록도 있다. 또한 민간에서는 이뇨제, 강장제 등으로 약용한다.

들깨

Perilla frutescens var. *japonica* Hara

- **이명** : 백소
- **영명** : Leaf perilla
- **분류** : 쌍떡잎식물 통화식물목 꿀풀과
- **개화** : 8~9월
- **높이** : 60~90cm
- **꽃말** : 정겨움

들깨 종자 결실

들깨 꽃

들깨 잎

들깨는 한해살이풀로, 높이가 60~90cm이다. 줄기는 네모지고 곧게 서며 긴 털이 있다. 잎은 마주나고 길이 7~12cm, 너비 5~8cm에 달걀상의 원형이다. 잎끝이 뾰족하며 밑부분은 둥글고 가장자리에 둔한 톱니가 있다. 잎의 앞면은 녹색이지만 뒷면은 자줏빛을 띠고 잎자루가 길다. 꽃은 8~9월에 흰색으로 피는데, 작은 입술 모양의 통꽃이 총상꽃차례를 이루며 많이 달린다. 꽃받침은 길이가 0.3~0.4cm이고 위쪽은 3개로, 아래쪽은 2개로 갈라지며 긴 털이 있다. 꽃부리는 길이 0.4~0.5cm로 아랫입술꽃잎이 약간 길다. 수술은 4개이며 그중 2개가 길다. 열매는 분과(分果)로 둥글며 꽃받침 안에 들어 있다.

효능 열매는 '백소자', 줄기는 '백소경', 잎은 '백소엽'이라 하며 약용한다. 한방에서는 만성 위염, 기침, 위산 과다 등에 처방하며, 민간에서는 감기, 피부병, 버짐, 화상 등의 치료에 쓴다.

들깨는 오메가-6계열의 리놀레산과 고도의 불포화 지방산인 α-리놀렌산을 함유하고 있어, 건강식품을 생산하기 위한 영양소 공급원으로서 수요가 점차 증가하고 있다. 들깨에는 40% 정도의 건성유가 들어 있다. 잎에는 0.4% 정도의 휘발성 기름이 들어 있는데 그 주성분은 페닐라케톤으로 특이한 냄새가 난다.

들깨 약재(임자)

등

Wisteria floribunda (Willd.) DC.

- **이명** : 참등, 등나무, 참등나무
- **영명** : Japanese wisteria
- **분류** : 쌍떡잎식물 콩목 콩과
- **개화** : 5월
- **길이** : 10m
- **꽃말** : 환영

등 열매

등 꽃차례

등 덩굴줄기

등은 낙엽 덩굴나무로, 다른 물체를 오른쪽으로 감으면서 올라간다. 덩굴줄기는 굵고 크게 10m 이상 자란다. 단면은 나이테처럼 보이는 일그러진 동심원 띠무늬가 있고, 작은가지는 밤색 또는 회색의 얇은 막으로 덮여 있다. 잎은 어긋나고 1회 홀수깃꼴겹잎이며, 13~19개의 잔잎으로 된다. 잔잎은 달걀상의 타원형이고 잎끝이 뾰족하며 가장자리가 밋밋하다. 잎의 앞뒤에 털이 있으나 자라면서 없어진다. 꽃은 5월에 잎과 같이 피고 아래로 처진 총상꽃차례로 달린다. 대개 연한 자줏빛이지만 흰색도 있다. 열매는 협과로 길이 10~15cm에 넓적하며, 짧은 털이 빽빽이 나 있고 밑부분으로 갈수록 좁아진다. 종자는 지름 1.1~1.4cm로 둥글고 넓적하며 갈자색에 광택이 있다. 열매는 9월에 익어 1월까지 그대로 달려 있다.

등 잎

효능 뿌리는 이뇨제로 쓰이고 피부병 치료에 효과가 있다. 또한 열을 내려주고, 장을 윤활하게 만들어 변비에 좋다.

딸기

Fragaria ananassa Duch.

- **이명** : 양딸기
- **영명** : Garden strawberry, Cultivated strawberry
- **분류** : 쌍떡잎식물 장미목 장미과
- **개화** : 5~6월
- **높이** : 10~40cm
- **꽃말** : 존중, 애정, 우정, 우애

딸기 화분(현미경 사진)

딸기 꽃

딸기 잎

딸기 열매

딸기는 여러해살이풀로, 높이는 10~40cm이며 기는줄기를 뻗어 번식한다. 잎은 뿌리에서 나오는데, 잎자루가 길고 3출 겹잎이며 각각 둥글고 가장자리에 톱니가 있다. 잔잎은 길이 3~6cm, 너비 2~5cm에 거꿀달걀상의 사각형이며, 잎끝이 뾰족하고 가장자리에서 치아 모양 톱니가 있다. 잎의 표면에는 털이 없고 뒷면의 맥 위와 잎자루에 꼬불꼬불한 털이 있으며 뒷면은 희다. 꽃은 5~6월에 흰색으로 피는데, 몇 개의 꽃대가 나오고 꽃대 끝의 취산꽃차례에 5~15송이가 달린다. 꽃잎은 5개이고, 꽃받침조각은 5~6개로 피침 모양이며 끝이 뾰족하고 녹색이다. 부꽃받침은 피침 모양으로 끝이 뾰족하고 겉에 털이 있으며 꽃받침보다 조금 짧다. 꽃턱은 꽃이 진 다음 육질화되어 적색으로 익고, 움푹 팬 곳에 수과가 들어 있다.

효능 딸기에 많이 들어있는 비타민 C는 암세포를 없애는 세포의 능력을 강화시켜 항암 작용을 하고 바이러스를 사멸하는 효능이 있다. 또한 혈액을 맑게 해주며 피부를 윤택하게 한다. 딸기에 함유된 붉은색 색소 성분은 안토시아닌이라는 일종의 배당체로 항암 작용이 있으며, 식이 섬유인 펙틴이 많이 들어있어 혈중 콜레스테롤 수치를 현저히 낮추는 효과가 있다.

땅비싸리

Indigofera kirilowii Maxim. ex Palib

- **이명** : 큰땅비싸리, 논싸리, 땅비수리
- **영명** : Kirilow indigo
- **분류** : 쌍떡잎식물 콩목 콩과
- **개화** : 5~6월
- **높이** : 1m
- **꽃말** : 생각, 사색

땅비싸리 화분(현미경 사진)

땅비싸리 꽃

땅비싸리 잎

땅비싸리는 전국 각지의 산이나 양지 또는 반그늘의 비옥한 땅에서 자라는 낙엽활엽관목이다. 높이는 1m 정도이고 뿌리에서 많은 싹이 나온다. 여러 개의 줄기가 올라오며 가지에 세로로 된 줄 모양의 돌기가 있다. 잎은 어긋나고 1회 홀수깃꼴겹잎이다. 잔잎은 7~11개이며 원형, 타원형 또는 거꿀달걀 모양으로 두껍고 양면에 털이 있다. 꽃은 5~6월에 피는데, 길이 2cm 정도의 적자색 꽃이 잎겨드랑이에서 총상꽃차례를 이룬다. 꽃받침은 길이가 0.3cm 정도이며 기판의 겉에 털이 있다. 열매는 협과로 선상의 원주형이며 10월에 익는다.

땅비싸리 열매

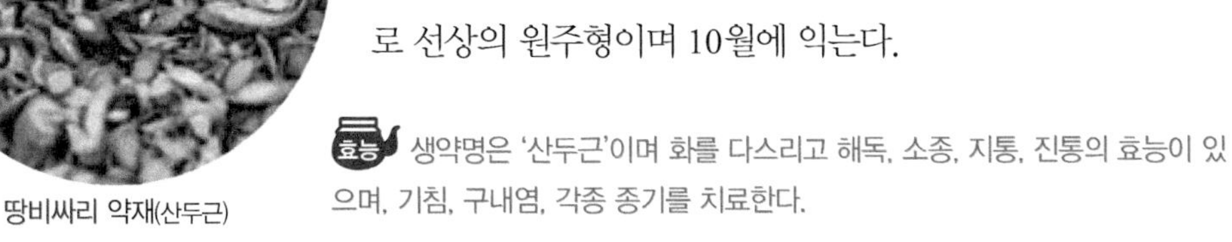

땅비싸리 약재(산두근)

효능 생약명은 '산두근'이며 화를 다스리고 해독, 소종, 지통, 진통의 효능이 있으며, 기침, 구내염, 각종 종기를 치료한다.

땅콩

Arachis hypogaea L.

- **이명** : 낙화생, 호콩, 왜콩
- **영명** : Peanut
- **분류** : 쌍떡잎식물 콩목 콩과
- **개화** : 7~9월
- **높이** : 60cm
- **꽃말** : 그리움

땅콩 화분(현미경 사진)

땅콩 꽃

땅콩 잎

땅콩은 동아시아, 중국, 일본, 한국 등에 분포하는 한해살이풀로, 높이는 60cm 정도이다. 원줄기는 밑부분에서 갈라져 옆으로 비스듬히 자라므로 사방으로 퍼지며 전체에 털이 있다. 잎은 어긋나고 1회 짝수 깃꼴겹잎이며 잎자루가 길다. 잔잎은 4개이고 거꿀달걀 모양 또는 달걀 모양이며, 밑부분이 둥글고 잎끝이 길게 뾰족해진다. 꽃은 7~9월에 노란색으로 잎겨드랑이에 1개씩 핀다. 꽃자루가 없으며 나비 모양 꽃의 대처럼 보이는 꽃받침통 끝에 꽃받침조각, 꽃잎 및 수술이 달린다. 꽃받침통 안에 1개의 씨방이 있고 실 같은 암술대가 밖으로 나오며, 수정이 되면 씨방 밑부분이 길게 자라서 씨방이 땅속으로 들어간다. 열매는 협과로 긴 타원형이며 10월에 익는다. 열매껍질은 두껍고 딱딱하며 그물 같은 맥이 있고, 1~3개의 종자가 들어 있다.

땅콩 열매

효능 불포화 지방산이 함유되어 있어 혈관 벽에 붙어있는 콜레스테롤을 씻어내고 고혈압 및 당뇨병의 치료에 효과가 있다. 또한 비타민 B, 레시틴, 아미노산이 풍부하여 머리를 맑게 해주고 두뇌를 발달시켜준다.

때죽나무

Styrax japonicus Siebold & Zucc.

- **이명** : 노가나무, 족나무
- **영명** : Snowbell tree
- **분류** : 쌍떡잎식물 감나무목 때죽나무과
- **개화** : 5~6월
- **높이** : 5~15m
- **꽃말** : 겸손

때죽나무 화분(현미경 사진)

때죽나무는 산과 들의 낮은 지대에서 자라는 낙엽소교목으로, 높이는 5~15m이다. 가지에 별 모양의 털이 있다가 없어지고, 겉껍질이 벗겨지면서 다갈색으로 된다. 잎은 어긋나고 달걀 모양 또는 긴 타원형이며 가장자리는 밋밋하거나 톱니가 약간 있다. 꽃은 5~6월에 흰색으로 피는데, 2~5개씩 아래를 향해 달린다. 꽃부리는 5갈래로 깊게 갈라지며 수술은 10개이고 수술대의 아래쪽에는 흰색 털이 있다. 열매는 핵과이며, 길이 1.2~1.4cm에 달걀 모양으로 9월에 익으면 껍질이 터져서 종자가 나온다. 화분은 단립이고 크기는 중립이며 약장구형이다. 발아구는 3구형이며 외구연은 다소 비후하다. 표면은 망상 또는 유공상이며 망강은 작고 망벽은 뚜렷하지 않다.

효능 열매껍질에 사포닌이 함유되어 있는데, 방부제 약효와 구충, 살충, 거담 등의 효능이 있고 기관지염, 후두염 등의 치료에 쓰인다. 봄부터 초여름 사이에 꽃을 채취하여 햇볕에 말려서 약용하는데, 독성이 약간 있으므로 과용하거나 오랫동안 먹으면 안 된다. 기침 가래, 관절통, 골절 등에 꽃 말린 것을 달여서 마신다.

때죽나무 꽃

때죽나무 잎

때죽나무 열매

때죽나무 벌레집

리아트리스

Liatris pycnostachya Michx (L.spicata wild)

- **이명** : 단추뱀뿌리, 불꽃별풀
- **영명** : Dance blazing star, Gay feather
- **분류** : 쌍떡잎식물 국화목 국화과
- **개화** : 6~7월
- **높이** : 1m
- **꽃말** : 고결

리아트리스 화분(현미경 사진)

리아트리스는 여러해살이풀로, 줄기는 가지를 치지 않고 곧게 1m 정도 자란다. 덩이줄기에서 많은 줄기가 나오고 가는 잎이 방사상으로 난다. 잎은 밑부분에서는 빽빽하게 나지만 위로 올라가면서 성기게 나는 것도 있다. 꽃은 6~7월에 피는데, 3~8개의 작은 보라색 꽃이 위쪽에서 아래로 내려오면서 모여 달린다. 열매는 수과로 10개의 능선과 털이 있다.

효능 덩이줄기는 발한, 흥분, 강장, 이뇨 작용과 항균 작용이 있어, 달여서 인후염에 구강 세척액으로 쓴다. 또 성병을 치료하는 데에도 사용한다.

리아트리스 꽃

리아트리스 잎과 줄기

리아트리스 종자 결실

마가목

Sorbus commixta Hedl.

- **이명** : 은빛마가목, 마께낭, 마아목
- **영명** : Mountain ash
- **분류** : 쌍떡잎식물 장미목 장미과
- **개화** : 5~6월
- **높이** : 6~8m
- **꽃말** : 게으름

마가목 화분(현미경 사진)

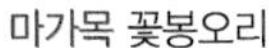
마가목 꽃봉오리

마가목 꽃

마가목 잎

마가목은 낙엽소교목으로, 높이가 6~8m이나 고산 지대에서는 2~3m의 관목상으로 자란다. 나무껍질은 회갈색이며 가늘고 긴 돌기가 있다. 잎은 어긋나고, 4~7쌍의 잔잎으로 된 깃꼴겹잎이다. 잔잎은 버들잎 모양 또는 긴 타원형으로 잎끝이 날카롭게 뾰족하고 밑부분은 둥글거나 좁은 쐐기 모양이다. 잎 가장자리에 톱니나 겹톱니가 있어 그 끝은 홑톱니 모양을 이룬다. 잎의 표면은 녹색이고 뒷면은 표면보다 연한 녹색이거나 회백색이며 양면에 털이 없다. 꽃은 양성화이고, 5~6월에 흰색의 작은 꽃들이 많이 모여 가지 끝에서 겹산방꽃차례를 이루며 핀다. 꽃잎은 5개이며 거의 둥글고 안쪽 밑부분에 털이 약간 있다. 꽃받침잎은 넓은 달걀상의 삼각형이고 끝은 둔하다. 수술은 15~25개이고 암술대는 3~4개이며 밑부분에 부드러운 털이 빽빽하게 나 있다. 열매는 둥글고 9~10월에 붉은색으로 익는다.

마가목 열매

마가목 약재(마가자)

효능 당마가목, 마가목, 산마가목의 줄기껍질을 '정공피', 종자를 '마가자'라 하며 약용한다. 열매에 알레르기를 예방하는 효능이 있는 것으로 알려졌으며, 항염 작용이 있어 약재로 쓰인다. 이뇨, 진해, 거담, 강장, 지갈 등의 효능이 있고, 신체 허약, 기침, 기관지염, 폐결핵, 위염 등을 치료한다.

말채나무

Cornus walteri F.T.Wangerin

- **이명** : 말채목, 막께낭, 신선목, 빼빼목
- **영명** : Walter dogwood
- **분류** : 쌍떡잎식물 산형화목 층층나무과
- **개화** : 6월
- **높이** : 10m
- **꽃말** : 당신을 보호해 드리겠습니다

말채나무 열매

말채나무 꽃

말채나무는 계곡의 숲속에서 자라는 낙엽활엽교목으로, 높이가 10m에 달한다. 오래된 줄기는 감나무 나무껍질처럼 그물 모양으로 갈라지며 흑갈색이다. 잎은 마주나고 길이 5~8cm, 너비 3~5cm에 넓은 달걀 모양 또는 타원형이며 가장자리가 밋밋하다. 잎의 표면에는 누운 털이 약간 있으며 뒷면은 흰빛을 띠고 거센 누운 털이 있다. 꽃은 6월에 흰색 꽃이 가지 끝에 취산꽃차례로 피고, 꽃잎은 피침 모양이다. 암술은 수술보다 짧고 수술대는 꽃잎과 길이가 거의 같다. 열매는 핵과로 둥글고 9~10월에 검게 익는다.

효능 가지와 잎은 '모래지엽'이라 하여 약용하는데, 봄에서 여름에 걸쳐 채취하여 햇볕에 말려 쓴다. 수렴, 지사, 강장 등의 효능이 있고, 칠창 등을 치료한다.

말채나무 잎

말채나무 나무껍질

매발톱

Aquilegia buergeriana var. *oxysepala*

- **이명** : 노랑매발톱꽃, 누두채
- **영명** : Oriental columbine
- **분류** : 쌍떡잎식물 미나리아재비목 미나리아재비과
- **개화** : 6~7월
- **높이** : 50~100cm
- **꽃말** : 우둔

매발톱 화분(현미경 사진)

매발톱 꽃

매발톱 잎

매발톱은 여러해살이풀로, 높이가 50~100cm이며 줄기 윗부분이 조금 갈라진다. 잎은 뿌리잎과 줄기잎으로 나뉘는데, 뿌리잎은 여러 개가 모여나며, 잎자루가 길고 2회 3갈래로 갈라진다. 줄기잎은 겹잎이며 위로 올라갈수록 잎자루가 짧아진다. 잔잎은 넓은 쐐기 모양이고 2~3개씩 2번 갈라지며 뒷면은 흰색이다. 꽃은 6~7월에 가지 끝에서 아래를 향하여 달리며, 지름 3cm 정도에 노란빛을 띤 자주색이다. 꽃잎은 5개이고 길이 1.2~1.5cm에 노란색이며, 밑부분에는 자줏빛을 띤 꿀주머니가 있다. 꽃받침은 꽃잎 같고 꽃받침조각은 5개이며 길이는 2cm 정도이다. 열매는 골돌과이고 위를 향해 달린다. 화분은 단립이고 크기는 소립이며 약단구형이다. 발아구는 3구형이며 구구 표면에 작은 돌기가 빽빽하게 배열되어 있다. 표면은 미립상이며 가시 형태의 돌기가 균일하게 배열되어 있다.

매발톱 지상부

효능 통경, 활혈 등의 효능이 있어 월경 불순 등 여성의 월경에 관련된 질병에 주로 처방한다. 또한 항균 작용, 혈압 강하 작용이 있고 종양, 이질, 기관지염, 장염 등을 치료한다.

매실나무

Prunus mume S. et Z.

- **이명** : 매화나무
- **영명** : Japanese apricot, Japanese flowering apricot
- **분류** : 쌍떡잎식물 장미목 장미과
- **개화** : 4월
- **높이** : 5m
- **꽃말** : 기품, 품격, 고결한 마음, 맑은 마음

매실나무 화분(현미경 사진)

매실나무 꽃

매실나무 잎

매실나무는 꽃이 피는 시기에 따라 이름이 다른데, 일찍 피는 것을 조매화, 추운 날씨에 피는 것을 동매, 눈 속에 피는 것을 설중매라 한다. 또한 꽃의 색깔에 따라 백매, 홍매라고 부르기도 한다. 낙엽소교목으로, 높이가 5m 정도로 자라고 가지는 초록색이며 잔털이 난 것도 있다. 잎은 어긋나고 길이 4~10cm에 달걀 모양 또는 넓은 달걀 모양으로 잎끝이 뾰족하며 가장자리에 예리한 잔톱니가 있다. 꽃은 지름 2cm에 연한 붉은색을 띤 흰색으로 4월에 핀다. 꽃잎은 보통 5개인데 그 이상인 것도 있다. 열매는 공 모양의 핵과이며 털로 덮여 있다. 덜 익은 열매는 녹색이며 7월에 황색으로 익는데 매우 시다. 화분은 단립이고 크기는 중립이며 약장구형이다. 발아구는 3구형이고 주변의 외표벽이 비후되어 교각을 형성한다. 표면은 유선상이고 선은 규칙적이며 골은 좁고 기부에 작은 구멍이 있다.

매실나무 열매

매실나무 약재(오매)

효능 한방에서는 수렴, 지사, 생진, 진해, 구충의 효능이 있는 것으로 알려져 있다. 열매에는 구연산 등 유기산이 있어 강한 살균력을 갖는다.

맥문동

Liriope platyphylla L.

- **이명** : 여랑, 여동, 인동
- **영명** : Big blue lilyturf
- **분류** : 외떡잎식물 백합목 백합과
- **개화** : 5~6월
- **높이** : 20~50cm
- **꽃말** : 겸손, 인내, 기쁨의 연속

맥문동 열매

맥문동 꽃

맥문동 잎

맥문동은 여러해살이풀로, 뿌리의 생김새에서 따온 이름이다. 높이는 20~50cm이고 줄기가 곧게 선다. 잎은 뿌리 부근에서 뭉쳐나며, 길이 30~50cm, 너비 0.8~1.2cm에 줄 모양으로 짙은 녹색을 띠고 밑부분이 잎집처럼 된다. 꽃은 5~6월에 피는데, 잎 사이에서 곧게 올라온 꽃대의 끝부분에 담자색 꽃이 총상꽃차례를 이루며 많이 달린다. 꽃대의 길이는 3~5cm이고 꽃차례의 길이는 8~12cm이며, 마디마다 3~5개의 꽃이 모여 달린다. 꽃자루는 길이 0.2~0.5cm이고 꽃의 밑부분 또는 중앙 윗부분에 마디가 있으며, 꽃덮이조각은 6개이고 길이 0.4cm에 연한 자주색이다. 수술은 6개이고 수술대는 구불구불하며 암술대는 1개이다. 열매는 삭과로 둥글고, 얇은 껍질이 일찍 벗겨지면서 흑색 종자가 노출된다.

효능 주로 땅콩같이 생긴 뿌리를 약용하는데, 《동의보감》에 더운 여름철 원기를 잃었을 때 회복시키는 효능이 있다고 기록되어 있다. 한방에서는 소염, 강장, 진해의 약재로 쓰거나 거담제 및 강심제로 이용한다. 또한 일사병, 열사병, 심근염, 만성 기관지염, 폐기종 등의 치료에 사용한다.

맥문동 약재(맥문동)

맨드라미

Celosia cristata L.

- **이명** : 맨드래미
- **영명** : Cock's comb
- **분류** : 쌍떡잎식물 중심자목 비름과
- **개화** : 7~10월
- **높이** : 90cm
- **꽃말** : 열정, 불타는 사랑, 방패, 건강, 사치

맨드라미 화분(현미경 사진)

맨드라미 꽃

맨드라미 잎

맨드라미는 꽃의 생김새가 수탉의 볏과 비슷하여 '계관화'라고도 한다. 한해살이풀로, 높이가 90cm 정도이다. 줄기 전체에 털이 없이 곧고 단단하며 간혹 붉은색을 띤다. 잎은 어긋나고 길이 5~10cm에 긴 타원형이며 잎자루가 길다. 꽃은 7~10월에 홍색, 황색, 흰색 꽃이 줄기 끝에 달려 핀다. 꽃받침은 5조각이며 바늘 모양으로 끝이 날카롭다. 수술은 5개이고 꽃받침보다 길며, 암술은 1개이고 암술대는 길다. 열매는 달걀 모양으로 숙존악에 싸여 있고 끝에 암술대가 남아 있다. 익으면 가로로 벌어져서 뚜껑처럼 열리고 3~5개의 종자가 나온다. 종자는 흑색이며 광택이 있다.

맨드라미 지상부

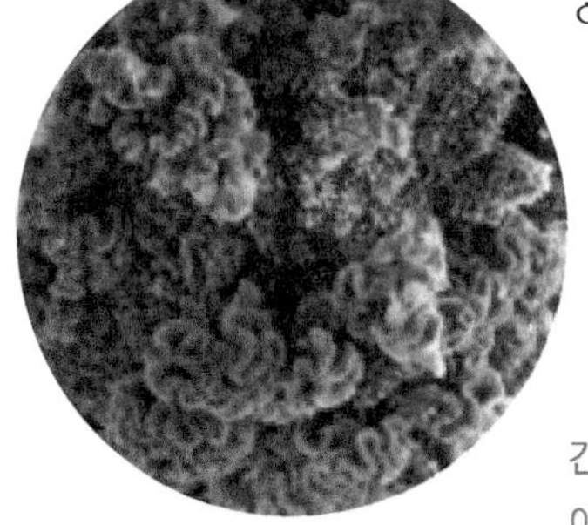

맨드라미 약재(계관화)

효능 종자에는 지방유와 니코틴산 등이 들어 있으며, 한방에서는 충혈되거나 백태가 끼는 안과 질환에 쓴다. 꽃은 '계관화'라 하여 약용하는데, 말린 것은 간경과 대장경에 작용하여 지혈, 지사에 쓰인다. 또 피를 맑게 하고 지혈의 효능이 있다. 꽃으로 술을 담가 먹으면 신경통에 효과적이다.

메꽃

Calystegia sepium var. *japonicum* (Choisy) Makino

- **이명** : 고자화
- **영명** : Japanese bindweed
- **분류** : 쌍떡잎식물 통화식물목 메꽃과
- **개화** : 6~8월
- **길이** : 2~5m
- **꽃말** : 몰래한 사랑

메꽃 화분(현미경 사진)

메꽃 꽃봉오리

메꽃 꽃

메꽃은 햇볕이 잘 드는 초원이나 들에서 자라는 덩굴성 여러해살이풀로, 덩굴 길이는 2~5m이다. 땅속의 흰색 뿌리줄기가 사방으로 길게 뻗으며 군데군데에서 순이 나와 엉킨다. 잎은 어긋나고 긴 타원형에 밑부분이 귀 모양이며 잎자루가 길다. 꽃은 6~8월에 피는데, 잎겨드랑이에서 긴 꽃줄기가 나와 자루 끝에 큰 꽃이 달린다. 꽃의 길이는 5~6cm, 너비는 약 5cm이고 깔때기 모양으로 엷은 홍색을 띠며, 5개의 수술과 1개의 암술이 있다. 화분은 단립이고 크기는 대립이며 구형이다. 발아구는 산공형으로 표면에 과립상의 돌기가 있다. 표면은 망상 또는 유공상이며 망벽에 돌기가 존재한다.

메꽃 잎

효능 꽃은 기를 보하고 얼굴의 주근깨를 없애며 얼굴빛을 좋게 한다. 뿌리는 배가 찼다 더웠다 하는 증상, 오줌이 잘 나오지 않는 증상에 쓴다. 또한 오랫동안 먹으면 허기를 느끼지 않다.

메밀

Fagopyrum esculentum Moench

- **이명** : 모밀, 메물
- **영명** : Buckwheat, Notch-seeded buckwheat, Brank
- **분류** : 쌍떡잎식물 마디풀목 마디풀과
- **개화** : 7~10월
- **높이** : 60~90cm
- **꽃말** : 연인

메밀 화분(현미경 사진)

메밀 꽃

메밀 잎

메밀은 한해살이풀로, 높이가 60~90cm이고 줄기는 속이 비어 있다. 뿌리는 천근성이나 원뿌리는 90~120cm에 달하여 가뭄에 강하다. 잎은 원줄기 아래쪽 1~3마디에서는 마주나지만, 그 위의 마디에서는 어긋난다. 꽃은 7~10월에 흰색 꽃이 무한꽃차례로 무리지어 피며, 수술은 8~9개이고 암술은 1개이다. 꽃에는 꿀이 많아 벌꿀의 밀원이 되며 주로 딴꽃가루받이를 한다. 메밀의 꽃은 같은 품종이라도 암술이 길고 수술이 짧은 장주화와 암술이 짧고 수술이 긴 단주화가 거의 반반씩 생기는데, 이것을 이형예 현상이라고 한다. 열매는 수과로 길이 0.5~0.6cm에 예리하게 세모진 달걀 모양이고, 갈색이나 암갈색으로 익는다. 화분은 단립이고 크기는 중립이며 장구형이다. 발아구는 3구형이며 외구연은 약하게 비후되어 있다. 표면은 망상으로 망강은 작으며 망벽은 기부가 넓다.

메밀 종자 결실

메밀 약재(교맥)

효능 메밀은 체내에서 열을 내려주고 염증을 가라앉히며 배변을 원활하게 해준다. 또한 성인병 및 고혈압 예방, 간 기능 개선, 이뇨 작용에 좋다. 《동의보감》에서는 메밀이 비장과 위장의 습기와 열기를 없애주며 소화가 잘되게 하는 효능이 있어, 1년 동안 쌓인 체기가 있어도 메밀을 먹으면 내려간다고 기록하고 있다.

명자나무

Chaenomeles lagenaria (Loisel) Koidz.

- **이명** : 가시덕이, 애기씨꽃나무, 청자, 풀명자나무
- **영명** : Common flowering quince, Japanese quince
- **분류** : 쌍떡잎식물 장미목 장미과
- **개화** : 3~4월
- **높이** : 1~2m
- **꽃말** : 평범, 겸손

명자나무 화분(현미경 사진)

명자나무 꽃

명자나무 잎

명자나무는 꽃이 청초한 느낌을 준다고 하여 '아가씨나무'라고 부르며, '보춘화', '산당화'라고도 한다. 낙엽활엽관목으로, 높이가 1~2m이고 흔히 줄기 밑부분이 반 정도 눕는다. 어린가지에는 털이 있으며 가지 끝이 가시로 변하는 것도 있다. 잎은 어긋나고, 타원형 또는 넓은 달걀 모양으로 양면에 털이 없으며 가장자리에 둔한 톱니가 있다. 꽃은 암수한그루로, 3~4월에 잎보다 먼지 피거나 동시에 피는데, 짧은 가지에 3~5송이가 모여 달린다. 꽃의 빛깔은 흰색, 분홍색, 붉은색 등으로 다양하다. 수술은 30~50개이고 수술대는 털이 없으며, 암술대는 5개이고 밑부분에 잔털이 있다. 열매는 길이 10cm 정도에 타원형이며 7~8월에 누렇게 익는다. 화분은 단립이고 크기는 중립이며 장구형이다. 발아구는 3구형이고 표면은 난선상이며 선은 불규칙하고 골은 얕다.

명자나무 열매

효능 열매에 거풍, 평간, 건위의 효능이 있어 한방에서는 각기, 수종, 근육통, 복통, 위염 등의 치료에 쓴다.

모감주나무

Koelreuteria paniculata Laxmann

- **이명** : 난수, 보제수, 염주나무, 모감주
- **영명** : Goldenrain tree
- **분류** : 쌍떡잎식물 무환자나무목 무환자나무과
- **개화** : 6~7월
- **높이** : 8~10m
- **꽃말** : 기다림

모감주나무 화분(현미경 사진)

모감주나무 꽃

모감주나무 잎

모감주나무 열매

모감주나무는 종자로 염주를 만들어 '염주나무'라고도 한다. 낙엽소교목으로, 높이가 8~10m이고 바닷가에서 군총을 형성하며 자란다. 잎은 어긋나고, 1회 깃꼴겹잎이다. 잔잎은 7~15개이고, 달걀 모양 또는 긴 타원형이며 가장자리가 깊이 패어 들어간 모양으로 갈라진다. 잎의 양면에 털이 없거나 뒷면에 잎맥을 따라 털이 있으며 불규칙하고 둔한 톱니가 있다. 꽃은 가지 끝에 수상꽃차례를 이루며 6~7월에 피고, 꽃의 빛깔은 황색이지만 중심부는 적색이다. 꽃받침은 거의 5개로 갈라지며 꽃잎은 4개가 모두 위를 향하여 없는 것처럼 보인다. 수술은 8개이고 수술대 밑부분에 긴 털이 있다. 열매는 꽈리처럼 생겼는데 옅은 녹색이었다가 익으면서 짙은 황색으로 변한다. 열매가 익으면 3개로 갈라져서 지름 0.5~0.8cm의 검은 종자가 3~6개 나온다. 화분은 단립이고 크기는 중립이며 삼각상이다. 발아구는 3구형이고 표면은 유선상으로 선은 뚜렷하게 발달하고 골에 구멍이 분포한다.

효능 꽃을 따서 그늘에 말려 두었다가 눈이 충혈되었거나 간염, 장염, 요도염을 치료할 때 달여 먹으면 효과가 있다.

모과나무

Chaenomeles sinensis (Thouin) Koehne

- **이명** : 토목과, 산목과, 목과나무, 목과
- **영명** : Chinese flowering quince
- **분류** : 쌍떡잎식물 장미목 장미과
- **개화** : 4~5월
- **높이** : 10m
- **꽃말** : 괴짜, 조숙

모과나무 화분(현미경 사진)

모과나무는 낙엽교목으로, 높이는 10m에 달한다. 나무껍질은 회갈색이며 조각이 벗겨진다. 잎은 어긋나며, 타원상의 달걀 모양 또는 긴 타원형으로, 양끝이 좁고 가장자리에 뾰족한 잔톱니가 있다. 잎의 표면에는 털이 없고 뒷면에 털이 있으나 점차 없어지며 밑부분에는 선이 있다. 턱잎은 피침 모양이고 가장자리에 샘털이 있으며 일찍 떨어진다. 꽃은 4~5월에 분홍색으로 피는데, 지름이 2.5~3cm이며 가지 끝에 1개씩 달린다. 꽃받침과 꽃잎은 각각 5개인데, 꽃잎은 거꿀달걀 모양이고 끝이 오목하며 밑부분 끝에 잔털이 나 있다. 꽃받침조각은 달걀 모양이고 끝이 무디며 톱니가 있고 안쪽에 흰색 잔털이 있다. 수술은 약 20개이고 길이 0.7~0.8cm에 털이 없으며 꽃밥은 황색이다. 암술머리는 5개로 갈라진다. 열매는 이과(梨果)로 원형 또는 타원형이며 지름 8~5cm의 대형이다. 목질이 발달하며 9~10월에 노란색으로 익고 향기가 좋으나 열매살은 시며 굳다. 화분은 단립이고 크기는 중립이며 아장구형이다. 발아구는 3구형이고 주변의 외표벽이 비후되어 교각을 형성한다. 표면은 유선상이며 선은 규칙적이고, 골은 좁고 얕으며 기부에 크기가 다른 작은 구멍이 존재한다.

모과나무 꽃

모과나무 잎

모과나무 열매

효능 한방에서는 열매를 '명사' 또는 '목'이라 하고 잎을 '모과지엽'라 하여 약용한다. 풍습을 없애고 가래를 삭이며, 뼈와 근육을 튼튼하게 해주고 피를 보충해주며 소화가 잘되게 하는 효능이 있다. 또한 민간에서 모과차를 기관지염, 기침, 감기 등의 치료에 쓴다. 모과주는 폐를 보하고 습을 없애주며 기관지를 튼튼하게 하여, 감기, 천식, 기관지염, 폐렴 등으로 인한 기침과 가래에 효과가 탁월하다.

목화

Gossypium indicum Lam.

- **이명** : 면화, 초면
- **영명** : Cotton plant
- **분류** : 쌍떡잎식물 아욱목 아욱과
- **개화** : 7월 말~8월 말
- **높이** : 60cm
- **꽃말** : 어머니의 사랑

목화 화분(현미경 사진)

목화는 온대지방에서 한해살이풀이지만 원산지인 열대지방에서는 소관목 형태이다. 높이도 온대에서는 60cm 내외로 자라지만 열대에서는 2m까지 자라기도 한다. 원줄기는 곧게 자라고 15개 내외의 마디가 있는데 각 마디에 잎과 두 개의 곁눈이 있다. 잎은 어긋나고 3~5개가 손바닥 모양으로 갈라진다. 꽃은 7월 말부터 8월 말까지 피는데, 꽃봉오리가 맺히고 난 뒤 꽃이 피기까지 약 30일이 걸린다. 꽃은 흰색 또는 노란색이며, 지름이 약 4cm이다. 5장의 꽃잎과 3장의 꽃받침, 1개의 암술 및 약 130개의 수술이 있다. 열매는 삭과로 달걀 모양이며 끝이 뾰족하다. 익으면 긴 솜털이 달린 종자가 나오는데, 털을 모아서 솜을 만든다. 화분은 단립이고 구형이다. 발아구는 산공형이고 표면에는 큰 가시가 있다.

효능 열매껍질을 '면화각'이라 하는데 8~9월에 채취하여 달여 마시면 격식과 격기를 치료한다. 종자의 털에는 비타민 91%, 납과 지방 0.4%, 세포내용물 0.6%가 함유되어 있으며, 지혈의 효능이 있어 토혈, 하혈, 혈붕, 금장출혈 등을 치료한다.

목화 꽃

목화 잎

목화 열매

목화 종자 결실

무

Raphanus sativus L.

- **이명** : 무우, 무시, 무수, 나복
- **영명** : Radish
- **분류** : 쌍떡잎식물 양귀비목 십자화과
- **개화** : 4~5월
- **높이** : 1m
- **꽃말** : 계절이 주는 풍요

무 화분(현미경 사진)

무는 배추, 고추와 함께 3대 채소이다. 한해 또는 두해살이풀로, 높이는 1m 정도이다. 큰 원주형 뿌리의 윗부분은 줄기지만, 그 경계가 뚜렷하지 않다. 잎은 뿌리에서 어긋나며 1회 깃꼴겹잎이다. 잎에는 털이 있고 마지막 갈래조각이 가장 크다. 꽃은 4~5월에 피는데, 꽃대가 길이 1m 정도 자란 다음 가지를 치고 그 밑에서 총상꽃차례가 발달한다. 연한 자주색 또는 흰색 꽃이 십자형으로 배열되며 작은 꽃자루가 있다. 꽃받침조각은 길이 0.7cm에 선상의 긴 타원형이고, 꽃잎은 넓은 거꿀달걀상의 쐐기 모양이며 꽃받침보다 2배 정도 길다. 암술은 1개이며, 6개의 수술 중 4개가 길고 2개는 짧다. 열매는 각과로 길이 4~6cm에 터지지 않으며 그 안에 적갈색 종자가 들어 있다. 화분은 단립이고 크기는 소립이며 약장구형이다. 발아구는 3구형이고 표면은 망상이며 망강이 뚜렷하고 망벽이 발달되어 있다.

효능 무즙은 기침을 그치게 하는 효능이 있고, 기침, 인후통에 무 삶은 물을 마시면 효과가 있다. 비타민 C가 많이 함유되어 있어, 멜라닌 색소를 증가시켜 색소 침착을 억제하여 주근깨, 기미를 없애주고 미백, 노화 방지의 효능이 있다. 또한 숙취 해소, 관절염, 소화 촉진, 해독에 탁월한 효능이 있다.

무 꽃

무 잎

무 열매

무 뿌리

무궁화

Hibiscus syriacus L.

- **이명** : 무궁화나무, 목근화
- **영명** : Rose of sharon, Shrub althea
- **분류** : 쌍떡잎식물 아욱목 아욱과
- **개화** : 8～9월
- **높이** : 2～3m
- **꽃말** : 일편단심, 은근과 끈기

무궁화 화분(현미경 사진)

무궁화 꽃

무궁화 잎

무궁화 열매

무궁화는 우리나라의 국화이다. 낙엽활엽관목으로, 높이는 2~3m이다. 줄기가 굵게 자라고 나무껍질은 회색이며 어린가지에 털이 있으나 점차 없어진다. 가지는 섬유질로 되어 질기며 잘 꺾이지 않는다. 잎은 어긋나고 달걀 모양이며 3개로 갈라져 5장으로 된다. 잎의 표면에는 털이 없으며 뒷면 맥 위에 털이 있다. 가장자리에 둔하거나 예리한 톱니가 있다. 꽃은 8~9월에 피는데 1송이씩 달리며, 보통 분홍색이고 내부는 짙은 붉은빛을 띤다. 꽃잎은 5장이 밑부분에서 서로 붙어 있으며 거꿀달걀 모양이다. 암술대가 수술통 중앙부를 뚫고 나오고 암술머리는 5개이다. 열매는 삭과로 긴 타원형이며 노란색 별 모양 털이 밀생한다. 종자는 편평하며 긴 털이 있고, 10월에 익는다.

효능 줄기껍질 및 뿌리껍질, 뿌리, 잎, 꽃, 종자를 약용한다. 줄기껍질 또는 뿌리껍질을 벗겨서 깨끗이 씻어 햇볕에 말린 것은 청열, 이습, 해독, 지양의 효능이 있다. 뿌리껍질에는 타닌과 점액이 함유되어 있어 출혈성 대장 질환과 지창의 종통을 치료한다. 종자인 목근자는 두통이나 편두통에 효과가 있다.

하와이무궁화 *Hibiscus rosa-sinensis* : 원산지가 중국 남부, 인도 동부이며, 추위에 약하여 겨울에는 10℃ 이상에서만 자란다.

하와이무궁화

미모사

Mimosa pudica Y. N. Lee

- **이명** : 잠풀, 신경초, 함수초
- **영명** : Sensitive plant
- **분류** : 쌍떡잎식물 콩목 콩과
- **개화** : 7~8월
- **높이** : 30cm
- **꽃말** : 예민, 섬세

미모사 화분(현미경 사진)

미모사 꽃

미모사 잎

미모사는 브라질 원산의 관상식물로, 원산지에서는 여러해살이풀이나 우리나라에서는 한해살이풀이다. 높이가 30cm 정도이며 식물 전체에 잔털과 가시가 있다. 잎은 어긋나고 긴 잎자루가 있으며, 4장의 깃꼴겹잎이 손바닥 모양으로 배열한다. 잔잎은 줄 모양이고 가장자리가 밋밋하며 턱잎이 있다. 잎을 건드리면 밑으로 처지고 잔잎이 오므라들어 시든 것처럼 보이며, 밤에도 잎이 처지고 오므라든다. 꽃은 7~8월에 피는데, 꽃대 끝에 엷은 붉은색 꽃이 두상꽃차례를 이루며 모여 달린다. 꽃잎은 4개로 갈라지고 꽃받침은 뚜렷하지 않다. 수술은 4개이고 길게 밖으로 나오며, 암술은 1개이고 암술대는 실 모양으로 길다. 열매는 협과로 겉에 털이 있고 마디가 있으며 3개의 종자가 들어 있다.

미모사 열매

효능 한방에서 뿌리를 제외한 전초를 '함수초'라 하여 약용하는데, 장염, 위염, 신경쇠약으로 인한 불면증, 신경과민으로 인한 안구 충혈과 동통에 효과가 있다. 또한 대상포진에 짓찧어 환부에 붙인다. 나무껍질에서 얻은 가루는 사람이나 동물로부터 입은 상처를 치료하는 데 효능이 있다.

민들레

Taraxacum platycarpum Dahlst.

- **이명** : 앉은뱅이
- **영명** : Dandelion
- **분류** : 쌍떡잎식물 국화목 국화과
- **개화** : 4~5월
- **높이** : 30cm
- **꽃말** : 사랑의 신

민들레 화분(현미경 사진)

민들레는 산과 들의 양지에서 흔히 볼 수 있는 여러해살이풀이다. 높이는 30cm 정도로 자라나 원줄기가 없이 대개 땅에 누워서 자란다. 잎은 둥글게 옆으로 퍼지며 무의 잎처럼 깊게 갈라진다. 길이 6~15cm, 너비 1.2~5cm에 줄 모양으로 털이 약간 있으며 가장자리에 톱니가 있다. 꽃은 4~5월에 피는데, 잎보다 짧은 꽃줄기 끝에 노란색 꽃이 1송이씩 달린다. 꽃이 필 때에는 꽃줄기에 흰색 털이 있으나 나중에는 거의 없어지고 꽃차례 밑에만 흰털이 남는다. 꽃잎은 혀 모양이고 5개의 톱니가 있으며, 수술은 5개이다. 우리나라의 자생 민들레는 꽃받침이 그대로 있지만 서양민들레는 꽃받침이 아래로 처져 있다. 열매는 수과로 길이 0.3~0.35cm, 너비 0.12~0.15cm의 긴 타원형이다. 갈색을 띠고 윗부분에 뾰족한 돌기가 있으며 표면에 6줄의 홈이 있다, 갓털은 길이 0.6cm이며 흰색이다. 꽃이 시든 자리에서 종자의 날개가 돋아나 하얗고 둥글게 부푼다. 화분은 단립이고 크기는 중립이며 구형이다. 발아구는 1구형이고 표면에는 미립상의 돌기가 조밀하게 배열되어 있다.

민들레 꽃

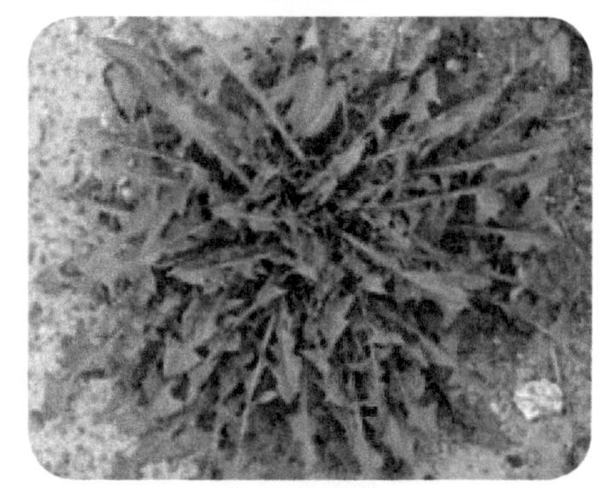

민들레 잎

민들레 종자 결실

효능 민들레에는 철분, 칼슘, 인이 많이 들어있고, 특히 잎에는 단백질이 풍부하다. 민들레의 쓴맛은 식욕을 돋우며 소화를 촉진시키고, 담즙 촉진제, 이뇨제, 구충제, 완화제 역할을 한다. 뿌리와 잎은 간과 담낭이 나쁠 때나 담석증, 황달, 위염, 결장염, 변비에 효과가 있고 항경화 작용을 한다. 봄에 딴 민들레의 어린잎에서 추출한 즙은 혈액의 성분을 좋게 한다.

민들레 약재(포공영)

바늘꽃

Epilobium pyrricholophum Fr. & Sav.

- **이명** : 심담초
- **영명** : Long-seed willowherd
- **분류** : 쌍떡잎식물 도금양목 바늘꽃과
- **개화** : 7～8월
- **높이** : 30～90cm
- **꽃말** : 청초

바늘꽃 화분(현미경 사진)

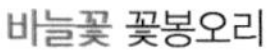

바늘꽃 꽃봉오리

바늘꽃 종자 결실

바늘꽃은 꽃이 진 후에 씨방이 바늘처럼 가늘고 길게 생겨서 붙은 이름이다. 여러해살이풀로, 높이가 30~90cm이고 햇볕이 잘 드는 물가에서 자란다. 땅속 뿌리에서 원줄기가 나와 곧게 자라며 밑부분에 굽은 잔털이 있다. 잎은 마주나며 달걀 모양이고 가장자리에는 불규칙한 톱니가 있다. 가을에는 붉은색으로 단풍이 든다. 꽃은 7~8월에 피는데, 연한 자줏빛 꽃이 원줄기 끝에 달린다. 꽃받침과 꽃잎은 4개이고, 수술은 8개이며, 원기둥 모양의 암술은 1개이다. 열매는 길고 좁은 삭과이며, 네 조각으로 갈라져서 흰색 긴 털이 달린 종자를 퍼뜨린다. 화분은 단립이고 크기는 대립이며 삼각상이다. 발아구는 3구형이고 표면은 미립상이며 표면에 미세한 구멍이 있다.

바늘꽃 잎과 줄기

구충과 지혈의 효능이 있고, 감기약으로 많이 사용된다.

박태기나무

Cercis chinensis Bunge

- **이명** : 소방목, 밥태기꽃나무, 구슬꽃나무
- **영명** : Chinese redbud
- **분류** : 쌍떡잎식물 콩목 콩과
- **개화** : 4월
- **높이** : 3~5m
- **꽃말** : 우정, 의혹

박태기나무 화분(현미경 사진)

박태기나무는 꽃봉오리가 밥풀을 닮아 '밥티기'라는 말에서 그 이름이 유래하였으며, 일부 지방에서는 '밥티나무'라고도 한다. 낙엽활엽관목으로 높이는 3~5m이고, 밑에서 몇 개의 줄기가 올라와 포기를 형성한다. 나무껍질은 회갈색이고 어린가지는 지그재그로 자라며 껍질눈이 많다. 잎은 어긋나고 콩과 식물 중에서는 보기 드문 홑잎이며, 지름 6~11cm에 심장 모양으로 두껍다. 잎의 표면은 윤채가 있으며 털이 없고 5개로 갈라지는 맥이 발달하였다. 뒷면은 황록색이며 잎맥 아랫부분에 잔털이 있다. 꽃은 4월 하순에 잎보다 먼저 피는데, 7~8개에서 많게는 20~30개의 자홍색 꽃이 모여 달려 나무 전체가 꽃방망이처럼 장관을 이룬다. 수술은 연한 홍색이며, 암술은 황록색이지만 끝은 붉은색이다. 열매는 협과이며 길이 7~12cm의 긴 타원형으로 한쪽에 3개의 좁은 날개가 있다. 종자는 길이 0.7~0.8cm에 황록색으로 편평한 타원형이며 8~9월에 익는다.

박태기나무 꽃

박태기나무 잎

효능 줄기껍질은 '자형피', 뿌리껍질은 '자형근피', 목질은 '자형목', 꽃은 '자형화', 열매는 '자형과'라 하여 약용한다. 자형피는 활혈, 소종, 통경, 해독의 효능이 있어 술을 담그거나, 환제, 산제로 하여 복용한다. 자형근피는 활혈, 소옹, 해독의 효능이 있다. 자형목은 활혈, 통림의 효능이 있어 여성의 통경, 어혈복통과 임병을 치료한다.

박태기나무 약재(자형피)

박태기나무 열매

박하

Mentha piperascens (Malinv.) Holmes

- **이명** : 야식향, 번하채, 인단초
- **영명** : Mint
- **분류** : 쌍떡잎식물 통화식물목 꿀풀과
- **개화** : 7～9월
- **높이** : 50cm
- **꽃말** : 순진한 마음, 미덕

박하 화분(현미경 사진)

박하 꽃

박하 잎

박하는 원산지가 우리나라이며, 초지나 습지에서 자라는 여러해살이풀로 높이가 50cm 정도이다. 잎은 마주나고 짙은 녹색의 긴 타원형이며, 가장자리에는 톱니가 있다. 잎과 줄기의 표면에는 잔털이 듬성듬성 나 있다. 잎에서 박하유를 추출한다. 꽃은 윗부분과 가지의 잎겨드랑이에서 윤산꽃차례를 이루며 촘촘하게 달리는데, 7~9월에 연한 붉은색으로 핀다. 꽃받침은 초록색의 종 모양으로 끝이 5갈래로 갈라지며, 꽃받침조각의 가장자리에는 털이 있다. 수술은 4개이고, 암술은 1개이며 암술머리가 2갈래로 갈라진다.

박하 종자 결실

박하 약재(박하)

효능 박하유의 주성분은 멘톨이다. 이것을 도포제(塗布劑) · 진통제 · 흥분제 · 건위제 · 구충제 등으로 사용하거나, 치약 · 잼 · 사탕 · 화장품 · 담배 등에 청량제 또는 향료로 사용한다. 유럽에서는 양박하의 잎을 이담제 · 구풍제 · 진통제 · 진정제로 위경련, 위산과다증, 소화불량, 설사 등의 치료에 사용한다.

밤나무

Castanea crenata Siebold & Zucc.

- **이명** : 율목
- **영명** : Chestnut
- **분류** : 쌍떡잎식물 참나무목 참나무과
- **개화** : 6월
- **높이** : 10～15m
- **꽃말** : 포근한 사랑, 정의

밤나무 화분(현미경 사진)

밤나무는 낙엽활엽교목으로, 산기슭이나 밭둑에서 자란다. 높이가 10~15m, 지름이 30~40cm이고 나무껍질은 세로로 갈라진다. 작은가지는 붉은 갈색이며, 짧은 털이 나지만 나중에 없어진다. 잎은 어긋나고 곁가지에서는 2줄로 늘어서며, 길이 10~20cm에 타원형, 긴 타원형 또는 타원상의 피침 모양이다. 잎 가장자리에 물결 모양의 톱니가 있고 17~25쌍의 측맥이 비스듬히 평행하게 있다. 잎의 표면은 털이 없거나 맥 위에 털이 있으며 샘점이 빽빽하게 있다. 꽃은 암수한그루로 6월에 핀다. 수꽃은 꼬리 모양의 긴 꽃이삭에 달리고, 암꽃은 그 밑에 2~3개가 달린다. 열매는 견과이며, 열매껍질에 가시가 있고 속껍질이 잘 벗겨지지 않는다. 겉껍질 속에는 열매가 2~3개씩 들어 있으며, 지름이 2.5~4cm이다. 좌가 밑부분을 전부 차지하고, 윗부분에 흰색 털이 있으며 9~10월에 다갈색으로 익으면 벌어진다.

효능 열매를 약용하는데, 자양 자강, 지혈 등의 효능이 있으며 신체 허약, 설사, 혈변, 관절통, 구토 등의 치료에 쓰인다.

밤나무 약재(건율)

밤나무 암꽃

밤나무 수꽃

밤나무 잎

밤나무 열매

배나무

Pyrus pyrifolia var. *culta* (Makino) Nakai

- **이명** : 쾌과, 과종, 옥유
- **영명** : Pear tree
- **분류** : 쌍떡잎식물 장미목 장미과
- **개화** : 4월
- **높이** : 5～10m
- **꽃말** : 애정, 위로, 위안

배나무 화분(현미경 사진)

배나무는 주로 유라시아의 온대 지방에 분포하는 낙엽활엽교목 또는 소교목으로, 전 세계에 20여 종이 있으며 크게 일본배, 중국배, 서양배의 세 품종군으로 나뉜다. 높이는 5~10m이고, 일년생가지는 갈색이며 처음에는 털이 있으나 점차 없어진다. 잎은 길이 7~12cm, 너비 3.5~5cm에 달걀상의 원형이다. 잎끝이 길게 뾰족해지고 밑부분은 둥글거나 약간 심장 모양이며 가장자리에 바늘 모양의 톱니가 있다. 잎자루는 길이가 3~7cm이고 털이 없다. 가을에 노란색으로 단풍이 든다. 꽃은 암수한꽃이며, 4월에 흰색 꽃이 총상꽃차례를 이루며 핀다. 꽃차례는 털이 없거나 부드러운 털이 있다. 꽃은 지름이 3cm 정도이고, 꽃받침조각은 끝이 길게 뾰족해지며 꽃잎은 달걀상의 원형이다. 암술대는 4~5개로 털이 없다. 열매는 꽃턱이 발달해서 이루어지며, 지름이 5~10cm에 둥글고, 2~5실이 기본이다. 종자는 검은빛을 띤다.

열매에는 당분이 10~14% 들어 있고, 열매살 100g에 칼륨 140~170mg, 비타민 C 3~6mg이 들어 있다.

배나무 꽃봉오리

배나무 꽃

배나무 잎

배나무 열매

배롱나무

Lagerstroemia indica L.

- **이명** : 만당홍, 백일홍나무
- **영명** : Common crapemyrtle
- **분류** : 쌍떡잎식물 도금양목 부처꽃과
- **개화** : 7~9월
- **높이** : 5m
- **꽃말** : 수다스러움, 웅변

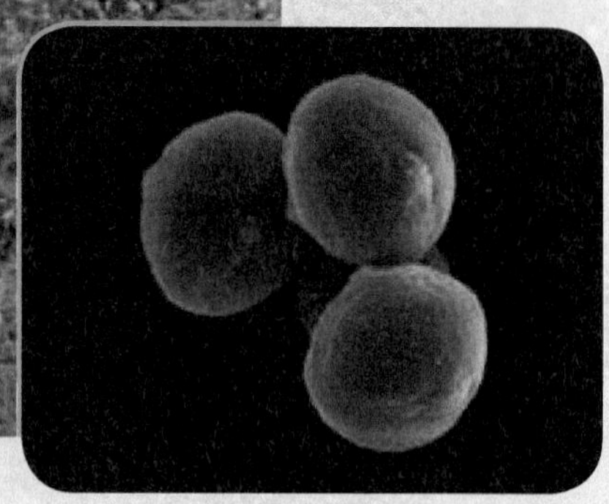

배롱나무 화분(현미경 사진)

배롱나무는 붉은색 꽃이 100일 이상 계속 피어서 '목백일홍'이라고도 한다. 낙엽활엽소교목으로 높이는 5m 정도이다. 줄기는 굴곡이 심한 편이고, 가지가 엉성하게 나서 나무 전체의 모양이 고르지 않다. 나무껍질은 적갈색이고 평활하며, 껍질이 벗겨진 곳은 흰색으로 혹이 잘 생긴다. 잎은 마주나고, 길이 2.5~7cm에 타원형 또는 거꿀달걀 모양으로 두껍다. 잎의 표면에 윤채가 있고 털이 없으며, 뒷면은 잎맥을 따라 짧은 털이 있다. 잎 가장자리에 톱니가 없고, 잎자루가 거의 없다. 꽃은 암수한꽃이며, 7~9월에 짙은 분홍색으로 피는데 가을까지 꽃이 달려 있다. 꽃잎은 6개이며 둥글고 주름살이 많다. 꽃받침은 6개로 갈라지며 때로 홍자색을 띤다. 수술은 30~40개이고 가장자리의 6개가 길며, 암술은 1개이고 암술대가 수술 밖으로 나온다. 열매는 삭과로 10월에 익는다. 길이 1~1.2cm의 넓은 타원형이며, 6실이지만 7~8실인 것도 있다. 열매껍질조각은 단단한 목질이고 그 안에 작은 종자가 많이 들어 있다. 화분은 단립이고 크기는 중립이며 약장구형이다. 발아구는 3구형이고 표면은 난선상 또는 미립상이며 작은 돌기가 불규칙하게 있다.

효능 꽃은 '자미화', 뿌리는 '자미근', 잎은 '자미엽'이라 하며 약용한다. 자미화는 산후의 혈붕이 멎지 않은 증상, 붕중, 어린이의 난두태독에 효능이 있다. 자미근은 옹저창독, 치통, 이질에 쓰며, 자미엽은 습진, 창상 출혈에 말린 약재를 달여서 복용한다.

배롱나무 꽃

배롱나무 잎

배롱나무 열매

배암차즈기

Salvia plebeia R. Brown

- **이명** : 동생초, 설견초, 두꺼비풀
- **영명** : Common sage
- **분류** : 쌍떡잎식물 통화식물목 꿀풀과
- **개화** : 5~7월
- **높이** : 30~70cm
- **꽃말** : 교만

배암차즈기 꽃

배암차즈기 잎

배암차즈기 열매

배암차즈기는 여러해살이풀로, 우리나라 특산종이며 강원, 경기, 경북 등지에 분포하고 들판이나 논둑, 밭, 강변 등에서 자란다. 뿌리가 배추 뿌리처럼 생긴 데다가 잎 표면이 올록볼록하여, 일부 지방에서는 '문둥이배추' 또는 '곰보배추'라고도 한다. 원줄기는 네모지며 높이 30~70cm로 곧게 서고, 아래를 향한 잔털이 빽빽하게 나 있다. 잎은 마주나는데, 겨울 동안에 줄기잎보다 큰 뿌리잎이 모여나며 지면으로 퍼지지만 꽃이 필 때 없어진다. 줄기잎은 길이 3~6cm, 너비 1~2cm에 달걀상의 긴 타원형 또는 넓은 피침 모양이다. 잎끝이 둔하고 밑부분이 뾰족하며 가장자리에 둔한 톱니가 있다. 잎의 양면에는 잔털이 드문드문 나 있다. 꽃은 5~7월에 연보라색으로 피는데, 윤산꽃차례로 2~6개 달리며 총상꽃차례를 이룬다. 수술은 2개이고 밑부분에 착생한다. 열매는 소견과로 넓은 타원형이고 짙은 갈색이다.

배암차즈기 지상부

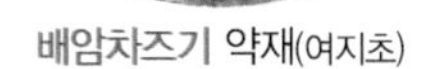

배암차즈기 약재(여지초)

효능 천식, 기침, 가래 등의 기관지 질환 치료에 도움을 주며 어혈 제거, 독소 제거에 효과가 있다.

배초향

Agastache rugosa (Fisch. & Mey.) Kuntze

- **이명** : 방아, 방애, 방아풀
- **영명** : Korean mint
- **분류** : 쌍떡잎식물 통화식물목 꿀풀과
- **개화** : 7~9월
- **높이** : 40~100cm
- **꽃말** : 향수, 정화

배초향 화분(현미경 사진)

배초향은 '방아잎' 또는 '깨나물'이라고도 하며, 풀 전체에서 특유의 향기가 진하게 난다. 여러해살이풀로 햇볕이 잘 드는 산과 들에서 자라며, 높이는 40~100cm이고 윗부분에서 가지가 갈라진다. 잎은 마주나고, 길이 5~10cm, 너비 3~7cm에 달걀상의 심장 모양이다. 잎끝은 길게 뾰족하고 밑부분은 둥글며 가장자리에 톱니가 있다. 잎의 표면은 털이 없고 뒷면에 털이 약간 있다. 꽃은 7~9월에 피는데, 가지와 원줄기 끝에 연한 자주색 꽃이 이삭 모양의 윤산꽃차례로 빽빽하게 달린다. 수술은 4개이며 그중 2개가 길게 꽃 밖으로 나온다. 열매는 분과로 길이 0.18cm에 긴 거꿀달걀 모양이며 3개의 능선이 있다. 화분은 단립이고 크기는 중립이며 약장구형이다. 발아구는 6구형이고 구구는 길게 발달한다. 표면은 망상이며 망강은 뚜렷하고 망벽은 비교적 얇으며 망강 내부에 다시 미세한 크기의 망이 있다.

효능 소화, 건위, 지사, 지토, 진통, 구풍 등의 효능이 있다. 경상도 지역에서는 잎으로 떡이나 전을 해서 먹는다.

배초향 약재(곽향)

배초향 꽃

배초향 잎

배초향 종자 결실

백일홍

Zinnia elegans Jacq.

- **이명** : 백일초
- **영명** : Zinnia
- **분류** : 쌍떡잎식물 국화목 국화과
- **개화** : 6~10월
- **높이** : 60~90cm
- **꽃말** : 인연, 행복, 순결

백일홍 화분(현미경 사진)

백일홍 꽃

백일홍 잎

백일홍은 꽃이 100일 동안 붉게 핀다는 뜻으로, '백일초'라고도 한다. 배롱나무의 꽃을 백일홍이라고도 하는데, 둘은 다른 식물이다. 한해살이풀로 높이는 60~90cm이다. 잎은 마주나고 달걀 모양이며 잎자루는 없다. 잎끝이 뾰족하고 가장자리가 밋밋하며 털이 나서 거칠다. 꽃은 6~10월에 피며, 줄기 끝의 두상꽃차례에 지름 5~15cm의 꽃이 1송이씩 달린다. 꽃의 빛깔은 본래 자주색 또는 포도색이지만, 육성 품종에는 녹색과 하늘색을 제외한 여러 가지 색이 있다. 열매는 수과이며 9~11월에 익는다. 화분은 단립이며 크기는 중립이고 구형이다. 발아구는 3구형이며 표면은 극상이고 가시의 기부는 팽대하며 불규칙하고 소공이 있다.

백일홍 줄기

효능 꽃은 지혈, 소종의 효능이 있어 한방에서 월경 과다, 장염, 설사 등에 약용한다.

백작약

Paeonia japonica (Makino) Miyabe & Takeda

- **이명** : 금작약, 하리, 함박꽃뿌리
- **영명** : White woodland peony
- **분류** : 쌍떡잎식물 물레나물목 작약과
- **개화** : 6월
- **높이** : 40～50cm
- **꽃말** : 수줍음

백작약 종자 결실

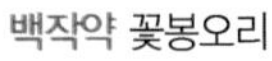

백작약 꽃봉오리

백작약 꽃

백작약은 전국 각지의 산지에 분포하는 여러해살이풀로, 반그늘의 토양 비옥도가 높고 물 빠짐이 좋은 곳에서 자란다. 높이는 40~50cm이고, 밑부분이 비늘 같은 잎으로 싸여 있다. 잎은 3~4개가 어긋나고, 3개씩 2회 갈라진다. 길이는 5~12cm, 너비는 3~7cm이며 긴 타원형으로 잎자루가 길다. 잎의 앞면은 녹색이지만 뒷면은 흰빛을 띤다. 꽃은 6월에 피는데, 지름 4~5cm의 흰색 꽃이 원줄기 끝에 한 송이씩 달린다. 열매는 골돌과로 8월경에 달리며, 길이 2~3cm의 긴 타원형이고 종자는 흑색이다.

백작약 잎

백작약 약재(작약)

효능 간과 비장에 수렴 작용과 해열 작용을 나타내고, 간의 기운이 뭉친 것을 풀어주며 통증을 멎게 한다.

버드나무

Salix koreensis Andersson

- **이명** : 개왕버들, 뚝버들, 버들, 버들나무
- **영명** : Korean willow
- **분류** : 쌍떡잎식물 버드나무목 버드나무과
- **개화** : 4월
- **높이** : 20m
- **꽃말** : 솔직

버드나무 화분(현미경 사진)

버드나무는 낙엽활엽관목으로, 다 자란 거목의 평균 높이가 20m, 둘레가 1.25m에 이른다. 나무껍질은 흑갈색이고, 가지는 황록색이며 원줄기에서 잘 떨어진다. 작은 가지는 굵은 줄기에서 뻗어나와 끝으로 갈수록 얇게 갈라지며 밑으로 축 늘어진다. 노란빛을 띤 녹색으로, 처음 가지가 뻗을 때는 털이 있지만 곧 없어진다. 잎은 어긋나고 피침 모양으로 양끝이 좁아지면서 길게 뾰족하며 가장자리에 안으로 굽은 톱니가 있다. 잎의 표면에는 털이 없고 뒷면의 주맥에 털이 있으나 곧 떨어진다. 겨울눈에는 짧은 털이 있다. 꽃은 4월에 피며, 암수딴그루이지만 때로 한 나무에 암꽃과 수꽃이 함께 피기도 한다. 수꽃차례는 길이가 1~2cm이며 꽃차례 축에 털이 있다. 꽃턱잎은 타원형이며 명주실 같은 털이 빽빽이 나 있다. 수술은 2개씩이고 같은 수의 밀선이 있으며 수술대 밑에 털이 있다. 열매는 삭과이며 털이 달린 종자가 들어 있다.

효능 나무껍질을 내버들과 더불어 수렴제, 해열제, 이뇨제로 쓴다. 속껍질은 해열, 진통 작용이 있어 감기, 류마티즘성 열, 말라리아 등의 치료에 쓴다. 입안과 목구멍에 염증이 났을 때에는 달인 물로 입가심한다. 동의 치료에서는 꽃을 황달, 금창, 습비, 부스럼, 화상, 열독, 치통에 쓴다.

버드나무 암꽃

버드나무 수꽃

버드나무 잎

버드나무 종자 결실

벌개미취

Aster koraiensis Nakai

- **이명** : 별개미취
- **영명** : Korean starwort
- **분류** : 쌍떡잎식물 국화목 국화과
- **개화** : 6~10월
- **높이** : 50~60cm
- **꽃말** : 추억, 숨겨진 사랑

벌개미취 화분(현미경 사진)

벌개미취는 여러해살이풀로, 햇볕이 잘 들고 습기가 충분한 계곡에서 잘 자란다. 높이는 50~60cm이고, 옆으로 뻗는 뿌리줄기에서 원줄기가 곧게 자라며, 줄기에 파진 홈과 줄이 있다. 잎은 어긋나고 길이 12~19cm, 너비 1.5~3cm에 피침 모양이며, 위로 갈수록 점차 작아져서 줄 모양으로 된다. 잎끝은 뾰족하고 밑부분이 점차 좁아져서 잎자루처럼 되며 질이 딱딱하다. 잎의 양면에 털이 거의 없으며, 가장자리에 잔톱니가 있다. 뿌리잎은 꽃이 필 때 없어진다. 꽃은 6~10월에 피는데, 지름 4~5cm에 연한 자주색이며 가지 끝과 원줄기 끝에 1송이씩 달린다. 열매는 수과이며 길이 0.4cm, 너비 0.13cm 정도로 거꿀피침상의 긴 타원형이고 털이 없다. 11월에 결실한다.

효능 뿌리에는 항암 작용이 있고 기침을 멎게 하는 뚜렷한 효능이 있어, 폐결핵, 천식, 폐암 등 호흡기 계통의 모든 질병에 효과가 있다.

벌개미취 잎

벌개미취 줄기

벌개미취 종자 결실

유사종

개미취 *Aster tataricus* L. f. : 줄기잎은 어긋나고, 달걀 모양 또는 긴 타원형으로 가장자리에 날카로운 톱니가 있으며, 밑부분이 점차 좁아져 잎자루로 흘러 날개처럼 된다.

쑥부쟁이 *Aster yomena* (Kitam.) Honda : 줄기잎은 어긋나고, 달걀 모양 또는 긴 타원형이며 가장자리에 날카로운 톱니가 있다.

구절초 *Dendranthema zawadskii* var. *latilobum* (Maxim.) Kitam. : 잎은 달걀 모양으로 작고, 가장자리가 약간 깊게 갈라진다.

쑥부쟁이

구절초

벌노랑이

Lotus corniculatus var. *japonica* Regel

- **이명** : 노방들콩, 벌조장이
- **영명** : Bird's foot trefoil
- **분류** : 쌍떡잎식물 콩목 콩과
- **개화** : 6~8월
- **높이** : 30cm
- **꽃말** : 다시 만날 때까지

벌노랑이 화분(현미경 사진)

벌노랑이는 약간 축축한 땅에 유난히 노란 빛깔의 꽃을 피워 이 이름이 붙여졌다. 전국 각지의 높은 산 냇가 근처의 모래땅 또는 풀밭에 자란다. 여러해살이풀로 높이가 30cm가량이며 밑부분에서 가지가 많이 갈라져 옆으로 눕거나 비스듬히 선다. 전체에 털이 없으며, 약간 굵은 뿌리가 땅속 깊이 들어간다. 잎은 어긋나고 보통 5개의 잔잎으로 구성된다. 밑부분에 있는 2개의 잔잎은 원줄기에 붙어 턱잎처럼 보이고, 윗부분에 있는 3개의 잔잎은 끝에서 모여나며 턱잎은 작거나 없다. 잔잎은 길이 0.7~1.5cm에 거꿀달걀 모양이고 잎끝이 뾰족하며 가장자리가 밋밋하다. 꽃은 6~8월에 노란색으로 피는데, 길이가 1.5cm이며 잎겨드랑이에서 나오는 꽃줄기 끝에 1~4송이씩 우산 모양으로 달린다. 열매는 협과이고 종자는 검은색이다. 화분은 단립이고 크기는 소립이며 장구형이다. 발아구는 3구형이고 표면은 평활상이다.

효능 한방에서는 뿌리를 '뱀맥근'이라 하며 약용한다. 하기, 자갈, 열과 피로를 없애주고 기를 보하는 강장제의 효능이 있어 감기, 인후염, 대장염, 혈변, 이질을 치료한다. 뿌리 15g에 물 700ml를 넣고 달인 액을 반으로 나누어 아침저녁으로 복용하거나 술에 담가 복용한다.

벌노랑이 꽃

벌노랑이 잎

벌노랑이 줄기

벌노랑이 열매

범부채

Belamcanda chinensis L.

- **이명** : 호접화, 나비꽃
- **영명** : Blackberry lily, Leopard flower
- **분류** : 외떡잎식물 백합목 붓꽃과
- **개화** : 7~8월
- **높이** : 50~100cm
- **꽃말** : 잃어버린 사랑

범부채 화분(현미경 사진)

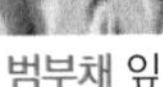

범부채 잎

범부채 종자

범부채는 여러해살이풀로, 높이가 50~100cm이다. 줄기는 곧게 서고 위쪽에서 가지가 갈라지며 뿌리줄기가 옆으로 뻗는다. 잎은 줄기 밑부분에서 2열로 어긋나고 길이 30~50cm, 너비 2~4cm로 다소 편평하다. 잎끝은 뾰족하고 밑부분이 서로 감싸고 있다. 잎의 빛깔은 흰색을 띤 녹색이다. 꽃은 7~8월에 피며, 지름이 5~6cm이고 가지 끝에 여러 개가 달려 취산꽃차례를 이룬다. 꽃잎은 6개이며 황적색 바탕에 암적색 반점이 있다. 꽃자루 밑부분에는 4~5개의 꽃턱잎이 있는데, 꽃턱잎은 길이 1cm 정도이며 달걀 모양의 막질이다. 수술은 3개이며 실 모양이다. 열매는 삭과이며 길이 3cm 정도에 긴 거꿀달걀 모양이고, 종자는 검은색으로 윤기가 난다.

범부채 뿌리

효능 뿌리줄기는 소염, 진해의 효능이 있어 편도염, 폐렴, 해열, 각기 등의 치료에 쓴다. 한방에서는 이를 해독제, 통경제, 완하제로 쓰고 편도염 또는 부종 치료에 사용한다.

벚나무

Prunus serrulata var. *spontanea* (Maxim.) E.H.Wilson

- **이명** : 벚나무, 산벚나무, 참벚나무, 벚꽃나무
- **영명** : Oriental cherry
- **분류** : 쌍떡잎식물 장미목 장미과
- **개화** : 4~5월
- **높이** : 10~20m
- **꽃말** : 정신의 아름다움, 가인, 결박

벚나무 화분(현미경 사진)

벚나무 꽃

벚나무 잎

벚나무는 낙엽활엽교목으로, 높이는 10~20m이다. 나무껍질은 암갈색이고 옆으로 벗겨진다. 잎은 어긋나고, 길이 6~12cm에 달걀 모양 또는 달걀상의 피침 모양이다. 잎끝이 길고 뾰족하며 가장자리에 잔톱니가 있다. 잎의 뒷면은 회녹색이다. 꽃은 4~5월에 피는데, 옅은 붉은색 또는 흰색 꽃이 잎겨드랑이에 산방 또는 산형꽃차례로 2~5개씩 달린다. 열매는 둥근 핵과이며 6~7월에 붉은색에서 검은색으로 익는데, 이것을 '버찌' 또는 '체리'라고 한다. 화분은 단립이고 크기는 중립이며 장구형이다. 발아구는 3구형이고 주변의 외표벽이 비후되어 교각을 형성한다. 표면은 유선상이고 선은 규칙적이며 골은 좁고 얕다.

벚나무 열매

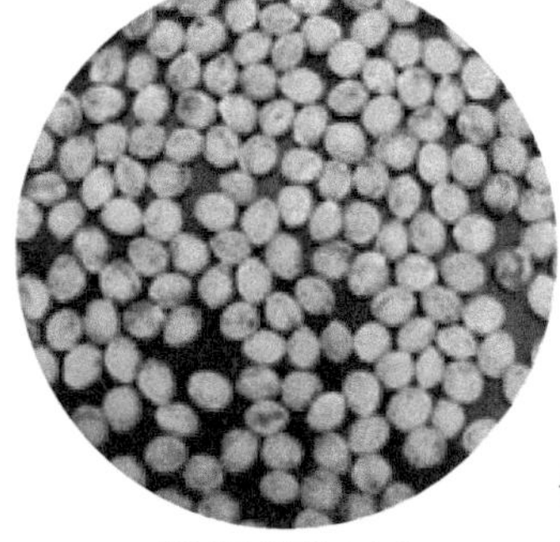

벚나무 약재(야앵화)

효능 장미과의 벚나무, 산벚나무, 왕벚나무 등의 종자를 '야앵화'라 하는데, 성질이 차고 맛은 쓰다. 청폐열, 투진의 효능이 있어 폐열을 내리므로 해수와 천식, 홍역에도 쓰인다.

벼

Oryza sativa L.

- **이명** : 나락
- **영명** : Rice
- **분류** : 외떡잎식물 벼목 화복과
- **개화** : 7~8월
- **높이** : 1m
- **꽃말** : 풍요

벼 화분(현미경 사진)

벼 꽃

벼 잎

벼는 동인도 원산의 한해살이풀로 논이나 밭에 재배하는 식용작물이다. 높이는 1m 정도이고, 원줄기와 1차 분얼가지에서 곁눈이 발달하여 분얼을 한다. 줄기는 마디와 마디 사이로 이루어진다. 잎은 잎몸과 잎집으로 나누어지고, 그 사이에 잎혀와 잎귀가 있다. 잎은 가늘고 길며 끝으로 갈수록 가늘어지면서 뾰족해진다. 잎의 길이는 30cm이며 밑부분은 잎집이 되어 줄기를 감싼다. 잎의 표면과 가장자리는 거칠거칠하며 잎혀는 2개로 갈라진다. 꽃은 7~8월경 원추꽃차례에 달리는데, 꽃이 필 때는 꽃차례가 곧게 서지만 익을 때는 밑으로 처지며 작은 이삭이 많이 달린다. 작은 이삭은 가지에 어긋나며 짧은 대가 있고 1개의 꽃으로 된다. 열매는 제꽃가루받이에 의하여 결실한다.

벼 열매

종자 부분을 '인'이라 하고 껍질과 외를 제거한 부분을 '쌀'이라고 한다. 주성분은 탄수화물이며 양질의 단백질도 함유하여 몸이나 두뇌에 좋은 에너지원이 된다. 쌀의 성분은 대체로 탄수화물 70~85%, 단백질 6.5~8.0%, 지방 1.0~2.0%이며, 쌀 100g의 열량은 360cal 정도이다.

병꽃나무

Weigela subsessilis L.H.Bailey

- **이명** : 팟꽃나무
- **영명** : Korean weigela
- **분류** : 쌍떡잎식물 산토끼꽃목 인동과
- **개화** : 5월
- **높이** : 2~3m
- **꽃말** : 전설

병꽃나무 화분(현미경 사진)

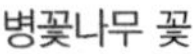
병꽃나무 꽃

병꽃나무 잎

병꽃나무는 꽃의 생김새가 병 모양인 데에서 이름이 유래하였다. 낙엽활엽관목으로, 우리나라 특산종이며 전국 각지의 양지바른 산기슭에서 자란다. 높이는 2~3m에 이르고, 작은 가지는 녹색이나 점차 회갈색으로 된다. 잎은 마주나고 길이 1~7cm, 너비 1~5cm에 거꿀달걀 모양 또는 넓은 달걀 모양이다. 잎끝은 뾰족하고 가장자리에 잔톱니가 있다. 잎의 양면에 털이 있고 뒷면 맥 위에 퍼진 털이 있으며 잎자루는 거의 없다. 꽃은 잎겨드랑이에서 병을 거꾸로 세운 모양 또는 깔때기 모양으로 1~2송이씩 5월에 핀다. 처음에는 황록색으로 피지만 점차 붉은색으로 변해서 한 그루에서 두 가지 색깔의 꽃을 볼 수 있다. 열매는 삭과로 길이 1~1.5cm에 잔털이 있고 종자에는 날개가 발달했다. 9월 중순부터 10월 중순 사이에 익는다. 화분은 단립이며 크기는 중립이고 구형이다. 발아구는 3구형이고 표면에는 크고 작은 돌기가 분포한다.

병꽃나무 열매

효능 잎과 열매를 약용하는데, 이뇨 작용이 있다. 꽃은 산후통, 타박상, 골절, 두드러기, 피부 가려움증 등의 치료에 효과가 있다.

보리수나무

Elaeagnus umbellata Thunb.

- **이명** : 볼네나무, 보리장나무, 보리화주나무, 보리똥나무
- **영명** : Autumn elaeagnus
- **분류** : 쌍떡잎식물 팥꽃나무목 보리수나무과
- **개화** : 5~6월
- **높이** : 3~4m
- **꽃말** : 부부의 사랑, 결혼

보리수나무 화분(현미경 사진)

보리수나무 꽃

보리수나무 잎

보리수나무는 중부 이남에 분포하는 낙엽활엽관목으로, 높이는 3~4m이고 나무껍질은 회흑갈색이다. 가지에 가시가 있으며 어린가지는 은백색 또는 갈색이다. 잎은 어긋나며 길이 3~7cm, 너비 1~3cm에 타원형 또는 긴 달걀 모양이다. 가지와 잎자루, 잎 뒷면에는 회백색의 비늘조각이 빽빽하게 나 있다. 꽃은 5~6월에 새 가지 잎겨드랑이에서 1~7송이가 다발로 핀다. 꽃의 빛깔은 흰색에서 황색으로 변하고 향기가 있다. 수술은 4개, 암술은 1개이며 암술대에 비늘털이 있다. 열매는 지름 0.6~0.8cm에 둥글고 붉은색이며 비늘털로 덮여 있다. 7월 말에서 9월 말 사이에 익는다. 화분은 단립이고 크기는 중립이며 아장구형이다. 발아구는 3구형이고 주변의 외표벽이 비후하다. 표면은 평활상이며 매우 미세한 난선상의 무늬가 발달하고 작은 구멍이 있다.

보리수나무 열매

효능 열매는 '우내자', 뿌리와 줄기는 '목우내'라 하여 약용한다. 열매를 채취하여 깨끗하게 손질한 후 햇볕에 말려서 쓴다. 잎과 껍질은 지혈제로 쓰며, 잎은 기침, 가래 및 천식에도 쓴다.

복분자

Rubus coreanus Miq.

- **이명** : 규, 복분, 오표자, 대맥매
- **영명** : Korean raspberry
- **분류** : 쌍떡잎식물 장미목 장미과
- **개화** : 5~6월
- **높이** : 3m
- **꽃말** : 질투

복분자 열매

복분자 꽃봉오리

복분자 꽃

복분자 잎

복분자 줄기

복분자는 낙엽활엽관목으로, 높이는 3m가량이고 줄기에 가시가 있다. 잎은 어긋나고 홀수깃꼴겹잎이며 잔잎은 3~7개이다. 잔잎은 길이 3~7cm에 달걀 모양 또는 타원형이며, 잎끝이 뾰족하고 밑부분은 점차 좁아지면서 뾰족해지거나 둥글다. 잎 가장자리는 겹톱니가 있고 잔털로 덮여 있으나 점차 없어지며 뒷면 맥 위에만 약간 남고 잎자루에 가시가 있다. 꽃은 5~6월에 담홍색으로 피며, 가지 끝에 산방 또는 겹산방꽃차례로 달린다. 꽃잎은 길이 0.5cm로 꽃받침보다 짧고 거꿀달걀 모양이며 연한 홍색이다. 꽃받침조각은 길이 0.6cm에 달걀상의 피침 모양으로 털이 있고, 꽃이 지면 뒤로 말린다. 열매는 둥글고, 7~8월에 붉은색으로 익어 나중에는 흑색으로 변한다.

효능 안토시아닌계 화합물이 풍부하여 항산화 기능이 뛰어나며, 비타민 A, C 등과 각종 미네랄이 들어있어 피로 회복에 좋다.

복분자 약재(복분자)

복숭아나무

Prunus persica (L.) Batsch

- **이명** : 복사
- **영명** : Peach tree
- **분류** : 쌍떡잎식물 장미목 장미과
- **개화** : 4~5월
- **높이** : 3~8m
- **꽃말** : 매력, 유혹, 용서, 희망

복숭아나무 화분(현미경 사진)

복숭아나무 꽃

복숭아나무 잎

복숭아나무는 '복사나무'라고도 한다. 낙엽활엽소교목으로, 높이는 3~8m에 이르고 나무껍질은 암홍갈색이다. 일년생 가지의 곁눈에 꽃눈과 잎눈이 겹으로 생긴다. 잎은 어긋나고 긴 피침 모양으로 잎끝이 뾰족하며 가장자리에 톱니가 있다. 꽃은 4~5월에 잎보다 먼저 피는데, 묵은 가지에서 연분홍색 꽃이 핀다. 꽃잎은 지름 2.5~3.3cm에 연한 빨간색이고, 꽃밥은 빨간색이나 분홍색이다. 꽃자루는 0.4cm쯤으로 짧다. 암술대는 길이가 수술대와 거의 같으며 씨방은 털이 촘촘하게 나 있다. 수술은 20~30개로 많다. 열매는 핵과로 달걀상의 원형에 털이 많다. 열매의 지름은 5cm이며 7~8월에 등황색으로 익는다. 연평균 기온이 12~15℃인 건조한 지역에서 좋은 과일을 생산할 수 있다. 묘목은 늦가을 땅이 얼기 전에 심거나 봄에 땅이 풀리면 바로 심는다. 화분은 단립이고 크기는 중립이며 장구형이다. 발아구는 3구형이고 주변의 외표벽이 비후되어 교각을 형성한다. 표면은 유선상이고 선은 비교적 규칙적이며 골은 매우 좁고 얕다.

복숭아나무 열매

복숭아나무 약재(도인)

효능 식이섬유를 다량 함유하고 있어 대장암 예방에 효과가 있다. 피부 노화를 방지하고, 여름철 갈증을 해소하며 담배의 니코틴을 해독하는 효능이 있고, 혈액을 맑게 하며 위장 기능을 개선해준다.

봉선화

Impatiens balsamina L.

- **이명** : 봉숭아
- **영명** : Garden balsam
- **분류** : 쌍떡잎식물 무환자나무목 봉선화과
- **개화** : 7~8월
- **높이** : 60cm
- **꽃말** : 경멸, 신경질

봉선화 화분(현미경 사진)

봉선화 꽃(붉은색)

봉선화 꽃(흰색)

봉선화 잎

봉선화 열매

봉선화는 꽃의 생김새가 봉을 닮은 데에서 이름이 유래하였다. 한해살이풀로, 햇볕이 드는 곳에서 잘 자란다. 높이는 60cm 정도이고 줄기가 굵고 곧게 자라며 털이 없는 육질이다. 잎은 어긋나고 잎자루가 있으며, 너비가 좁은 타원형으로 가장자리에 톱니가 있다. 꽃은 7~8월에 피며, 잎겨드랑이에서 나온 긴 줄기 끝에 2~3개씩 달린다. 꽃의 빛깔은 붉은색, 흰색, 노란색, 분홍색 등으로 다양하다. 수술은 5개이고 꽃밥이 서로 연결되어 있다. 열매는 삭과이며 5각의 타원형으로 털이 있다. 익으면 탄력적으로 터지면서 황갈색의 종자가 튀어나온다. 화분은 단립이고 크기는 중립이며 장구형이다. 발아구는 3구형이고 표면은 망상으로 벌집 형태이다.

효능 뿌리, 줄기, 잎으로 즙을 내어 먹으면 해독하는 효능이 있어 식중독 치료에 탁월하다. 《본초강목》에 의하면, 목에 생선뼈가 걸렸을 때 종자를 빻아서 물에 풀어 대나무를 사용하여 치아에 닿지 않게 마시면 뼈가 부드럽게 되어 빠진다고 한다.

봉선화 약재(급성자)

부용

Hibiscus mutabilis L.

- **이명** : 목부용, 지부용, 부용마, 산부용, 부용엽
- **영명** : Cotton rose
- **분류** : 쌍떡잎식물 아욱목 아욱과
- **개화** : 8~10월
- **높이** : 1~3m
- **꽃말** : 매혹, 섬세한 아름다움, 정숙한 여인

부용 화분(현미경 사진)

부용은 낙엽활엽소교목 또는 낙엽반관목으로, 높이가 1~3m까지 자란다. 가지에 별 모양의 털이 있다. 잎은 어긋나고, 3~7개로 얕게 갈라지지만 갈라지지 않는 것도 있다. 갈래조각은 달걀상의 삼각형이며 가장자리에 둔한 톱니가 있다. 밑부분은 심장 모양이며, 표면에 별 모양의 털과 더불어 잔돌기가 있다. 꽃은 8~10월에 피며, 지름 10~13cm의 연한 홍색 꽃이 윗부분의 잎겨드랑이에 취산상으로 1개씩 달린다. 꽃받침은 보통 중앙까지 5개로 갈라지고 샘털이 있으며, 꽃받침보다 긴 소포(小苞)가 있다. 열매는 삭과로 지름 2.5cm 정도에 둥글고, 퍼진털과 맥이 있으며 10~11월에 익는다. 종자는 지름 0.2cm 정도의 콩팥 모양이며, 뒷면에 긴 흰색 털이 있다.

효능 한방에서 꽃은 '목부용화(木芙蓉花)', 뿌리는 '목부용근(木芙蓉根)', 잎은 '목부용엽(木芙蓉葉)'이라 하며 약용하며, 해독, 해열, 양혈, 소종 등의 효능이 있다.

부용 꽃

부용 잎

부용 열매

부용 종자

부처꽃

Lythrum anceps (Koehne) Makino

- **이명** : 천굴채, 두렁꽃
- **영명** : Twoedged loosestrife
- **분류** : 쌍떡잎식물 도금양목 부처꽃과
- **개화** : 7~8월
- **높이** : 1m
- **꽃말** : 비연, 슬픈 사랑

부처꽃 화분(현미경 사진)

부처꽃은 음력 7월 15일 백중날 부처님께 이 꽃을 바친 데에서 이름이 유래하였다. 전국 각지의 산과 들의 습지에서 무리 지어 피는 여러해살이풀로, 높이가 1m가량이며 원줄기는 네모지고 곧게 자란다. 줄기에 흰색 털이 있고 가지가 많이 갈라진다. 잎은 마주나고 짧은 잎자루가 있거나 없다. 잎의 길이는 3~4cm, 너비는 1cm이고 넓은 피침 모양으로 잎끝이 뾰족하며 가장자리가 밋밋하다. 꽃은 7~8월에 피며, 잎겨드랑이에 홍자색 꽃이 3~5개 달린다. 줄기를 따라 올라가면서 꽃이 피어 층층이 달린 것처럼 보인다. 수술은 12개이며 그중 6개가 길다. 수술과 암술의 길이에 따라 3가지 꽃 모양이 생긴다. 열매는 삭과이며 꽃받침통 안에 들어 있다. 화분은 단립이고 크기는 소립이며 약장구형이다. 발아구는 3구형이고 표면은 유선상이며 선은 뚜렷하고 빽빽하게 배열되어 있다.

부처꽃 꽃

효능 한방에서는 전초를 방광염 치료 및 이뇨제, 지사제로 쓴다.

부처꽃 잎

부처꽃 종자 결실

부추

Allium tuberosum Rottler ex Spreng.

- **이명** : 솔, 정구지
- **영명** : Chinese chive, Garlic chive, Oriental garlic
- **분류** : 외떡잎식물 백합목 백합과
- **개화** : 7～8월
- **높이** : 30～40cm
- **꽃말** : 무한한 슬픔

부추 화분(현미경 사진)

부추 꽃

부추 종자 결실

부추는 고려 시대에 기록이 남아있는 것으로 보아 그 이전부터 널리 심어왔던 것으로 추정된다. 여러해살이풀로, 높이가 30~40cm이며 특이한 냄새가 나고 매운맛이 도는 것이 특징이다. 작은 비늘줄기는 섬유로 싸여 있으며 밑에 뿌리줄기가 붙는다. 잎은 곧게 서며 가늘고 길지만 조금 두툼하고 연하다. 길이는 20~30cm 정도로 자라고 선명한 초록색을 띠며 독특한 냄새를 지닌다. 꽃은 7~8월에 피는데, 잎 사이에서 나온 꽃대 끝에 흰색 꽃이 산형꽃차례를 이룬다. 꽃잎과 꽃받침 잎은 모두 6장으로 구분이 잘 안 된다. 열매는 삭과로 거꿀심장 모양이며 3갈래로 벌어져 6개의 검은색 종자가 나온다. 화분은 단립이고 크기는 중립이며 긴 배 모양이다. 발아구는 원구형이고, 구구는 길다. 표면은 난선상이며 골은 얕다.

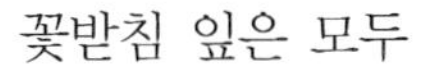

부추 잎

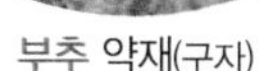

부추 약재(구자)

효능 특이한 냄새가 나고 매운맛이 도는 씨는 '구자'라 하여 한방에서 약용한다. 비뇨기성 질환의 치료와 건위에 쓰이며, 체온 유지 작용을 하므로 보온의 효능이 있다. 또 전초를 '기양초'라 하여 강장제, 강정제로도 사용한다.

분꽃

Mirabilis jalapa L.

- **이명** : 분화, 자미리, 자화분, 초미리
- **영명** : Four-o'clock flower
- **분류** : 쌍떡잎식물 중심자목 분꽃과
- **개화** : 6～10월
- **높이** : 60～100cm
- **꽃말** : 수줍음, 소심

분꽃 화분(현미경 사진)

분꽃은 종자의 배젖이 분가루 같다는 데에서 이름이 유래하였다. 한해살이풀로, 높이는 60~100cm이며 가지가 많이 갈라진다. 잎은 마주나고 잎자루가 있으며, 달걀 모양으로 끝이 뾰족하고 가장자리가 밋밋하다. 꽃은 6~10월에 피며 가지 끝에 취산꽃차례로 달린다. 꽃의 빛깔은 분홍색, 노란색, 흰색 등 여러 가지이며, 꽃잎 같은 꽃받침은 작은 나팔꽃 모양이고 끝이 얕게 5개로 갈라진다. 5개의 수술과 1개의 긴 암술이 꽃 밖으로 나와 있다. 해질 무렵부터 아침까지 꽃이 피며 향기가 좋다. 열매는 둥글고 딱딱한 꽃받침의 밑부분으로 싸여 있으며, 녹색에서 검은색으로 익으면 겉에 주름이 진다.

효능 한방에서는 뿌리를 '자말리근'이라 하며 소변불리, 수종, 관절염, 대하 등의 치료에 쓴다. 또한 이수, 해열, 활혈, 소종의 효능도 있다.

분꽃 꽃

분꽃 잎

분꽃 열매

분꽃 뿌리

불두화

Viburnum sargentii for. *sterile*

- **이명** : 수국백당나무, 나미조, 계수조자
- **영명** : Viburnum
- **분류** : 쌍떡잎식물 꼭두서니목 인동과
- **개화** : 5~6월
- **높이** : 3~6m
- **꽃말** : 제행무상

불두화 열매

불두화 꽃

불두화 잎

불두화는 꽃의 모양이 부처의 머리처럼 곱슬곱슬하고 부처가 태어난 음력 4월 8일을 전후해 꽃이 만발하므로 이 이름이 붙여졌다. 꽃 모양이 수국과 비슷하나 불두화는 잎이 세 갈래로 갈라지는 점에서 차이가 있다. 낙엽활엽관목으로, 높이는 3~6m이다. 잎은 마주나고 길이 4~12cm에 넓은 달걀 모양이다. 잎 가장자리에 불규칙한 톱니가 있고 끝이 3개로 갈라진다. 잎의 뒷면 맥 위에는 털이 있다. 잎자루 끝에 2개의 꿀샘이 있고, 밑에는 턱잎이 있다. 꽃은 무성화로 5~6월에 피며, 꽃줄기 끝에 산방꽃차례로 달린다. 처음 꽃이 필 때에는 연초록색이나 활짝 피면 흰색이 되고, 질 무렵이면 누런빛으로 변한다. 열매는 둥근 모양의 핵과이며 9월에 붉은색으로 익는다.

불두화 나무껍질

효능 진통 작용과 항염증 작용, 그리고 미약한 간 보호 작용이 있다. 진통, 지혈의 효능이 있으며, 경락을 잘 통하게 하고 기침을 멎게 하며, 허리와 다리 관절통을 치료한다. 내복하지는 않으며, 타박상이나 관절의 통증, 염좌 등에 말리지 않은 것을 짓찧어서 붙이거나 뜨겁게 달인 물로 습포한다.

붉은인동

Lonicera periclymenum

- **이명** : 금은화
- **영명** : Trumpet honeysuckle
- **분류** : 쌍떡잎식물 꼭두서니목 인동과
- **개화** : 5~6월
- **길이** : 5m
- **꽃말** : 사랑의 인연, 헌신적 사랑

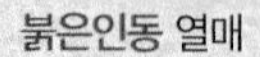

붉은인동 열매

붉은인동 꽃봉오리

붉은인동 꽃

붉은인동은 산이나 들에서 자라는 반상록활엽 덩굴나무이다. 덩굴줄기는 길이 5m까지 뻗으며, 다른 물체를 오른쪽으로 감아 올라간다. 연한 초록빛 또는 분홍빛을 띠며, 거친 털이 빽빽하게 나 있다. 잎은 마주나고, 길이 3~8cm에 긴 타원형이며 가장자리가 밋밋하다. 늦게 난 잎은 상록인 상태로 겨울을 지낸다. 꽃은 5~6월에 잎겨드랑이에서 붉은색으로 핀다. 수술은 5개이고 암술은 1개이다. 열매는 지름 0.7~0.8cm로 둥글며, 9~10월에 검게 익는다. 열매의 표면은 털로 덮여 있다.

붉은인동 잎

붉은인동 약재(인동)

효능 한방에서는 잎과 줄기를 '인동'이라 하여 이뇨제나 해독제로 사용한다.

붓꽃

Iris sanguinea Donn ex Horn

- **이명** : 수창포, 창포붓꽃, 동방계손, 난초
- **영명** : Irises
- **분류** : 외떡잎식물 백합목 붓꽃과
- **개화** : 5~6월
- **높이** : 60cm
- **꽃말** : 존경, 신비한 사람

붓꽃 종자 결실

붓꽃 꽃

붓꽃 잎

붓꽃은 산기슭의 양지바른 곳이나 메마른 땅에서 자란다. 여러해살이풀로 높이가 60cm 정도이다. 땅속줄기가 있어서 옆으로 뻗어나가고 거기에서 새싹이 나오며 수염뿌리가 많이 붙어 있다. 잎은 창 모양으로 위로 곧게 뻗으며 길이 30~50cm, 너비 0.5~1cm이다. 잎끝이 뾰족하고 주맥은 뚜렷하지 않으며 밑부분은 잎집 같고 붉은빛을 띤 것도 있다. 꽃은 5~6월에 자줏빛으로 피는데, 지름 8cm 정도의 꽃이 꽃줄기 끝에 2~3개씩 달린다. 꽃턱잎은 잎처럼 생기고 녹색이며 작은꽃턱잎이 꽃턱잎보다 긴 것도 있다. 작은꽃자루는 작은꽃턱잎보다 짧고 씨방보다 길다. 바깥꽃덮이조각은 넓은 거꿀달걀 모양으로 밑부분에 옆으로 달리는 자줏빛 맥이 있으며, 안꽃덮이조각은 곧게 선다. 열매는 삭과로 대가 있으며 양끝이 뾰족한 원주형이다. 삭과 끝이 터지면서 갈색 종자가 나온다.

뿌리에는 소화, 구어혈, 소종의 효능이 있어 민간에서는 소화 불량, 질타손상, 치질, 옹종 등의 치료에 쓴다.

난쟁이붓꽃 *Iris uniflora* var. *caricina* Kitag. : 자주색 꽃이 피는데 바깥꽃덮이조각은 거꿀달걀 모양의 긴 타원형이고 뭉툭하며, 안쪽꽃덮이조각은 거꿀피침 모양으로 곧게 선다.

흰붓꽃 *Iris sanguinea* f. *albiflora* Makino : 꽃봉오리가 붓의 끝 모양과 같고 흰색이다.

난쟁이붓꽃

흰붓꽃

비비추

Hosta longipes (Franch. & Sav.) Matsum

- **이명** : 지부, 자부
- **영명** : Hosta longipes
- **분류** : 외떡잎식물 백합목 백합과
- **개화** : 7~8월
- **높이** : 30~40cm
- **꽃말** : 신비한 사랑, 좋은 소식

비비추 화분(현미경 사진)

비비추는 여러해살이풀로, 높이는 꽃대 길이인 30~40cm이며 줄기와 잎이 구분되지 않는다. 잎은 모두 뿌리에서 돋아 비스듬히 퍼진다. 잎의 길이는 12~13cm, 너비는 8~9cm이고, 달걀상의 심장형 또는 긴 달걀 모양으로 윤채가 없으며 진녹색을 띤다. 잎끝이 뾰족하고 밑부분은 얕은 심장 모양이다. 잎 가장자리가 밋밋하지만 약간 굴곡지며 두껍고 8~9개의 맥이 있다. 꽃은 7~8월에 피는데, 꽃대에 길이 4cm의 연한 자주색 꽃이 한쪽으로 치우쳐서 총상으로 달린다. 꽃자루는 길이가 0.4~1.1cm이다. 꽃턱잎은 얇은 막질로 자줏빛을 띤 흰색이고 꽃자루와 길이가 거의 비슷하며 꽃이 핀 뒤에 쓰러진다. 꽃부리는 끝이 6개로 갈라져서 갈래조각이 약간 뒤로 젖혀지며, 6개의 수술과 1개의 암술이 꽃 밖으로 길게 나온다. 열매는 삭과로 비스듬히 서며 긴 타원형에 3개로 갈라진다.

효능 꽃은 '자옥잠', 뿌리줄기는 '자옥잠근', 잎은 '자옥잠엽'이라 하며 약용한다. 조기, 화혈, 보허의 효능이 있다.

비비추 꽃

비비추 잎

비비추 열매

비비추 뿌리

비수리

Lespedeza cuneata G.Don

- **이명** : 야관문, 노우근, 호지자, 산채자
- **영명** : Chinese lespedeza
- **분류** : 쌍떡잎식물 콩목 콩과
- **개화** : 8~9월
- **높이** : 50~100cm
- **꽃말** : 욕망, 마음속에 감춰둔 사랑

비수리 화분(현미경 사진)

비수리는 산기슭 이하에서 자라는 초본성 아관목으로, 높이는 50~100cm이며 가지가 많다. 줄기가 곧게 서고 가지는 가늘고 짧으며 능선과 털이 있다. 잎은 어긋나고 잔잎이 3장씩 나온 겹잎이다. 잔잎은 선상의 거꿀피침 모양이고 뒷면에 털이 있다. 꽃은 8~9월에 피고 잎겨드랑이에 산형으로 달리며 흰색이다. 꽃잎은 흰색 바탕에 자줏빛 줄이 있고 기판 중앙은 자줏빛이다. 꽃받침은 밑까지 깊게 5개로 갈라지고 각 갈래조각에 1맥이 있다. 10개의 수술 중 아래쪽 9개는 합쳐진다. 열매는 협과로 열매껍질은 편평한 달걀 모양이고, 털과 그물맥이 있으며 1개의 종자가 들어 있다. 화분은 단립이고 크기는 소립이며 아장구형이다. 발아구는 3구형이고 공구 내부에 과립상의 돌기가 있다. 표면은 망상이며 망강은 뚜렷하고 내부에 돌기가 있다.

효능 한방에서는 전초를 '야관문' 또는 '사퇴초'라고도 하는데, 거담의 효능이 있어 기관지염을 치료한다. 또 강장제로 쓰이며 뱀독을 푸는 효과가 탁월하다. 조루, 양기부족, 기침, 눈병, 급성 위염, 당뇨병, 피로, 신경 쇠약, 남성 질병 등의 치료에도 쓰인다.

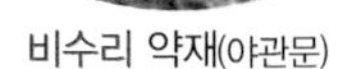

비수리 약재(야관문)

비수리 꽃

비수리 잎과 줄기

비수리 종자 결실

사과나무

Malus pumila var. *dulcissima* Koidz

- **이명** : 능금나무
- **영명** : Commom apple
- **분류** : 쌍떡잎식물 장미목 장미과
- **개화** : 4~5월
- **높이** : 5~10m
- **꽃말** : 유혹, 성공

사과나무 화분(현미경 사진)

사과나무는 낙엽활엽소교목으로, 높이가 보통 5~10m이며 15m까지 자라기도 한다. 어린가지는 자주색이며 부드러운 털이 있다. 잎은 어긋나고 길이 7~12cm, 너비 5~7cm에 타원형 또는 긴 달걀 모양이다. 잎의 앞면은 짙은 녹색이며 뒷면의 맥 위에 털이 있다. 꽃은 4~5월에 흰색 또는 연분홍색으로 피며, 짧은 가지 끝에 5~7송이가 우산 모양으로 달린다. 꽃잎은 5장으로 타원형이다. 열매는 이과이며 붉은빛을 띤 노란색으로 익는다.

효능 몸속의 염분을 배출시켜 고혈압을 예방한다. 또한 혈관에 쌓이는 유해 콜레스테롤을 몸 밖으로 내보내고 유익한 콜레스테롤을 증가시켜 동맥 경화를 예방한다.

사과나무 꽃봉오리

사과나무 꽃

사과나무 잎

사과나무 열매

사상자

Torilis japonica (Houtt.) DC.

- **이명** : 뱀도랏, 진들개미나리
- **영명** : Erect hedge parsley, Japanese hedge parsley
- **분류** : 쌍떡잎식물 산형화목 미나리과
- **개화** : 6~8월
- **높이** : 30~70cm
- **꽃말** : 결백

사상자 화분(현미경 사진)

사상자 꽃

사상자 잎

사상자 열매

사상자는 살모사가 이 풀 아래에 눕기를 좋아하고 그 씨앗을 먹는다 하여 뱀의 침대[蛇床]라는 뜻에서 이름이 유래하였다. 여러해살이풀로, 높이는 30~70cm이다. 줄기가 곧게 서고 윗부분에서 곁가지가 나오며 전체에 짧은 털이 있다. 잎은 어긋나고, 달걀 모양의 잔잎이 3장 나오며 가장자리에 뾰족한 톱니가 있고 녹색이다. 꽃은 6~8월에 피는데, 가지와 줄기 끝에 작은 흰색 꽃이 겹산형 꽃차례를 이룬다. 작은 꽃가지는 5~9개이고 길이가 1~3cm이며 6~20개의 꽃이 달린다. 열매는 길이 0.25~0.3cm에 달걀 모양으로 4~10개씩 달리며, 짧은 가시 같은 털이 있어 다른 물체에 잘 붙는다. 화분은 단립이며 크기는 소립이고 과장구형이다. 발아구는 산공형이고 표면은 난선상이고 선은 불규칙하다.

효능 열매는 여성의 음부가 부어서 아픈 증상, 남성의 음위증, 사타구니가 축축하고 가려운 데 쓴다. 또 자궁을 따뜻하게 하고 양기를 강하게 하며, 남녀의 생식기를 씻으면 풍랭이 없어진다. 성욕을 증진시키며 허리가 아픈 증상, 사타구니에 땀이 나는 증상, 진버짐을 낫게 한다.

사상자 약재(사상자)

사철나무

Euonymus japonicus Thunb.

- **이명** : 동청위목, 겨우살이나무, 동청목, 사철
- **영명** : Evergreen spindle tree
- **분류** : 쌍떡잎식물 노박덩굴목 노박덩굴과
- **개화** : 6~7월
- **높이** : 3m
- **꽃말** : 어리석음을 안다, 지혜

사철나무 열매

사철나무는 상록활엽관목으로, 바닷가 산기슭의 반그늘진 곳이나 인가 근처에서 자란다. 높이는 약 3m이고 작은가지는 녹색이며 털이 없다. 잎은 마주나고 길이 3~7cm, 너비 3~4cm에 타원형이며 두껍다. 잎의 양끝이 좁고 가장자리에 둔한 톱니가 있다. 앞면은 짙은 녹색에 윤이 나고 털이 없으며, 뒷면은 노란빛을 띤 녹색이다. 잎자루의 길이는 0.5~1.2cm이다. 꽃은 6~7월에 연한 녹색을 띤 흰색으로 피며, 잎겨드랑이에 취산꽃차례로 달린다. 조금 납작한 꽃자루에 많은 꽃이 빽빽이 달려 핀다. 수술은 4개, 암술은 1개이다. 열매는 둥근 삭과로 10월에 붉은색으로 익으며, 4개로 갈라져 헛씨껍질에 싸인 흰색 종자가 나온다.

효능 생약명이 '왜두충'이며 이뇨 강장제로 쓰이고 조경, 화어의 효능이 있어 월경불순과 월경통을 치료한다. 나무껍질은 '화두충'이라 하며 운동계, 신경계, 순환계 질환 등을 치료한다.

사철나무 꽃봉오리

사철나무 꽃

사철나무 잎

사철나무 나무껍질

산딸나무

Cornus kousa F.Buerger ex Hance

- **이명** : 사조화, 석조자, 딸나무, 산달나무, 산딸
- **영명** : Kousa dogwood
- **분류** : 쌍떡잎식물 산형화목 층층나무과
- **개화** : 6~7월
- **높이** : 7~12m
- **꽃말** : 희생, 견고함

산딸나무 열매

산딸나무 꽃

산딸나무 꽃받침

산딸나무는 산지의 숲에서 자라는 낙엽 활엽교목으로, 높이가 7~12m이다. 줄기는 갈색이며 털이 있으나 점차 없어지고 둥근 껍질눈이 있다. 가지는 층을 지어 수평으로 퍼진다. 잎은 마주나고 길이 5~12cm, 너비 3.5~7cm에 달걀 모양이며 잎끝이 점차 좁아지면서 뾰족해진다. 잎의 표면은 녹색이고 누운 잔털이 약간 있으며, 뒷면은 회녹색으로 누운 털이 빽빽이 나 있다. 잎맥의 겨드랑이에도 갈색 털이 빽빽하다. 꽃은 암수한꽃으로, 6~7월에 20~30개가 짧은 가지 끝에 두상꽃차례로 모여 달린다. 꽃잎처럼 생긴 하얀 꽃받침이 꽃을 둘러싼다. 꽃받침은 4개의 꽃받침조각으로 이루어져 있으며, 좁은 달걀 모양으로 길이가 3~6cm이다. 꽃잎과 수술은 각각 4개이고 암술은 1개이다. 꽃받침조각이 넓은 달걀 모양인 것을 준딸나무, 꽃이 필 때 녹색이고 피침 모양인 것을 소리딸나무라고도 한다. 열매는 취과(聚果)로 둥글며 지름이 1.5~2.5cm이고 붉은색이다. 종자는 타원형이고, 종자를 싸고 있는 꽃받침은 육질이며 9월 말에서 10월 초 사이에 성숙한다.

산딸나무 잎

흰색 꽃이 열십자 모양을 이루고 예수가 이 나무에서 운명하였다 하여 성스러운 나무로 취급되며 기독교인들의 사랑을 받는다.

산사나무

Crataegus pinnatifida Bunge

- **이명** : 아가위나무, 찔광이
- **영명** : Mountain hawthorn
- **분류** : 쌍떡잎식물 장미목 장미과
- **개화** : 4~5월
- **높이** : 6m
- **꽃말** : 유일한 사랑

산사나무 화분(현미경 사진)

산사나무 꽃

산사나무 잎

산사나무는 낙엽활엽교목으로, 높이가 6m에 달한다. 줄기는 대부분 회색을 띠고 털은 없으며, 어린줄기에 예리한 가시가 있다. 잎은 어긋나고 길이 5~10cm, 너비 4~7cm에 달걀 모양이나 세모난 달걀 모양이다. 잎의 표면은 짙은 녹색이고 윤채가 있으며 가장자리에 뾰족하고 불규칙한 톱니가 있다. 꽃은 잎이 난 다음 4~5월에 흰색으로 피며, 배꽃같이 작은 꽃이 몇 송이씩 뭉쳐서 달린다. 수술은 20개이며 꽃밥은 붉은색이다.

산사나무 열매

열매는 이과(梨果)로 둥글고 지름 1.5cm에 흰색 반점이 있으며, 9~10월에 빨갛게 익는다. 한 개의 이과 안에 보통 3~5개의 종자가 들어 있다. 화분은 단립이고 크기는 중립이며 약단구형이다. 발아구는 3구형이고 표면은 유선상이며 선은 불규칙하고 골은 얕다.

효능 열매는 '산사', 뿌리는 '산사근', 목부는 '산사목', 줄기와 잎은 '산사경엽', 종자는 '산사핵'이라 하며, 모두 약용한다. 가을에 익은 열매를 따서 잘게 썰어 바로 햇볕에 말리거나 또는 눌러서 둥글납작하게 만들어 햇볕에 말린다. 식적을 가라앉히고 어혈을 없애주며 조충을 구제하는 효능이 있다.

산사나무 약재(산사)

산수국

Hydrangea serrata for. *acuminata* (S. & Z.) Wilson

- **이명** : 털수국, 털산수육
- **영명** : Mountain hydrangea
- **분류** : 쌍떡잎식물 장미목 범의귀과
- **개화** : 7~8월
- **높이** : 1m
- **꽃말** : 변하기 쉬운 마음

산수국 종자 결실

산수국은 낙엽활엽관목으로, 중부 이남의 산골짜기나 돌무더기의 습기가 많은 곳에서 자란다. 높이는 1m가량이며, 밑에서 많은 줄기가 나온다. 잎은 마주나고 길이 5~15cm, 너비 2~10cm에 타원형 또는 달걀 모양이다. 잎끝은 꼬리처럼 길고 날카로우며 가장자리에 날카로운 톱니가 있다. 꽃은 7~8월에 그해 자란 가지 끝에 편평꽃차례로 피며, 수술과 암술을 가운데 두고 그 둘레에 3~5개의 무성화가 달린다. 무성화는 처음에는 희고 붉은색이지만 종자가 익기 시작하면 갈색으로 변하면서 꽃줄기가 뒤틀어진다. 암수한꽃은 꽃받침조각이 작고 꽃잎과 함께 각각 5개이다. 수술은 5개, 암술은 1개, 암술대는 3~4개이다. 열매는 작은 삭과로 거꿀달걀 모양이며 9~10월에 익는다.

효능 뿌리, 잎, 꽃을 '팔선화'라 하여 생약재로 이용한다. 산수국과 비슷하게 생긴 일본의 감차수국은 차로 이용하는데, 이 수국의 잎에는 단맛을 내는 천연 당분이 있어 당뇨병 환자의 대용 감미료로 쓰인다.

산수국 꽃봉오리

산수국 꽃

산수국 잎

산수국 줄기

산수유

Cornus officinalis Siebold & Zucc.

- **이명** : 산시유
- **영명** : Japanese cornelian cherry, Japanese cornel
- **분류** : 쌍떡잎식물 산형화목 층층나무과
- **개화** : 3~4월
- **높이** : 5~10m
- **꽃말** : 호의를 기대한다, 영원, 불멸의 사랑

산수유 화분(현미경 사진)

산수유 꽃

산수유 잎

산수유는 낙엽활엽소교목으로, 이른 봄 잎이 나기 전에 노랗고 향기로운 꽃을 피운다. 지리산 기슭에 있는 구례 산동면과 산내면이 산지로 유명하다. 높이는 5~10m이며, 나무껍질이 벗겨지고 연한 갈색이다. 줄기는 처음에 짧은 털이 있으나 떨어지며 분녹색을 띤다. 잎은 마주나고, 길이 4~10cm, 너비 2~6cm에 달걀 모양 또는 긴 달걀 모양이다. 잎끝은 날카롭게 뾰족하며 가장자리가 밋밋하다. 잎의 표면은 녹색이고 누운 털이 약간 있으며, 뒷면은 연한 녹색 또는 흰빛을 띠고 맥겨드랑이에 갈색 털이 빽빽하게 나 있다. 꽃은 3~4월에 잎보다 먼저 피는데, 20~30개의 작은 꽃들이 산형꽃차례로 뭉쳐 조밀하게 달린다. 꽃잎과 수술은 각각 4개이다. 열매는 장과로 길이 1.5~2cm에 긴 타원형이며 광택이 있다. 종자는 타원형으로 8월에 익는다. 화분은 소립이고 크기는 중립이며 약단구형이다. 발아구는 3구형이고 주변의 외표벽이 비후되어 있다. 표면은 미립상이며 자상의 돌기가 규칙적으로 배열되어 있다.

산수유 열매

산수유 약재(산수유)

효능 신장의 생리 기능을 강화하고 정력을 증강하는 효능이 있다. 장기간 먹으면 몸이 가벼워질 뿐만 아니라, 이명 현상, 원기 부족 등에 효과적이다. 수렴성 강장약으로 신장의 수기를 보강하고 정력을 유지하는 데 효능이 탁월하다. 또한 허리와 무릎 등의 통증 및 시린 데에 효과가 좋고 여성의 월경 과다 조절 등에도 좋다.

살구나무

Prunus armeniaca var. *ansu* Max.

- **이명** : 살구, 살구꽃
- **영명** : Apricot tree
- **분류** : 쌍떡잎식물 장미목 장미과
- **개화** : 4월
- **높이** : 5m
- **꽃말** : 처녀의 부끄러움, 의혹

살구나무 화분(현미경 사진)

살구나무 꽃

살구나무 잎

살구나무는 낙엽활엽소교목으로, 높이는 5m 정도이다. 나무껍질은 붉은빛을 띠며 햇가지는 적갈색이다. 잎은 어긋나며 길이 6~8cm, 너비 4~7cm에 넓은 타원형 또는 넓은 달걀 모양이다. 잎끝은 뾰족하고 밑부분은 자른 모양 또는 넓은 뾰족한 모양이다. 잎의 양면에 털이 없으며 가장자리에 불규칙한 톱니가 있다. 꽃은 4월에 잎보다 먼저 피는데, 지름 2.5~3.5cm에 옅은 붉은색이며 꽃대가 거의 없이 1개 또는 2개가 달린다. 꽃잎은 둥글고 수술은 많으며 암술은 1개이다. 꽃받침 조각은 5개로 둥근 모양이고 홍자색이며 젖혀진다. 열매는 둥근 핵과로 지름이 3cm가량이며, 7월에 노란색 또는 붉은빛을 띠는 노란색으로 익는다.

살구나무 열매

효능 해수, 천식, 기침, 호흡 곤란, 신체 부종에 쓰이며, 행인유는 항암제, 연고제, 주사약의 용제로도 효능이 있다. 반쯤 핀 꽃을 채취하여 그늘에 말려서 벌꿀에 담근 것을 매일 섭취하면 노인의 변비에도 좋고, 대장을 깨끗이 하고 얼굴에 생긴 주근깨나 검버섯, 기미 등에도 특효가 있다. 말린 살구를 먹는 것이 몸에 좋다.

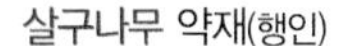

살구나무 약재(행인)

샐비어

Salvia officinalis L.

- **이명** : 깨꽃, 약불꽃, 서미초, 사루비아
- **영명** : Salvia splendens
- **분류** : 쌍떡잎식물 통화식물목 꿀풀과
- **개화** : 5~10월
- **높이** : 60~90cm
- **꽃말** : 정력, 정조

샐비어 화분(현미경 사진)

샐비어 꽃

샐비어 잎

샐비어는 생김새가 깨와 비슷하여 깨꽃이라고도 한다. 한해살이풀로, 높이는 60~90cm이며 원줄기는 사각형으로 곧게 서고 가지를 친다. 잎은 마주나고, 길이 5~9cm에 긴 달걀 모양이다. 잎끝은 뾰족하고 밑부분이 넓게 뭉툭하며, 가장자리에 작은 톱니가 있고 흰 털이 난다. 잎자루는 길다. 꽃은 5~10월에 줄기와 가지 끝에서 총상꽃차례로 피는데, 꽃차례의 길이는 8~10cm이고 포와 꽃받침, 꽃부리가 환한 붉은색이다. 꽃받침은 종 모양이며, 위쪽의 것은 끝이 뾰족하고 아래쪽의 것은 끝이 둘로 갈라지며 능선이 있다. 꽃부리는 길이 5~6cm로 대롱 부분이 길고, 아래 꽃잎이 위 꽃잎보다 짧으며 3갈래로 갈라진다. 수술은 2개이다. 열매는 둥근 분과로 꽃받침 속에 들어 있으며, 7월부터 익는다.

유사종

깨꽃 *Salvia splendens* Sellow ex Wied-Neuw. : 잎은 마주나며 달걀 모양으로 밑부분이 둥글고, 끝은 뾰족하며 가장자리에는 잔톱니가 있다. 꽃은 줄기와 가지 끝에서 이삭꽃차례를 이루며 꽃부리와 꽃받침과 포가 모두 짙은 붉은색으로 핀다.

둥근배암차즈기 *Salvia japonica* Thunb. : 잎은 마주나며 1, 2회 홀수깃꼴겹잎이지만, 드물게 홑잎 또는 3장의 잔잎으로 이루어진 겹잎도 있다. 잎 가장자리에 크고 둔한 톱니가 있으며 잎자루가 길다. 꽃은 줄기 끝의 마디에 총상꽃차례 또는 원추꽃차례로 달리며, 6~8월에 연보라색으로 핀다.

배암차즈기 *Salvia plebeia* R. Brown : 잎은 마주나고, 줄기잎보다 큰 뿌리잎은 꽃이 필 때 시들어 사라진다. 줄기잎은 긴 타원형 또는 넓은 피침 모양으로 가장자리에 둔한 톱니가 있다. 꽃은 줄기 끝과 위쪽 잎겨드랑이에서 총상꽃차례로 달리며, 5~7월에 연보라색으로 핀다.

배암차즈기

생강나무

Lindera obtusiloba L.

- **이명** : 산강, 향려목, 동백나무, 개동백나무
- **영명** : Blunt-lobe spicebush
- **분류** : 쌍떡잎식물 녹나무목 녹나무과
- **개화** : 3월
- **높이** : 3~6m
- **꽃말** : 수줍음

생강나무 잎

생강나무는 잎이나 가지를 꺾으면 생강 냄새가 나서 이 이름이 붙여졌으며, 산동백나무라고도 한다. 산지의 계곡이나 숲속의 냇가에서 자란다. 낙엽활엽관목으로, 높이는 3~6m이고 나무껍질은 회색을 띤 갈색이며 매끄럽다. 잎은 어긋나고 길이가 5~15cm에 달걀 모양 또는 달걀상의 원형이다. 잎의 윗부분은 3~5개로 얕게 갈라지며 3개의 맥이 있고 가장자리가 밋밋하다. 잎자루는 길이가 1~2cm이다. 꽃은 암수딴그루로 3월에 잎보다 먼저 피는데, 노란색의 작은 꽃들이 여러 개 뭉쳐 꽃대 없이 산형꽃차례를 이루며 달린다. 수꽃은 6개의 꽃덮이조각과 9개의 수술이 있고, 암꽃은 6개의 꽃덮이조각과 1개의 암술, 9개의 헛수술이 있다. 작은 꽃자루는 짧고 털이 있다. 열매는 장과로 지름이 0.7~0.8cm에 둥글며, 9월에 검은색으로 익는다.

생강나무 꽃

생강나무 덜 익은 열매

효능 한방에서는 나무껍질을 '삼첩풍'이라 하여 약용하는데, 타박상의 어혈과 산후에 몸이 붓고 팔다리가 아픈 증세에 효과적이다. 말린 가지는 '황매목', 껍질은 '삼찬풍'이라 한다. 황매목은 건위제로 많이 쓰이고, 복통, 해열, 기침에도 효과가 있다. 간을 깨끗이 하거나 심장을 튼튼히 하는 데에도 쓰인다. 삼찬풍은 연중 수시로 채취하여 햇볕에 말려 쓴다.

생강나무 약재(황매목)

생강나무 익은 열매

석류나무

Punica granatum L.

- **이명** : 석누나무, 석류
- **영명** : Pomegranate tree
- **분류** : 쌍떡잎식물 도금양목 석류나무과
- **개화** : 5~6월
- **높이** : 4~10m
- **꽃말** : 자손 번영

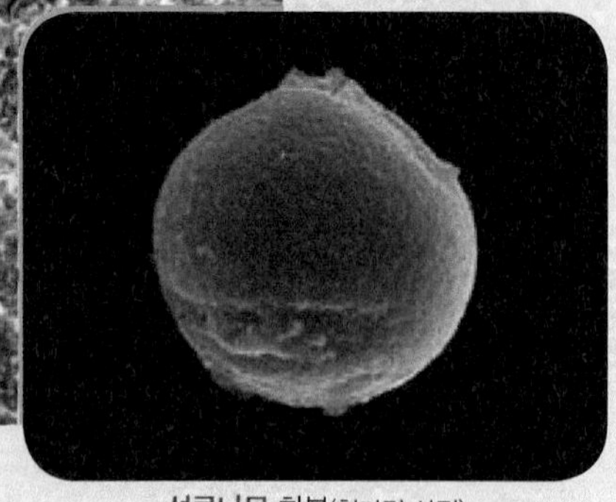

석류나무 화분(현미경 사진)

석류나무 꽃

석류나무 잎

석류나무는 추위에 약하여 중부 지방에서는 경제적 성장이 안 되며 전라북도와 경상북도 이남에서만 노지 월동이 가능하다. 낙엽활엽소교목으로, 높이가 4~10m에 달한다. 나무껍질은 뒤틀리는 모양이며 짧은 가지 끝이 가시가 된다. 잎은 마주나고 길이 2~8cm에 거꿀달걀 모양 또는 긴 타원형이다. 잎끝이 뾰족하고 양면에 털이 없다. 꽃은 암수한꽃이며, 5~6월에 붉은색으로 핀다. 열매는 둥글고 지름이 6~8cm이며 9~10월에 노란색 또는 황홍색으로 익는다. 안에는 붉은색의 종자가 들어 있는데, 완전히 익으면 겉껍질이 불규칙하게 터지고 안의 종자가 보인다. 화분은 단립이고 크기는 소립이며 아장구형이다. 발아구는 3구형이며 외구연은 약하게 비후되어 있다. 표면은 난선상이며 선은 두텁고 골은 매우 좁다.

석류나무 열매

효능 껍질에는 타닌, 종자에는 갱년기 장애에 좋은 천연 식물성 에스트로겐이 들어 있다. 열매와 껍질 모두 고혈압, 동맥 경화 예방에 좋으며, 부인병, 부스럼에 효과가 있다. 이질에 약효가 뛰어나고, 휘발성 알칼로이드가 들어 있어 기생충, 특히 촌충 구제에 쓴다. 또한 여분의 체지방을 없애주는 효능이 있고, 소화 작용을 촉진시켜 다이어트에 효과적이다.

석류나무 약재(석류)

설악초

Euphorbia marginata Pursh

- **이명** : 야광초, 빙하, 유포르비아, 귀신초
- **영명** : Snow on the mountain
- **분류** : 쌍떡잎식물 쥐손이풀목 대극과
- **개화** : 7~8월
- **높이** : 60cm
- **꽃말** : 환영, 축복, 박애

설악초 화분(현미경 사진)

설악초 꽃

설악초 잎

설악초는 꽃과 잎 전체가 산에 눈이 내린 것처럼 하얗다고 하여 이 이름이 붙여졌다. 한해살이풀로 높이는 60cm 정도이다. 줄기 위쪽에 달린 잎은 타원형으로 흰빛을 띤 녹색이며 가장자리가 흰색 테두리를 친 듯 하얗다. 꽃은 7~8월에 피며, 흰색의 꽃잎은 4장이다. 암술은 3개이며 끝이 2개로 갈라지고, 수술은 많다. 화분은 단립이고 크기는 중립이며 장구형이다. 발아구는 3구형이고 표면은 유공상으로 구멍은 작고 조밀하게 분포되어 있다.

청열, 해독의 효능이 있어 세균성 이질이나 습진, 소종통 등을 치료한다.

설악초 줄기

섬기린초

Sedum takesimense Nakai

- **이명** : 울릉기린초
- **영명** : Ulleungdo stonecrop
- **분류** : 쌍떡잎식물 장미목 돌나물과
- **개화** : 7~9월
- **높이** : 50cm
- **꽃말** : 인내, 기다림

섬기린초 종자 결실

섬기린초 꽃

섬기린초 잎

섬기린초는 여러해살이풀로, 경북 울릉도와 독도 등 해안의 바위에서 자라는 우리나라 특산종이다. 높이가 50cm 정도이고, 줄기가 옆으로 비스듬히 뻗으면서 자란다. 밑부분의 30cm 정도가 겨울 동안 살아남아 있다가 다음 해 봄에 다시 싹이 튼다. 잎은 어긋나고 피침 모양이며 가장자리에 6~7쌍의 둔한 톱니가 있다. 잎의 표면은 황록색, 뒷면은 회녹색이며 양면에 털이 없다. 꽃은 7~9월에 노란색으로 피는데, 편평꽃차례에 20~30송이가 달린다. 꽃받침조각은 줄 모양이며, 꽃잎은 5개로 길이가 0.6~0.7cm이다. 수술은 10개로 황적색이며, 암술은 5개이고 암술머리는 황록색으로 길고 가늘며 뾰족하다. 열매는 골돌과이며 끝이 가시처럼 뾰족하다.

섬기린초 줄기

효능 한방에서는 지상부를 말린 것을 약용하는데, 활혈 작용이 있어 타박상에는 약재를 달인 물을 술에 타서 복용한다. 폐결핵으로 인한 각혈, 대장 출혈, 외상 출혈에는 생것을 달여서 복용하면 효과가 있다. 또한 당뇨병, 고혈압, 암 등의 질병을 예방하고 치료하며, 인체의 생리 기능을 조절한다.

섬초롱꽃

Campanula takesimana Nakai

- 이명 : 산소채, 풍령초, 섬풍령초
- 영명 : Korean bellflower
- 분류 : 쌍떡잎식물 초롱꽃목 초롱꽃과
- 개화 : 7~8월
- 높이 : 30~100cm
- 꽃말 : 충실, 정의

섬초롱꽃 잎

섬초롱꽃 꽃

섬초롱꽃 어린순

섬초롱꽃은 우리나라 특산종으로 울릉도 바닷가 풀밭에서 자란다. 여러해살풀로, 높이는 30~100cm이다. 줄기가 곧게 서며 자줏빛을 띠고 비교적 털이 적다. 잎은 어긋나며 잎자루는 점점 짧아지다가 없어진다. 뿌리잎은 길이 20cm, 너비 3.5~8cm에 잎끝이 뾰족하고 밑부분이 갑자기 좁아져서 잎자루의 날개로 된다. 잎의 밑부분은 흔히 심장 모양이며 가장자리에 톱니가 있다. 줄기잎은 위로 가면서 긴 타원형으로 되고 밑부분으로 원줄기를 감싼다. 꽃은 7~8월에 가지와 원줄기 끝에서 총상꽃차례를 이루어 밑을 향하여 달린다. 꽃의 길이는 3~5cm이고 흰색 또는 연한 자주색 바탕에 짙은 반점이 있다.

섬초롱꽃 줄기

효능 전초를 '자반풍령초'라고 하며 약용한다. 청열, 해독, 지통의 효능이 있고 인후염과 두통을 치료한다.

유사종

초롱꽃 *Campanula punctata* Lam. : 꽃은 긴 꽃줄기 끝에서 밑을 향해 달리는데, 6~8월에 짙은 반점이 있는 흰색 또는 연한 홍자색으로 핀다. 꽃부리가 초롱같이 생겼다. 꽃받침은 5갈래로 갈라지고 털이 있으며, 갈래조각 사이에 뒤로 젖혀지는 부속체가 있다.

초롱꽃

솔체꽃

Scabiosa tschiliensis Gruning

- **이명** : 체꽃
- **영명** : Hopei scabious
- **분류** : 쌍떡잎식물 꼭두서니목 산토끼꽃과
- **개화** : 7~9월
- **높이** : 50~90cm
- **꽃말** : 이루어질 수 없는 사랑

솔체꽃 종자 결실

솔체꽃 꽃

솔체꽃 잎

솔체꽃은 깊은 산 또는 습기가 많은 풀숲에서 자란다. 두해살이풀로 높이는 50~90cm이다. 줄기가 곧게 자라며, 가지는 마주나기로 갈라지고 퍼진 털과 꼬부라진 털이 있다. 잎은 마주나고 위로 올라갈수록 깃 모양으로 깊게 갈라진다. 갈래조각은 타원형이며 가장자리에 큰 톱니가 있다. 꽃은 7~9월에 하늘색으로 피고, 가지와 줄기 끝에 달린다. 주변부의 꽃은 5개로 갈라지고 중앙부의 꽃은 대롱꽃이며 4개로 갈라진다. 잎에 털이 없는 것을 민둥체꽃이라 한다. 열매는 수과이며 자줏빛을 띤다.

유사종

구름체꽃 *Scabiosa tschiliensis* f. *alpina* : 뿌리잎은 피침 모양으로 꽃이 필 때까지 남아 있다. 줄기잎은 마주나고 타원형이며 가장자리에 깊게 팬 큰 톱니가 있고, 위로 올라가면서 깃꼴로 갈라진다. 잎자루에 날개가 있고, 잎과 잎자루에 흰 털이 빽빽이 나 있다. 꽃은 가지와 줄기 끝에서 두상꽃차례로 달리는데, 7~8월에 하늘색으로 핀다.

체꽃 *Scabiosa tschiliensis* f. *pinnata* : 뿌리잎은 꽃이 필 때 떨어진다. 줄기잎은 마주나며 긴 타원형 또는 달걀 모양의 타원형에 잎끝이 둔하거나 뾰족하며, 흰 털이 약간 나 있고 깃꼴로 깊게 갈라진다. 잎자루에는 날개가 있고 흰 털이 약간 나 있다. 꽃은 두상꽃차례로 달리는데, 8월에 하늘색으로 핀다.

송엽국

Lampranthus spectabilis (Haw.) N. E. Br.

- **이명** : 람프란서스, 사철채송화
- **영명** : Trailing ice plant
- **분류** : 쌍떡잎식물 중심자목 석류풀과
- **개화** : 4~6월
- **높이** : 15~20cm
- **꽃말** : 나태, 태만

송엽국 화분(현미경 사진)

송엽국 꽃

송엽국 잎

송엽국은 꽃이 국화를 닮고 잎이 솔잎을 닮았다고 하여 이 이름이 붙여졌다. 원산지는 아프리카이며, 케이프타운 서북부 일대에 200종 이상이 분포한다. 다육식물로, 높이는 15~20cm 내외로 자란다. 줄기는 밑부분이 나무처럼 단단하고 옆으로 뻗으면서 가지가 많이 갈라진다. 잎은 줄기에 빽빽하게 달리거나 마주나며 다육질로 약간 두툼하고 길다. 잎의 길이는 5~6cm 정도에 솔잎 모양이며 3개의 능선이 있다. 꽃은 4~6월에 붉은빛을 띤 자주색, 붉은색, 흰색 등으로 무리지어 핀다. 긴 꽃대가 나와 그 끝에 1송이씩 달리며, 꽃의 지름은 5cm이다. 꽃받침조각은 5개이고 꽃잎과 수술은 많다. 꽃잎은 매끄럽고 윤이 나며, 햇빛이 있을 때 피었다가 저녁에는 오므라든다.

석류풀 *Mollugo pentaphylla* L. : 잎은 피침 모양 또는 거꿀피침 모양으로 양끝이 좁고 가장자리가 밋밋하다. 아래쪽에서는 3~5장씩 돌려나고 위쪽에서는 마주나며, 잎자루가 없다. 꽃은 가지 끝과 잎겨드랑이에서 취산꽃차례로 달리며, 7~9월에 노란빛을 띤 녹색으로 핀다. 꽃받침은 5갈래로 갈라지며 꽃받침조각은 긴 타원형이다.

큰석류풀 *Mollugo verticillata* L. : 잎은 돌려나고 주걱 모양 또는 좁은 타원형이며, 잎끝은 뾰족하거나 둔하고 가장자리는 밋밋하다. 밑부분은 줄기로 흘러내리며, 잎자루가 짧거나 거의 없다. 꽃은 잎겨드랑이에 모여 달리는데, 7~8월에 흰색으로 핀다.

쇠비름

Portulaca oleracea L.

- **이명** : 장명채, 오행채, 오행초, 마치초, 돼지풀, 마치현
- **영명** : Purslane
- **분류** : 쌍떡잎식물 중심자목 쇠비름과
- **개화** : 6~9월
- **높이** : 30cm
- **꽃말** : 불로장수

쇠비름 화분(현미경 사진)

쇠비름 꽃봉오리

쇠비름 꽃

쇠비름은 전국 각지의 낮은 산과 들에 분포하며 양지 또는 반그늘의 언덕이나 편평한 곳에서 자란다. 한해살이풀로, 높이는 약 30cm이다. 잎은 마주나거나 어긋나지만 끝부분의 것은 돌려난 것 같다. 잎의 길이는 1.5~2.5cm, 너비는 0.5~1.5cm에 긴 타원형이다. 잎끝이 둥글고 밑부분이 좁아져서 짧은 잎자루로 된다. 꽃은 6월부터 가을까지 계속 피는데, 줄기나 가지 끝에 노란색 꽃이 3~5개씩 모여 달린다. 열매는 타원형이고, 중앙부가 옆으로 갈라져서 긴 대가 달린 종자가 많이 나온다. 종자는 작고 찌그러진 원형으로 검은빛을 띠며 가장자리가 약간 오돌토돌하다.

쇠비름 잎

쇠비름 약재(마치현)

효능 장수에 도움이 된다 하여 '장명채'라고 하며, 뇌 기능을 원활하게 하여 치매를 예방하고 콜레스테롤을 줄여 동맥 경화를 예방한다. 기력이 떨어질 때 물에 타서 마시면 열을 내리고 독을 풀어주는 효과가 있다. 또 악창과 종기를 치료하는 데에도 효과가 있다. 당뇨병 환자는 즙을 내어 먹거나 말린 것을 우려서 매일 마시면 좋다. 쇠비름을 끓인 물에 발을 담그면 습진이나 무좀 치료에 도움이 된다.

수레국화

Centaurea cyanus L.

- **이명** : 시차국, 남부용, 도깨비부채
- **영명** : Cornflower
- **분류** : 쌍떡잎식물 국화목 국화과
- **개화** : 6∼9월
- **높이** : 30∼90cm
- **꽃말** : 행복감, 미모, 가냘픔

수레국화 화분(현미경 사진)

수레국화 꽃(감청색)

수레국화 꽃(흰색)

수레국화는 두해살이풀로, 높이는 30~90cm이고 가지가 다소 갈라지며 흰색 솜털로 덮여 있다. 잎은 어긋나고 밑부분의 것은 길이 15cm 정도에 거꿀피침 모양이며 깃 모양으로 깊게 갈라진다. 윗부분의 것은 줄 모양이며 가장자리가 밋밋하고 흰색 솜털이 빽빽하게 나 있다. 꽃은 6월부터 가을까지 피는데, 가지와 원줄기 끝에 두상꽃차례로 1송이씩 달린다. 꽃의 빛깔은 감청색, 청색, 옅은 붉은색, 흰색 등 여러 가지이다. 꽃 전체의 형태는 방사형으로 배열되어 있고 모두 대롱꽃이지만 가장자리의 것은 특히 커서 혀꽃처럼 보인다. 열매는 삭과이며 7~8월에 익는다.

수레국화 줄기

수련

Nymphaea tetragona Georgi

- **이명** : 자오련
- **영명** : Water lily
- **분류** : 쌍떡잎식물 수련목 수련과
- **개화** : 6~8월
- **높이** : 1m
- **꽃말** : 청순한 마음

수련 꽃봉오리

수련 꽃

수련 잎

수련은 여러해살이 수중식물로, 굵고 짧은 땅속줄기에서 나온 긴 잎자루가 수면까지 자라 그 끝에 잎이 난다. 잎은 길이 5~12cm, 너비 8~15cm에 달걀상의 원형 또는 달걀상의 타원형으로 질이 두껍다. 밑부분은 화살의 밑부분처럼 깊이 갈라져 약간 떨어지거나 양쪽 가장자리가 거의 닿으며 가장자리가 밋밋하다. 잎의 앞면은 광택이 나는 녹색이고 뒷면은 흑자색이다. 꽃은 6~8월에 흰색으로 피며, 긴 꽃자루 끝에 1개씩 달린다. 꽃받침조각은 4개, 꽃잎은 8~15개이다. 수술과 암술은 많고 암술은 꽃받침에 반 정도 묻혀 있다. 꽃이 정오경에 피었다가 저녁 때 오므라드는데, 3~4일 동안 되풀이된다. 열매는 달걀 모양의 해면질이며 꽃받침으로 싸여 있다. 열매가 물속에서 썩어 다수의 종자가 나온다.

유사종

각시수련 *Nymphaea tetragona* var. *minima* (Nakai) W. T. Lee : 잎은 뿌리에서 모여나고 말굽 모양이며 수면 위로 뜬다. 잎밑은 심장 모양이고 끝이 날카로우며 윗부분보다 약간 길고 두껍다. 잎자루는 가늘고 길며 수면 위로 뜬다. 꽃은 피침 모양으로 뿌리에서 나온 긴 줄기 끝에 달리는데, 7~8월에 흰색으로 핀다. 꽃받침은 4개의 꽃받침조각으로 이루어져 있다.

남개연 *Nuphar pumila* var. *ozzense* (Miki) H. Hara : 잎은 달걀 모양이며 뿌리줄기 끝에서 나고 수면 위로 뜨는데, 잎자루 속은 차 있다. 꽃은 주걱 모양이고 수면 위로 올라온 꽃대 끝에 1송이씩 달리는데, 6~8월에 노란색으로 핀다. 꽃잎처럼 보이는 꽃받침도 노란색이며 달걀 모양이고, 5개의 꽃받침조각으로 이루어져 있다.

수박

Citrullus vulgaris Schrad.

- **이명** : 서과, 수과, 한과, 시과
- **영명** : Watermelon
- **분류** : 쌍떡잎식물 박목 박과
- **개화** : 5～6월
- **길이** : 2m
- **꽃말** : 큰마음

수박 화분(현미경 사진)

수박 잎

수박 줄기

수박 열매

수박은 덩굴성 한해살이풀로, 줄기는 길게 자라서 땅 위를 기며 2m가량 뻗고 가지가 갈라진다. 전체에 흰색 털이 있으며 마디에 덩굴손이 있다. 잎은 잎자루가 있고, 길이 10~18cm에 달걀 모양 또는 달걀상의 긴 타원형이며 깃 모양으로 깊게 갈라진다. 갈래조각은 3~4쌍이고, 녹색빛을 띤 흰색이며 가장자리에 불규칙한 톱니가 있다. 꽃은 5~6월에 연한 노란색으로 피며, 꽃부리는 지름 3.5cm 정도이고 꽃받침과 더불어 5개씩 갈라진다. 수꽃은 3개의 수술이 있고, 암꽃은 1개의 암술이 있으며 암술머리가 3개로 갈라진다. 열매는 장과로 공 모양 또는 타원형이며, 보통 5~6kg 정도로 크다. 열매 겉의 색은 여러 가지이고, 열매살은 즙이 많고 달며 보통 붉은색이지만 노란색 또는 흰색인 것도 있다. 종자는 길이 0.8~1.3cm에 달걀 모양으로 편평하고 검은색이며 500개 정도 들어 있다. 화분은 단립이고 크기는 중립이며 아장구형이다. 발아구는 3구형이고, 주변의 외표벽이 비후되어 있다. 표면은 유공상으로 구멍은 매우 작고 형태는 불규칙하며, 표면에 조밀하게 배열되어 있다.

효능 한방과 민간에서는 구창, 방광염의 치료와 보혈, 강장 등에 쓴다. 시원하고 독특한 맛이 있고 비타민 A와 다량의 수분을 함유하고 있어 이뇨 작용을 돕는다.

수선화

Narcissus tazetta var. *chinensis* Roem.

- **이명** : 수선, 설중화, 겹첩수선화
- **영명** : Daffodil
- **분류** : 외떡잎식물 백합목 수선화과
- **개화** : 12~이듬해 3월
- **높이** : 10~50cm
- **꽃말** : 선비, 신비, 자존심, 고결

수선화 꽃봉오리

수선화는 유럽, 지중해, 북아프리카, 중동부터 한국, 중국까지 분포하는 여러해살이풀로, 약 30종이 있다. 비늘줄기는 넓은 달걀 모양이며 껍질은 검은색이고, 둘레가 8cm인 소형에서부터 20cm에 이르는 대형인 것까지 있다. 줄기의 높이는 품종에 따라 10~50cm로 차이가 있다. 잎은 길이 12~50cm, 너비 0.5~3cm에 줄 모양이고 잎끝이 둔하며 녹색빛을 띤 흰색이다. 꽃은 12월부터 이듬해 3월까지 피는데, 꽃줄기 끝에 1송이가 달리거나 5~6송이의 꽃이 옆을 향해 달리며 산형꽃차례를 이룬다. 꽃의 빛깔은 노란색, 흰색, 다홍색, 담홍색 등 여러 가지이다. 몸통 부분의 길이는 1.8~2.0cm이고, 지름은 1.5cm 정도의 소륜에서 12cm에 이르는 대륜까지 있다. 꽃자루는 높이가 20~40cm이다. 꽃덮이조각은 가로로 퍼지며 덧꽃부리는 나팔 모양 또는 컵 모양이다. 꽃턱잎은 막질이며 꽃봉오리를 감싸고 있다. 6개의 수술은 덧꽃부리 밑에 달리고, 암술은 열매를 맺지 못하며 비늘줄기로 번식한다.

효능 생즙은 부스럼을 치료하는 효능이 있고, 비늘줄기는 거담, 백일해의 치료에 효과가 있다. 또 여성의 번열증을 치료하며, 꽃에서 짠 기름을 온몸에 바르면 풍 기운을 제거하는 효과가 있다. 거풍, 활혈의 효능이 있으며, 뿌리는 소종, 배농의 효능이 있다. 꽃잎은 해열과 부인병에 효과적이다.

수선화 꽃(흰색)

수선화 꽃(노란색)

수선화 잎

수수꽃다리

Syringa oblata var. *dilatata* (Nakai) Rehder

- **이명** : 큰꽃정향나무, 양정향나무
- **영명** : Dilatata lilac
- **분류** : 쌍떡잎식물 용담목 물푸레나무과
- **개화** : 4~5월
- **높이** : 2~3m
- **꽃말** : 첫사랑의 감격, 젊은 날의 추억, 청춘, 우애

수수꽃다리 화분(현미경 사진)

수수꽃다리는 낙엽활엽관목으로, 높이가 약 2~3m까지 자라며 가지는 많이 갈라져 넓게 퍼진다. 잎은 마주나고, 길이 6~12cm, 너비 5~8cm에 달걀 모양 또는 달걀상의 타원형이며 가장자리가 밋밋하다. 잎의 밑부분은 보통 둥글지만 드물게 넓은 쐐기 모양이나 얕은 심장 모양이다. 잎자루는 길이 1.5~3cm에 털이 없다. 꽃은 가지에 빽빽하게 달리며, 홑꽃이 피는 것과 겹꽃이 피는 것 등이 있다. 품종에 따라 흰색, 연보라색, 붉은 보라색 등의 꽃이 피는데, 하얀색 계통이 가장 흔하고 향기가 있다. 열매는 삭과이며 타원형에 끝이 뾰족하고 9~10월에 성숙한다. 화분은 단립이고 크기는 중립이며 구형이다. 발아구는 3구형이고 표면은 망상이며 망강이 넓고 망벽이 발달되어 있다.

효능 꽃을 달인 차의 쓴맛과 향기는 건위, 정장의 효능이 있으며 피로 회복과 이질 치료에 효과적이다.

수수꽃다리 꽃봉오리

수수꽃다리 꽃

수수꽃다리 잎

수수꽃다리 열매

수염패랭이꽃

Dianthus barbatus var. *asiaticus* Nakai

- **이명** : 가는잎수염패랭이꽃
- **영명** : Sweet william
- **분류** : 쌍떡잎식물 중심자목 석죽과
- **개화** : 6~8월
- **높이** : 30~50cm
- **꽃말** : 의협심

수염패랭이꽃 꽃봉오리

수염패랭이꽃 꽃(분홍색)

수염패랭이꽃 꽃이 시든 모습

수염패랭이꽃은 작은꽃턱잎이 가늘고 수염 모양이므로 이 이름이 붙여졌다. 여러해살이풀로, 높이가 30~50cm이다. 원줄기의 밑부분은 원주형이고 윗부분은 네모지며, 마디는 부풀고 털이 없다. 잎은 마주나고 밑부분이 좁아져 잎자루처럼 되며, 잎집처럼 합쳐져서 줄기를 감싼다. 줄기잎은 타원상의 피침 모양이고 밑부분의 가장자리에 잔털이 있다. 뿌리잎은 뭉쳐나며 거꿀달걀상의 피침 모양이다. 꽃은 6~8월에 피고 지름 1cm 정도이며 흔히 붉은 바탕에 짙은 무늬가 있지만 빛깔이 여러 가지이다. 취산꽃차례는 원줄기 끝에 달리고 빽빽이 모여 있어 산방상으로 보인다. 꽃받침조각과 꽃잎이 각각 5개이고, 꽃잎은 겹으로 된 것도 있으며 끝에 톱니가 있고, 밑부분에는 털이 있다. 수술은 10개이고 암술대는 2개로 갈라진다. 작은꽃턱잎은 가장자리가 막질이고 수염처럼 길며 열매를 감싼다. 열매는 삭과이며 8월에 익는다.

유사종

갯패랭이꽃 *Dianthus japonicus* Thunb. : 뿌리잎은 거꿀피침 모양에 짧은 잎자루가 있고 가장자리에 털이 있으며, 방석처럼 퍼진다. 줄기잎은 마주나며 긴 피침 모양 또는 달걀상의 피침 모양이다. 잎끝은 뾰족하거나 둔하고, 잎밑은 합쳐져서 통으로 되며 가장자리에 털이 있다. 꽃은 취산꽃차례로 달리며, 7~8월에 진분홍색으로 핀다.

구름패랭이꽃 *Dianthus superbus* var. *alpestris* Nakai : 잎은 마주나며 줄 모양 또는 좁은 피침 모양이고, 잎밑이 줄기를 감싼다. 꽃은 줄기 끝에 달리는데, 5장의 꽃잎은 끝이 가늘고 길게 갈라지며, 6~7월에 보라색으로 핀다.

난쟁이패랭이꽃 *Dianthus chinensis* var. *morii* (Nakai) Y. C. Chu : 잎은 마주나며 가는 줄 모양으로 잎끝이 뾰족하고 잎밑은 서로 붙어서 줄기를 감싼다. 꽃은 줄기 끝에서 1송이씩 달리는데, 5장의 꽃잎 끝에는 불규칙한 톱니가 있으며, 6~7월에 자주색으로 핀다.

술패랭이꽃 *Dianthus longicalyx* Miq. : 잎은 어긋나며 줄 모양 또는 좁은 피침 모양이고 줄기를 감싼다. 꽃은 가지와 줄기 끝에서 취산꽃차례로 달리는데, 7~8월에 분홍색으로 핀다. 5장의 꽃잎은 가운데 부분까지 가늘고 길게 갈라지며, 꽃잎 아래에는 수염 털이 난다.

술패랭이꽃

Dianthus longicalyx Miq.

- **이명** : 술패랭이, 장통구맥
- **영명** : Longcalyx pink
- **분류** : 쌍떡잎식물 중심자목 석죽과
- **개화** : 7~8월
- **높이** : 30~100cm
- **꽃말** : 사랑, 평정

술패랭이꽃 종자 결실

술패랭이꽃은 산이나 들에서 자라는 여러해살이풀로, 높이는 30~100cm이다. 줄기는 곧게 서고 여러 줄기가 한 포기에서 모여나는데, 자라면서 가지를 치고 털이 없으며 전체적으로 분백색을 띤다. 잎은 마주나고 길이 4~10cm, 너비 0.2~1cm에 선상 피침 모양이다. 잎의 양끝이 좁으며 가장자리가 밋밋하고 밑부분이 합쳐져서 마디를 둘러싼다. 꽃은 7~8월에 피는데, 지름 5cm 안팎의 연한 홍자색 꽃이 줄기와 가지 끝에 달린다. 꽃턱잎은 3~4쌍이고 달걀 모양이며, 윗부분의 것은 크고 밑부분의 것일수록 길고 뾰족하다. 꽃받침통은 길이 2.5~4cm의 긴 원형이며 윗부분의 꽃턱잎보다 3~4배 길다. 꽃받침은 5개로 갈라지며 꽃받침조각은 피침 모양으로 끝이 날카롭다. 꽃잎은 5개이며 끝이 깊고 잘게 갈라지는데, 그 밑부분에 자줏빛을 띤 갈색 털이 있다. 수술은 10개로 길게 나오며, 암술대는 2개이고 씨방은 1개이다. 열매는 삭과로 원기둥 모양에 끝이 4개로 갈라지며 꽃받침통 속에 있고, 9월에 익는다.

술패랭이꽃 꽃

술패랭이꽃 잎

효능 꽃이나 열매가 달린 전초를 그늘에 말려서 약용하는데, 이뇨제, 통경제로 쓰이며 방광염, 요도염, 급성 신우염, 수종, 임질, 치질, 난산, 인후염에 효과가 있다.

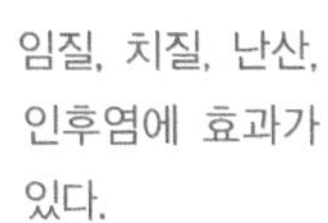

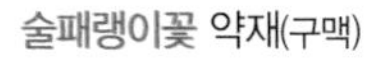

술패랭이꽃 약재(구맥)

술패랭이꽃 줄기

쉬나무

Evodia daniellii Hemsl.

- **이명** : 수유나무, 시유나무, 쇠동나무, 소동백나무
- **영명** : Korean evodia
- **분류** : 쌍떡잎식물 무환자나무목 운향과
- **개화** : 8월
- **높이** : 10~20m
- **꽃말** : 신중함

쉬나무 화분(현미경 사진)

쉬나무는 산기슭에서 자라는 낙엽교목으로, 높이는 10~20m에 달한다. 작은가지는 회갈색이며 잔털이 있으나 점차 없어지고 2년생 가지는 적갈색으로 껍질눈이 특히 발달한다. 잎은 마주나고 깃꼴겹잎이다. 잔잎은 7~11개로 타원형 또는 달걀 모양이다. 잎의 표면은 짙은 녹색이고 털이 없으며 뒷면은 회녹색이고 꼬부라진 털이 있다. 잎 가장자리에 잔톱니가 있다. 꽃은 잡성화 또는 암수딴그루이며, 8월에 가지 끝에 흰색으로 피는데 향기가 적다. 헛수술과 암술대는 각각 5개이다. 열매는 삭과로 둥글고 끝이 뾰족하며, 10월에 붉은색으로 익는다. 종자는 타원형이며 검은색을 띤다. 화분은 단립이고 크기는 소립이며 약단구형이다. 발아구는 3구형이고 주변의 외표벽이 비후되어 교각을 형성한다. 표면은 망상으로 망은 성기게 배열되어 있으며 망강은 뚜렷하고 망벽은 잘 발달되어 있다.

효능 덜 익은 열매는 '오수유', 뿌리는 '오수유근', 잎은 '오수유엽'이라 하여 약용한다. 열매는 건위, 진통, 이뇨, 구충에 널리 쓰인다. 뿌리 또는 인피(靭皮)는 9~10월에 채취하여 햇볕에 말려서 약용한다.

쉬나무 꽃봉오리

쉬나무 꽃

쉬나무 잎

쉬나무 종자 결실

쉬땅나무

Sorbaria sorbifolia var. *stellipila* Maxim.

- **이명** : 개쉬땅나무, 쉬나무, 빕쉬나무
- **영명** : False spiraea
- **분류** : 쌍떡잎식물 장미목 장미과
- **개화** : 6~7월
- **높이** : 2m
- **꽃말** : 신중함

쉬땅나무 화분(현미경 사진)

쉬땅나무 꽃봉오리

쉬땅나무 꽃

쉬땅나무는 산기슭 계곡이나 습지에서 자라는 낙엽활엽관목으로, 높이는 2m 정도이다. 많은 줄기가 한군데에서 모여나며 털이 없거나 별 모양 털이 있다. 잎은 어긋나고 깃꼴겹잎이며 잔잎은 13~23개이다. 잔잎은 길이 6~10cm, 너비 1.5~2cm에 피침 모양 또는 달걀상의 피침 모양이다. 잎의 표면에는 털이 없고 뒷면에 별 모양 털이 있다. 잎끝은 꼬리처럼 뾰족하고 가장자리에 겹톱니가 있으며 잎자루에 털이 있다. 꽃은 6~7월에 피며, 가지 끝에 흰색 꽃이 복총상꽃차례를 이루며 많이 달린다. 꽃받침조각과 꽃잎은 각각 5개이고, 수술은 40~50개이며 꽃잎보다 길다. 열매는 5개의 골돌로 되며, 길이 0.6cm 정도에 긴 원형으로 9~10월에 익는다.

쉬땅나무 잎

효능 줄기껍질을 '진주매'라 하여 약용하는데, 가을, 겨울에 따서 햇볕에 말려 쓴다. 활혈, 거어, 소종, 지통의 효능이 있고 골절, 타박상을 치료한다.

신갈나무

Quercus mongolica Fisch. ex ledeb.

- **이명** : 소엽곡수, 청각력, 청각수, 재자리나무
- **영명** : Mongolian oak
- **분류** : 쌍떡잎식물 참나무목 참나무과
- **개화** : 4~5월
- **높이** : 30m
- **꽃말** : 붙임성이 좋음

신갈나무 화분(현미경 사진)

신갈나무는 낙엽활엽교목으로, 높이는 30m 정도이다. 잎은 어긋나지만 가지 끝에서는 여러 장이 모여나기한 것처럼 달린다. 길이 7~20cm, 너비 5~10cm에 거꿀달걀 모양 또는 긴 타원형으로 우상맥이 있으며, 가장자리에 톱니가 있는 것과 없는 것이 있다. 잎의 앞면은 노란빛을 띤 짙은 녹색으로 윤기가 있으며, 뒷면은 노란빛을 띤 녹색이다. 꽃은 암꽃과 수꽃이 한 나무에 피는데, 수꽃은 햇가지 아래쪽에 처진 꼬리 모양으로 뭉쳐서 달리고 각 수꽃에 1~17개의 수술과 3~12갈래로 갈라진 꽃덮이가 있으며 노란 녹색을 띤다. 암꽃은 햇가지 위쪽에 겨울눈 모양으로 1개 또는 여러 개가 달리며 각 암술에 1~5개의 암술머리와 6갈래로 갈라진 꽃덮이가 있다. 열매는 견과로 타원형이며, 깍정이의 비늘잎이 구부러져 등이 툭 튀어나오고, 9월~10월 초에 성숙한다. 화분은 단립이고 크기는 중립이며 약장구형이다. 발아구는 3구형이고 표면은 미립상이며 작은 돌기가 불규칙하게 존재한다.

효능 열매의 주성분은 녹말이며 특수 성분으로서 타닌이 들어 있다. 숙취 해소나 중금속 배출 등 몸속의 각종 독소를 풀어주거나 배출하는 효과가 있고, 탄수화물과 수분 함량이 많아 다이어트 식품 또는 대체 식품 등으로 쓰인다. 하지만 떫은맛을 내는 타닌 때문에 너무 많이 먹으면 소화 불량과 변비의 위험이 있다.

신갈나무 암꽃

신갈나무 수꽃

신갈나무 잎

신갈나무 열매

신나무

Acer tataricum subsp. *ginnala* (Maxim.) Wesm.

- **이명** : 시닥나무, 시다기나무, 광리신나무, 괭이신나무
- **영명** : Amur maple
- **분류** : 쌍떡잎식물 무환자나무목 단풍나무과
- **개화** : 5~6월
- **높이** : 8m
- **꽃말** : 가을의 연인

신나무 잎

신나무는 산과 들에서 자라는 낙엽활엽소교목으로, 높이는 8m에 달한다. 나무껍질은 회색 또는 흑갈색이며 세로로 갈라진다. 잎은 마주나고 밑부분에서 3갈래로 얕게 갈라진다. 잎끝은 길게 뾰족하며 가장자리에 불규칙한 겹톱니가 있다. 잎의 표면은 녹색에 광택이 나며 뒷면에는 갈색 털이 있다. 단풍이 매우 아름다워 조경수로 많이 심는다. 꽃은 잡성주로, 5~6월에 황백색 꽃이 가지 끝에 복산방꽃차례로 달리며 향기가 있다. 수꽃은 꽃받침조각과 꽃잎이 5개씩 있고 8개의 수술이 있으며 수술대는 흰색이다. 암수한꽃은 꽃받침조각과 꽃잎이 5개씩 있고 8~9개의 수술이 있으며, 암술은 1개이고 흰색 털이 빽빽이 나 있다. 열매는 시과이며, 길이 4~5cm에 날개가 거의 평행하거나 서로 합쳐지고, 8월 중순부터 익는다.

효능 어린순과 잎은 간염, 눈병에 쓴다. 약으로 쓸 때는 달이거나 생즙을 내어 사용한다.

신나무 꽃

신나무 나무껍질

신나무 덜 익은 열매

신나무 익은 열매

싸리

Lespedeza bicolor Turcz.

- **이명** : 싸리나무
- **영명** : Japanese bush clover, Shrubby lespedeza
- **분류** : 쌍떡잎식물 콩목 콩과
- **개화** : 7~8월
- **높이** : 2~3m
- **꽃말** : 상념, 사색

싸리 화분(현미경 사진)

싸리는 낙엽활엽관목으로, 높이는 2~3m이다. 줄기는 곧게 서고 가지가 많이 갈라진다. 잎은 어긋나고 3출 겹잎이며, 잔잎은 넓은 달걀 모양 또는 거꿀달걀 모양이다. 중앙의 잔잎은 길이 1.5~6cm, 너비 1~3.5cm이고, 양쪽의 것은 약간 작다. 잎의 밑부분은 약간 오목하고 잎맥의 연장인 짧은 바늘 모양 돌기가 있으며 뒷면에 누운 털이 있다. 꽃은 7~8월에 잎겨드랑이 또는 가지 끝에 원추꽃차례로 달리며, 빛깔은 진한 자주색 또는 분홍색이고 꽃밥은 노란색이다. 꽃대는 길이 2~8cm로 잎보다 길고, 다소 느슨하게 4~12개의 꽃송이가 있다. 열매는 협과로 넓은 타원형이며 끝이 부리처럼 길고, 누운 털이 약간 있다. 종자는 콩팥 모양이고, 갈색 바탕에 짙은 색의 반점이 있으며 10월에 익는다.

좋은 밀원 식물이며, 겨울에는 땔감으로 쓴다. 잎은 사료로, 줄기에서 벗긴 껍질은 섬유 자원으로 이용하기도 한다.

싸리 잎

싸리 줄기

싸리 종자 결실

효능 잎과 가지를 약재로 쓴다. 해열, 이뇨의 효능이 있으며 폐에 이롭다고 한다. 적용질환은 기침, 백일해, 소변이 잘 나오지 않는 증세, 임질 등이다.

유사종

조록싸리 *Lespedeza maximowiczii* C.K. Schneid. : 높이 1~2m이고 밑에서 줄기가 돋아나 많은 가지로 갈라진다.

풀싸리 *Lespedeza thunbergii* (DC.) Nakai : 8~9월에 피는 꽃은 붉은 자주색이고 가지 끝부분의 잎겨드랑이에서 원추꽃차례를 이룬다. 지상부의 대부분이 말라 죽는다.

땅비싸리 *Indigofera kirilowii* Maxim. ex Palib. : 5월경 잎겨드랑이에서 분홍색 꽃이 핀다.

털조록싸리 *Lespedeza maximowiczii* var. *tomentella* : 꽃잎 뒷면은 연한 보라색이고 안쪽은 진한 자주색이다.

흰싸리 *Lespedeza bicolor* f. *alba* (Bean) Ohwi : 흰색 꽃이 핀다.

털싸리 *Lespedeza bicolor* var. *sericea* : 잎 뒷면에 털이 많고 회백색이다.

땅비싸리

쑥갓

Chrysanthemum coronarium L.

- **이명** : 동호, 춘국
- **영명** : Crowndaisy chrysanthemum
- **분류** : 쌍떡잎식물 국화목 국화과
- **개화** : 5월
- **높이** : 30~60cm
- **꽃말** : 상큼한 사랑

쑥갓 잎

쑥갓 꽃봉오리

쑥갓 줄기

쑥갓은 두해살이풀로, 높이는 30~60cm이다. 전체적으로 털이 없으며 독특한 향기가 있다. 잎은 어긋나고 2회 깃꼴로 깊게 갈라지며 잎자루가 없다. 갈래조각은 다시 깃꼴 또는 톱니 모양으로 갈라지며 다소 두껍다. 꽃은 5월에 흰색 또는 노란색으로 피며, 가지와 원줄기 끝에 두상꽃차례가 1개씩 나온다. 꽃의 지름은 3cm 정도이고 가장자리에 혀 모양의 암꽃이 달리며 중앙부에 대롱 모양의 암수한꽃이 달린다. 총포조각은 넓으며 가장자리가 건막질이다. 열매는 수과로 길이 0.25cm 정도에 삼각기둥 또는 사각기둥 모양이다. 모서리는 날개처럼 약간 도드라지며 연하거나 짙은 갈색이다.

 비장과 위장를 보양하고 담음을 가라앉히는 효능이 있다.

유사종

국화 *Chrysanthemum morifolium* Ramat. : 잎은 어긋나며, 달걀 모양에 깃꼴로 가운데 부분까지 갈라진다. 갈래조각은 불규칙하고 깊게 파이며 톱니가 있다. 잎밑은 심장 모양이고, 잎자루가 있다. 꽃은 원줄기 위쪽의 가지 끝에서 두상꽃차례로 달리며, 가을에 노란색 · 흰색 · 빨간색 · 보라색 등으로 핀다.

마키노국화 *Dendranthema makinoi* (Matsum.) Y. N. Lee : 잎은 어긋나며 달걀 모양 또는 넓은 달걀 모양으로 가운데 부분까지 3갈래로 갈라지며, 가장자리에는 크고 둔한 톱니가 있다. 갈래조각은 다시 1~2갈래로 갈라진다. 잎 앞면은 선명한 녹색이며 짧은 털이 나 있고, 뒷면은 털이 많이 나 있으며 흰빛을 띤 녹색이다. 꽃은 줄기 또는 가지 끝에서 두상꽃차례로 달리는데 그 모습이 산방꽃차례처럼 보이기도 하며, 9~10월에 노란색으로 핀다.

불란서국화 *Chrysanthemum leucanthemum* L. : 뿌리잎은 거꿀달걀 모양에 긴 잎자루가 있고, 가장자리는 얕게 갈라지거나 불규칙한 톱니가 있다. 줄기잎은 줄 모양 또는 주걱 모양이다. 꽃은 줄기 끝에서 두상꽃차례로 달리는데, 5~8월에 노란색으로 핀다.

쑥부쟁이

Aster yomena (Kitam.) Honda

- **이명** : 권영초, 왜쑥부쟁이, 가새쑥부쟁이
- **영명** : Yomena aster
- **분류** : 쌍떡잎식물 국화목 국화과
- **개화** : 7～10월
- **높이** : 30～100cm
- **꽃말** : 기다림, 그리움

쑥부쟁이 화분(현미경 사진)

쑥부쟁이는 봄에 싹이 돋을 때 자주색을 띠어 쉽게 눈에 띄므로 '자채(紫菜)'라고도 한다. 여러해살이풀로, 높이는 30~100cm이다. 뿌리줄기가 옆으로 뻗으며, 원줄기는 처음 나올 때 붉은빛을 띠지만 점차 녹색 바탕에 자줏빛을 띤다. 잎은 어긋나고 길이 8~10cm, 너비 3cm 안팎으로 달걀상의 긴 타원형이며 위쪽으로 갈수록 크기가 작아진다. 잎의 표면은 녹색에 윤이 나고 가장자리에는 거친 톱니가 있다. 뿌리잎은 꽃이 필 때 진다. 꽃은 7~10월에 피는데, 혀꽃은 연한 자주색이고 대롱꽃은 노란색이다. 가지 끝에 두상화가 1개씩 달리며 지름은 2.5cm이다. 총포는 녹색이고 공을 반으로 자른 모양이며, 꽃턱잎조각이 3줄로 늘어선다. 열매는 수과로 달걀 모양이고 털이 있으며 10~11월에 익는다. 갓털은 길이가 약 0.05cm이며 붉은색이다.

효능 정유가 함유되어 있어 맛이 졸깃하고 풍미가 있다. 특히 비타민 C가 풍부하여 한방에서는 해열제와 이뇨제로 쓴다. 잎에서 즙을 내어 벌레 물린 데에 사용하며 항균 작용도 한다.

쑥부쟁이 꽃

쑥부쟁이 잎

쑥부쟁이 줄기

쑥부쟁이 종자 결실

아까시나무

Robinia pseudoacacia L.

- **이명** : 아카시아
- **영명** : False acasia
- **분류** : 쌍떡잎식물 콩목 콩과
- **개화** : 5~6월
- **높이** : 25m
- **꽃말** : 품위

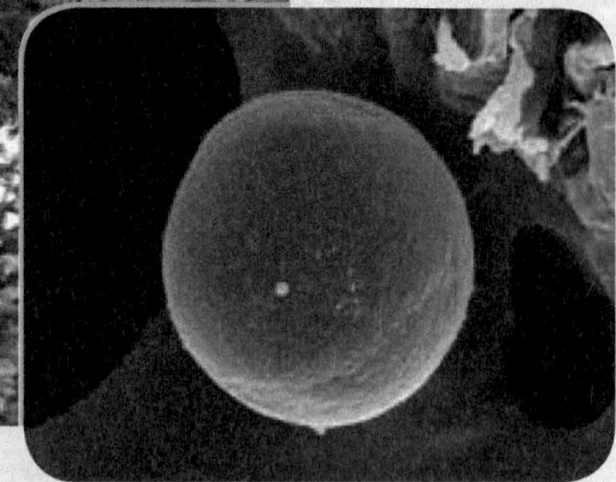

아까시나무 화분(현미경 사진)

아까시나무 꽃

아까시나무 잎

아까시나무는 산과 들에서 자라는 낙엽활엽교목으로, '아카시나무'라고도 한다. 뿌리에 질소 고정 박테리아가 있어서 척박한 땅에서도 잘 자라는 속성 수종으로 사방공사에 이용되었다. 높이는 25m에 달하고, 나무껍질은 노란빛을 띤 갈색이며 세로로 갈라지고 턱잎이 변한 가시가 있다. 잎은 어긋나고 홀수깃꼴겹잎이며, 잔잎은 9~19개이다. 잔잎은 2.5~4.5cm에 타원형 또는 달걀 모양이며 양면에 털이 없고 가장자리가 밋밋하다. 꽃은 5~6월에 피는데, 일년생가지의 잎겨드랑이에서 나온 길이 10~20cm의 총상꽃차례에 달린다. 꽃의 빛깔은 흰색이지만 기부는 누른빛이 돌며 향기가 진하다. 우리나라에서 생산되는 꿀의 약 80%가 아까시나무 꿀이다. 열매는 길이 5~10cm에 넓은 줄 모양으로 편평하고 털이 없다. 종자는 5~10개씩 들어 있으며 콩팥 모양이고 9월에 흑갈색으로 익는다. 화분은 단립이고 크기는 중립이며 아장구형이다. 발아구는 3구형이고 표면은 평활상이며 작은 구멍이 있다.

아까시나무 열매

효능 성질이 평하고 맛은 달다. 꽃은 '자괴화'라 하며, 대장 하혈, 객혈을 멎게 하고 홍붕(紅崩)을 치료한다.

꽃아까시나무 *Robinia hispida* L. : 높이가 1m 정도이며, 줄기와 가지 등에 길고 억센 붉은색 털이 난다.

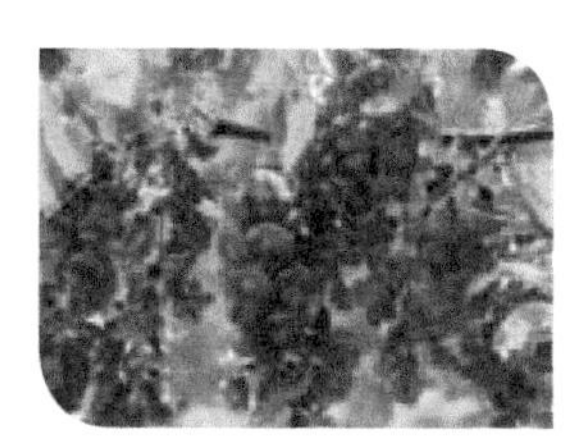
꽃아까시나무

애기똥풀

Chelidonium majus var. *asiaticum* L.

- **이명** : 산황령, 까치다리, 젖풀, 아기똥풀
- **영명** : Greater celandine
- **분류** : 쌍떡잎식물 양귀비목 양귀비과
- **개화** : 5~8월
- **높이** : 30~80cm
- **꽃말** : 몰래 주는 사랑, 엄마의 사랑과 정성, 미래의 기쁨

애기똥풀 화분(현미경 사진)

애기똥풀 잎

애기똥풀 열매

애기똥풀은 상처를 내면 귤색의 유액이 나오므로 이 이름이 붙여졌다. 동아시아 지역에 널리 분포하는 두해살이풀로, 마을 근처의 길가나 풀밭에서 자란다. 높이가 30~80cm이고, 가지가 많이 갈라진다. 줄기는 흰색을 띠며 속이 비어 있는데, 상처를 내면 귤색의 젖 같은 액즙이 나온다. 뿌리는 곧고 땅속 깊이 들어간다. 잎은 마주나고 1~2회 깃 모양으로 갈라진다. 잎의 길이는 7~15cm이고 잎끝이 둔하며 가장자리에 둔한 톱니와 함께 깊이 패어 들어간 모양이 있다. 잎의 표면은 녹색이고 뒷면은 흰색이다. 꽃은 5~8월에 노란색으로 피며, 줄기 윗부분의 잎겨드랑이에서 나온 가지 끝에 산형꽃차례를 이룬다. 꽃의 지름은 2cm이고, 꽃받침조각은 2개이며 길이 0.6~0.8cm의 타원형이고 일찍 떨어진다. 꽃잎은 4개이고 길이 1.2cm의 긴 달걀 모양이다. 수술은 많고 암술은 1개이며 암술머리는 약간 굵고 끝이 2개로 얕게 갈라진다. 열매는 삭과로 길이가 3~4cm이며 좁은 원기둥 모양이다. 화분은 단립이고 크기는 중립이며 장구형이다. 발아구는 3구형이고 표면은 망상이며 망강은 작고 미립상의 돌기가 있다.

효능 한방에서는 전초를 '백굴채'라고 하여 약용한다. 유액에 켈리도닌, 프로토핀, 호모켈리도닌 등의 알칼로이드가 함유되어, 위장염과 위궤양 등으로 인한 복부 통증에 진통제로 쓴다. 또한 이질, 황달형 간염, 피부 궤양, 결핵, 옴, 버짐 등의 치료에 사용한다. 습진에 바로 딴 잎을 붙이면 효과가 있고, 사마귀를 없애는 데 즙액을 붙여 치료한다.

애기똥풀 약재(백굴채)

앵도나무

Prunus tomentosa Thunb.

- **이명** : 앵두, 앵두나무, 천금
- **영명** : Korean cherry, Manchu cherry
- **분류** : 쌍떡잎식물 장미목 장미과
- **개화** : 4월
- **높이** : 3m
- **꽃말** : 수줍음

앵도나무 화분(현미경 사진)

앵도나무 꽃

앵도나무 잎

앵도나무는 낙엽활엽관목으로, 높이는 3m 정도이다. 가지가 많이 갈라지며 나무껍질은 흑갈색이다. 잎은 어긋나고 길이 5~7cm, 너비 3~4cm에 거꿀달걀 모양 또는 타원형이다. 잎 가장자리에 잔톱니가 있으며 주름이 많다. 잎의 표면에는 잔털이 있으며 뒷면에 흰색 융털이 많이 나 있다. 꽃은 4월에 잎보다 먼저 또는 잎과 함께 피는데, 흰색 또는 옅은 붉은색으로 둥글며 1송이 또는 2송이씩 달린다. 꽃잎은 거꿀달걀 모양이며, 연한 홍색 또는 흰색이다. 열매는 핵과로, 지름 0.5~1.2cm의 공 모양이며 잔털이 있고 6월에 붉은색으로 익는다. 화분은 4립이고 크기는 중립이며 사면체형이다. 발아구는 3구형이며 표면은 평활상 또는 난선상이며 선은 미세하고 불규칙하게 배열되어 있다.

앵도나무 열매

효능 한방에서는 열매와 가지를 약용한다. 열매는 이질과 설사에 효과가 있고 기운을 북돋우며, 불에 탄 가지의 재를 술에 타서 마시면 복통과 전신통에 효과가 있다. 가을에 열매를 따서 종자를 꺼내어 속껍질을 제거하고 종인만 햇볕에 말려 약용하는데, 이것을 '욱리인'이라 한다. 욱리인은 아미그달린을 함유하고 있다.

앵도나무 약재(앵도)

약모밀

Houttuynia cordata Thunb.

- **이명** : 삼백초, 어성초
- **영명** : Heartleaf houttuynia
- **분류** : 쌍떡잎식물 후추목 삼백초과
- **개화** : 5~6월
- **높이** : 20~50cm
- **꽃말** : 기다림

약모밀 화분(현미경 사진)

약모밀 꽃

약모밀 잎

약모밀은 남부 지방 및 제주도, 울릉도에 야생하는 여러해살이풀이다. 높이는 20~50cm이고, 줄기의 아래쪽은 누워 자라며 마디에서 뿌리가 내린다. 원줄기는 곧게 자라고 잎과 더불어 털이 없다. 줄기에서 갈라진 가지에는 털이 나 있고 몇 개의 세로줄이 있다. 뿌리는 연하고 흰색이며 옆으로 길게 뻗는다. 잎은 어긋나고, 길이 3~8cm, 너비 3~6cm에 넓은 달걀 모양 또는 달걀상의 심장 모양이다. 잎에는 뚜렷한 5출맥이 있고 빛깔은 연한 녹색이다. 잎끝이 뾰족하고 밑부분은 약간 심장 모양이며 가장자리에 톱니가 없다. 턱잎이 잎자루 밑에 붙어 있다. 꽃은 5~6월에 피는데, 줄기 끝의 수상꽃차례에 많은 꽃이 빽빽하게 달리며, 꽃차례는 전체가 한 송이의 꽃처럼 보인다. 꽃차례 아래쪽에 꽃덮이조각이 4장 있는데, 길이 1.5~2cm에 흰색이며 꽃잎처럼 보인다. 수술은 3개이며, 암술보다 길다. 열매는 삭과로 3개이며 암술대 사이에서 갈라져 연한 갈색 종자가 나온다.

약모밀 종자 결실

화분은 단립이고 크기는 중립이며 구형이다. 발아구는 단구형이고 표면은 평활상이다.

약모밀 약재(어성초)

효능 잎줄기는 수종, 임질, 요도염, 방광염, 매독, 중이염, 중풍, 간염, 폐렴, 고혈압 등의 치료에 쓰고 해열, 이뇨 등의 효능이 있다. 몸에 열이 나거나 부스럼이 많이 생길 때 약모밀 물로 목욕하면 효과적이다. 또는 치질의 환부, 부인병 등에 따뜻한 증기를 쐬면 효과가 있다.

엉겅퀴

Cirsium japonicum var. *ussuriense* Kitamura

- **이명** : 가시나물, 항가새
- **영명** : Korean thistle, Ussuri thistle
- **분류** : 쌍떡잎식물 국화목 국화과
- **개화** : 6~8월
- **높이** : 50~100cm
- **꽃말** : 엄격, 근엄

엉겅퀴 화분(현미경 사진)

엉겅퀴 꽃봉오리

엉겅퀴 꽃

엉겅퀴 잎

엉겅퀴 종자 결실

엉겅퀴는 전국 각지의 산과 들에 자라는 여러해살이풀로, 높이는 50~100cm이다. 전체에 흰색 털과 거미줄 같은 털이 있으며 가지가 갈라진다. 잎은 깃 모양으로 6~7쌍 갈라지고, 갈라진 가장자리가 다시 갈라진다. 잎의 길이는 15~30cm, 너비는 6~15cm에 타원형이고 밑부분은 원줄기를 감싸며 가장자리에 톱니와 함께 가시가 있다. 뿌리잎은 꽃이 필 때까지 남아 있고 줄기잎보다 크다. 꽃은 6~8월에 피는데, 지름 3~5cm의 자주색 또는 붉은색 꽃이 가지 끝과 원줄기 끝에 1개씩 달린다. 열매는 수과로 길이가 0.35~0.4cm이며 갓털은 길이가 1.6~1.9cm이고 흰색이다.

효능 한방에서 어혈을 푸는 약재로 많이 쓰며, 남녀의 정력 증강에 효과가 있는 것으로 알려져 있다.

엉겅퀴 약재(대계)

에키네시아

Echinacea purpurea L.

- **이명** : 드린국화
- **영명** : Echinacea
- **분류** : 쌍떡잎식물 국화목 국화과
- **개화** : 7~10월
- **높이** : 1~2m
- **꽃말** : 영원한 행복

에키네시아 화분(현미경 사진)

에키네시아는 꽃잎이 아래로 드리워진다고 하여 '드린국화'라고도 하는데, 국화와는 전혀 다르며 루드베키아나 구절초와 비슷하다. 북아메리카 원산이며, 인디언들이 가정 비상약으로 이용해온 민간 약초이다. 여러해살이풀로, 높이는 1~2m이다. 잎은 어긋나고 달걀상의 피침 모양이며 보통 가장자리에 톱니가 있다. 꽃은 7~10월에 피며, 줄기와 가지 끝에 두상화가 달린다. 두상화는 자주색이지만 흰색도 있으며, 혀꽃은 길이 7.5cm로 퍼지거나 밑으로 처진다. 열매는 수과이며 길이가 0.5cm 정도이고, 흰색 갓털이 있다.

에키네시아 꽃

에키네시아 잎

에키네시아 줄기

에키네시아 종자 결실

여우팥

Dunbaria villosa (Thunb.) Makino

- **이명** : 여호팥, 덩굴돌팥, 돌팥, 새콩
- **영명** : Villous dunbaria
- **분류** : 쌍떡잎식물 콩목 콩과
- **개화** : 7∼8월
- **길이** : 50∼200cm
- **꽃말** : 기다림, 잃어버린 사랑

여우팥 익은 열매

여우팥 꽃

여우팥 잎

여우팥은 남부 지방의 산이나 들에 나는 덩굴성 여러해살이풀로, 햇볕이 잘 드는 곳에서 자란다. 줄기는 길이가 50~200cm이고, 다른 물체를 감고 올라가며 전체에 털이 많다. 잎은 어긋나며 3출 겹잎이고, 잔잎은 길이와 너비가 약 1.5~3cm로 삼각형이다. 잎 끝이 뾰족하고 잎자루는 길다. 잎에 비스듬하게 선 짧은 털이 많이 나 있고 뒷면에 적갈색 샘점이 있다. 꽃은 7~8월에 노란색으로 피는데, 잎겨드랑이에서 나온 짧은 총상꽃차례에 3~8송이의 꽃이 달린다. 꽃받침은 샘털이 빽빽이 나 있고 밑의 갈래조각이 가장 길며, 용골판은 반 정도 오른쪽으로 말리고 꿀주머니가 없다. 열매는 협과이며 9~10월경에 결실한다. 열매의 길이는 4.5~5cm, 너비는 약 0.8cm로 가늘고 길게 달리며, 6~8개의 종자가 들어 있다.

여우팥 덜 익은 열매

연꽃

Nelumbo nucifera Gaertner

- **이명** : 가시련, 가시연, 개연, 철남성
- **영명** : Sacred lotus, East Indian lotus
- **분류** : 쌍떡잎식물 미나리아재비목 수련과
- **개화** : 7~8월
- **높이** : 1m
- **꽃말** : 소원해진 사랑

연꽃 화분(현미경 사진)

연꽃은 여러해살이 수생식물로, 연못에서 자라는 청결하고 고귀한 식물이다. 뿌리가 옆으로 길게 뻗고, 원주형으로 마디가 많으며 가을에 끝부분이 특히 굵어진다. 잎은 뿌리줄기에서 나오고 잎자루가 길며 물 위로 높이 솟는다. 잎의 지름은 40cm 정도이고 원형에 가까운 방패 모양이며, 백록색이다. 잎맥이 사방으로 퍼지며, 물에 잘 젖지 않는다. 꽃은 7~8월에 연한 홍색 또는 흰색으로 피며, 줄기 끝에 지름 15~20cm의 커다란 꽃이 1송이 달린다. 꽃받침은 4~5조각이며 녹색이고, 꽃잎은 여러 개이며 거꿀달걀 모양이다. 열매는 수과로 길이 2cm 정도의 타원형이며 검게 익는다.

연꽃 꽃(흰색꽃)

연꽃 잎

효능 종자를 '연자육'이라 하며, 자양, 보비, 익신, 진정, 수렴, 지사의 효능이 있어 신체 허약, 위장염, 불면 등의 치료에 쓴다. 잎은 수종, 소변불리, 토혈, 변혈, 붕루 등의 증상에 이용한다. 연근은 지사제나 건위제로 이용한다.

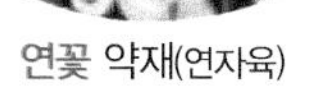

연꽃 약재(연자육)

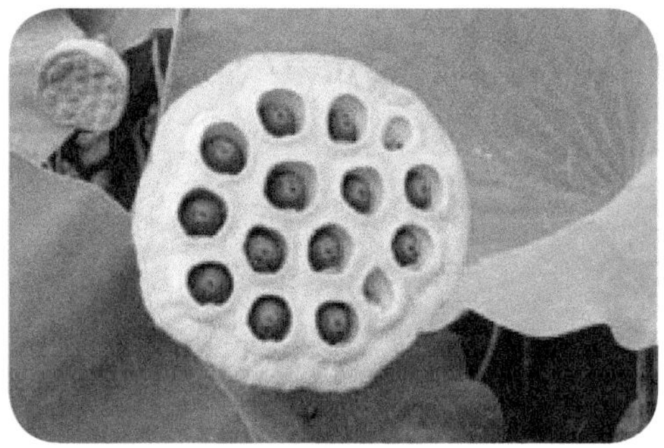

연꽃 열매

유사종

노랑어리연꽃 *Nymphoides peltata* (Gmelin) Kuntze : 꽃의 지름이 3~4cm이고 생김새는 오이꽃과 비슷하다.

수련 *Nymphaea tetragona* Georgi : 잎의 밑부분이 2개로 갈라져 있다.

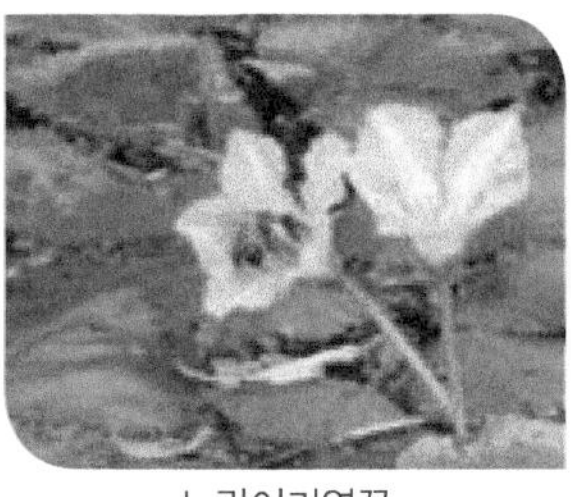

노랑어리연꽃

수련

영산홍

Rhododendron indicum (L.) Sweet

- **이명** : 연산홍
- **영명** : Satsuki azalea
- **분류** : 쌍떡잎식물 진달래목 진달래과
- **개화** : 4~5월
- **높이** : 15~90cm
- **꽃말** : 첫사랑, 사랑의 기쁨, 열정, 꿈

영산홍 화분(현미경 사진)

영산홍은 반상록관목으로, 높이는 15~90cm이다. 가지는 잘 갈라져 잔가지가 많고 갈색 털이 있다. 잎은 어긋나지만 가지 끝에서는 모여 달리고, 길이 1~3cm, 너비 0.5~1cm에 좁은 피침 모양이다. 잎이 약간 두껍고 광택이 있으며 가장자리가 밋밋하다. 잎의 표면과 뒷면 맥 위에는 갈색 털이 나 있다. 꽃은 4~5월에 가지 끝에서 홍자색으로 피고, 지름은 3.5~5cm이며 밑부분에 일찍 떨어지는 넓은 비늘조각이 있다. 꽃받침은 둥근 달걀 모양이며 짧은 갈래조각이 5개로 갈라진다. 꽃부리는 5개로 갈라지는데, 넓은 깔때기 모양으로 털이 없으며 안쪽 면의 위쪽에 짙은 홍자색 반점이 있다. 수술은 5개이고 수술대의 하반부에 알맹이 모양의 돌기가 있으며 꽃밥은 자주색을 띤다. 암술은 1개이며 길이는 3~5cm이고 암술대에 털이 없다. 열매는 삭과로, 길이는 0.7~0.8cm이고 달걀 모양이다. 열매에 거친 털이 있으며, 9~10월에 익는다.

효능 한방과 민간에서 잎을 약용하는데, 해독과 청폐, 지해, 발진, 강장, 이뇨, 건위, 구토 등의 효능이 있다.

영산홍 꽃

영산홍 잎

영산홍 무리

오리나무

Alnus japonica (Thunb.) Steudel

- **이명** : 오리목
- **영명** : Alder tree
- **분류** : 쌍떡잎식물 너도밤나무목 자작나무과
- **개화** : 3~4월
- **높이** : 20m
- **꽃말** : 장엄

오리나무 화분(현미경 사진)

오리나무는 낙엽활엽교목으로, 높이가 20m 정도까지 자란다. 나무껍질은 대개 회갈색을 띠고 세로로 불규칙하게 갈라진다. 어린가지는 갈색 또는 자갈색으로 매끄러우며 잘게 갈라진다. 줄기와 가지에 껍질눈이 뚜렷하다. 잎은 어긋나고 타원형 또는 달걀 모양이다. 잎끝이 뾰족하고 가장자리에 잔톱니가 있으며 7~10쌍의 측맥이 있다. 잎의 양면에 광택이 있으며, 뒷면의 맥 사이와 잎자루에 털이 있다. 꽃은 암수한그루로 3~4월에 잎보다 먼저 피며, 수상꽃차례에 달린다. 수꽃이삭은 줄기 끝부분에서 아래로 길게 늘어지며 각각 4개의 꽃덮이와 수술이 있다. 암꽃이삭은 붉은색이며 달걀 모양의 작은 덩어리로 모여 달리는데, 각 꽃턱잎에 암꽃이 2개씩 달린다. 열매는 2~6개씩 달리며 긴 타원형으로 9~10월에 결실하여 이듬해 봄까지 남아 있다. 종자는 양쪽에 뚜렷하지 않은 날개가 있다. 화분은 단립이고 크기는 중립이며 구형이다. 발아구는 3구형이고 표면은 난선상이다.

효능 한방에서는 나무껍질 또는 햇가지를 약용하는데, 타닌 성분이 함유되어 있으며 해열, 지혈, 수렴의 효능이 있는 것으로 알려져 있다.

오리나무 약재(적양)

오리나무 암꽃

오리나무 수꽃

오리나무 잎

오리나무 열매

오이

Cucumis sativus L.

- **이명** : 물외, 외
- **영명** : Cucumber
- **분류** : 쌍떡잎식물 박목 박과
- **개화** : 5~6월
- **길이** : 2~3m
- **꽃말** : 변화, 존경, 애모

오이 화분(현미경 사진)

오이는 덩굴성 한해살이풀로, 덩굴줄기의 길이는 2~3m이다. 줄기는 능선과 더불어 굵은 털이 있고 덩굴손으로 감으면서 다른 물체에 붙어서 길게 자란다. 잎은 어긋나고 심장 모양으로 얕게 갈라지는데, 대개 삼각형이며 잎 가장자리에 3~5개의 결각이 있다. 잎 뒷면에는 짧은 털이 있고, 가장자리에는 톱니가 있다. 꽃은 단성화이며 5~6월에 노란색으로 피고, 지름 3cm 내외이며 주름이 진다. 꽃부리는 5개로 갈라지며, 수꽃에는 3개의 수술이 있고, 암꽃에는 가시 같은 돌기가 있는 긴 씨방이 아래쪽에 있다. 열매는 원주형의 장과로, 어릴 때는 가시 같은 돌기가 있고 녹색에서 짙은 황갈색으로 익으며, 황백색의 종자가 들어 있다.

효능 뜨거운 물에 데었을 때 오이즙을 바르면 열을 식혀주는 기능이 있다. 오이는 수분이 많고, 이뇨 효과가 큰 이소크엘시트린 성분이 들어있어 부기를 빼는 효과가 있다.

오이 꽃

오이 잎

오이 덩굴줄기

오이 열매

옥수수

Zea mays L.

- **이명** : 옥촉수, 옥맥수, 옥촉서예
- **영명** : Corn, Maize
- **분류** : 외떡잎식물 벼목 화본과
- **개화** : 7∼8월
- **높이** : 1∼3m
- **꽃말** : 보화

옥수수 화분(현미경 사진)

옥수수 수꽃

옥수수 암술대

옥수수 잎

옥수수는 한해살이풀로, 높이는 1~3m에 달한다. 줄기는 굵고 껍질이 단단하며 속이 차 있다. 잎은 어긋나며 길이가 1m 정도로 길고, 윗부분이 뒤로 젖혀져서 처지고 밑부분이 잎집으로 되어 원줄기를 감싼다. 잎의 표면에는 털이 있다. 꽃은 암수딴꽃 꽃차례로 7~8월에 피는데, 수꽃이삭은 줄기 끝에 달리며 3개의 수술만 가진 수꽃이 큰 원추꽃차례를 이룬다. 암꽃이삭은 줄기의 중간 마디에 1~3개 달리며 7~12장의 껍질에 싸여 있다. 속에 암술만 있는 암꽃이 보통 12, 14, 16

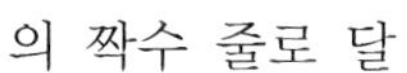
의 짝수 줄로 달린다. 옥수수의 수염은 암술대이며 여러 겹의 포 밖으로 자라서 꽃가루를 받는다. 열매는 영과로 납작한 공 모양이며, 밑부분이 짧게 뾰족해진다. 열매의 생김새는 어금니와 비슷하고 지름은 0.6cm 정도이며, 빛깔은 보통 노란색이지만 자줏빛이 도는 것 등 여러 가지가 있다.

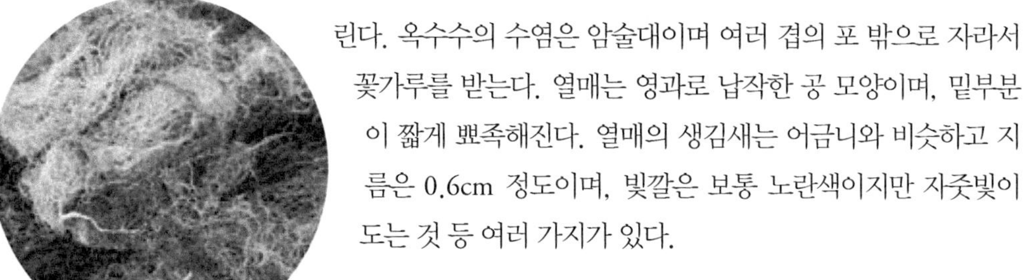

옥수수 약재(옥촉서예)

효능 한방에서는 옥수수 암술대인 수염을 '옥촉서예'라 하며, 말려서 이뇨제로 사용한다.

옥잠화

Hosta plantaginea (Lam.) Asch.

- **이명** : 둥근옥잠화, 비녀옥잠화, 옥비녀꽃, 백학석
- **영명** : Fragrant plantain
- **분류** : 외떡잎식물 백합목 백합과
- **개화** : 7~9월
- **높이** : 40~60cm
- **꽃말** : 추억

옥잠화 화분(현미경 사진)

옥잠화 꽃

옥잠화 잎

옥잠화 뿌리

옥잠화는 여러해살이풀로, 높이는 40~60cm이다. 잎은 굵은 뿌리줄기에서 모여나며, 잎자루가 길다. 잎의 길이는 15~22cm이고 너비는 10~17cm이며, 달걀상의 원형이다. 잎끝이 갑자기 뾰족해지고 밑부분은 심장 모양이며 가장자리가 물결 모양이다. 잎에는 8~9쌍의 맥이 있다. 꽃은 7~9월에 흰색으로 피며, 향기가 있고 총상으로 달린다. 6개의 꽃잎은 밑부분이 서로 붙어 통 모양으로 된다. 꽃줄기는 높이가 40~60cm인데 1m 이상 되는 것도 있다. 1~2개의 꽃턱잎이 달리며 밑의 것은 길이 3~8cm이다. 꽃부리는 깔때기처럼 끝이 퍼지고 길이는 11cm 안팎이며 수술의 길이는 꽃덮이와 비슷하다. 열매는 삭과로 삼각상 원주형이며 밑으로 처지고, 종자는 가장자리에 날개가 있으며 10월에 익는다.

효능 한방에서는 소종, 지혈, 해독의 효능이 있어 약재로 사용한다.

왜당귀

Angelica acutiloba (Siebold & Zucc.) Kitag.

- **이명** : 일당귀, 일본당귀, 차당귀
- **영명** : Acutelobed An-gelica
- **분류** : 쌍떡잎식물 산형화목 산형과
- **개화** : 8~9월
- **높이** : 1~1.5m
- **꽃말** : 정절

왜당귀 화분(현미경 사진)

왜당귀 잎

왜당귀 종자 결실

왜당귀는 여러해살이풀로, 높이가 1~1.5m이고 줄기는 지름이 2~3cm이며 암녹색을 띤 자주빛이다. 잎은 깃꼴겹잎으로 2~3갈래 갈라지고, 잔잎은 긴 타원형 또는 달걀 모양이며 잎 가장자리에는 톱니가 있다. 꽃은 8~9월에 자주색으로 피는데, 큰 겹산형꽃차례가 가지와 줄기 끝에서 발달하며 15~20개로 갈라지고 끝에 20~40개의 꽃이 달린다. 꽃잎은 5개이며 긴 타원형으로 끝이 뾰족하고 5개의 수술이 있다. 총포는 1~2개이고 잎집처럼 커지며 소총포는 5~7개이고 실처럼 가늘다. 열매는 분과로 납작하고 둥근 모양이며 양쪽에 날개가 있다.

왜당귀 뿌리

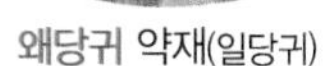

왜당귀 약재(일당귀)

효능 혈허로 머리가 아픈 것을 치료하고, 혈액 순환을 원활하게 하며 혈을 기른다. 궁궁이와 당귀를 배합하면 궁귀탕이 되는데, 혈약 가운데 으뜸이다.

원추리

Hemerocallis fulva L.

- **이명** : 누두과, 지인삼, 황색채근, 망우초
- **영명** : Orange daylily, Tawny daylily, Fulvous daylily
- **분류** : 외떡잎식물 백합목 백합과
- **개화** : 6~8월
- **높이** : 1m
- **꽃말** : 기다리는 마음

원추리 화분(현미경 사진)

원추리는 시름을 잊게 해준다는 중국 고사로 인하여 '훤초(萱草)' 또는 '망우초(忘憂草)'라고도 부른다. 예로부터 대표적인 봄나물의 하나인데, 나물로 먹을 때에는 '넓나물', '넘나물'이라고 한다. 여러해살이풀로, 높이는 약 1m이다. 뿌리가 사방으로 퍼지며 원뿔 모양으로 굵어지는 것이 있다. 잎은 2줄로 늘어서고 길이 약 80cm, 너비 1.2~2.5cm이며 끝이 처진다. 질이 조금 두껍고 흰빛을 띤 녹색이다. 꽃은 6~8월에 피는데, 꽃줄기가 잎 사이에서 나와 자라고, 끝에서 가지가 갈라져서 6~8개의 꽃이 총상꽃차례로 달린다. 꽃의 빛깔은 주황색이고 길이는 10~13cm이며, 몸통 부분은 길이가 1~2cm이다. 꽃턱잎은 선상의 피침 모양이며 길이가 2~8cm이고, 작은 꽃줄기는 길이가 1~2cm이다. 수술은 6개로 몸통 부분 끝에 달리고 꽃잎보다 짧으며, 꽃밥은 줄 모양이고 노란색이다. 열매는 삭과로 10월에 익는다. 화분은 단립이고 크기는 대립이며 긴 배 모양이다. 발아구는 원구형이고 길게 발달한다. 표면은 망상이며 망강은 넓고 기부에 과립상의 돌기가 있으며 망벽은 뚜렷하다.

효능 뿌리는 이뇨, 지혈, 소염의 효능이 있으며 꽃잎은 항산화 작용이 있다. 차로 마시면 이뇨, 신진대사 촉진, 혈액 순환, 소화를 돕고 눈을 밝게 해준다.

원추리 잎

원추리 종자 결실

원추리 뿌리

원추천인국

Rudbeckia bicolor Nutt.

- **이명** : 루드베키아, 삼국화, 삼잎국화
- **영명** : Black-eyed susan
- **분류** : 쌍떡잎식물 국화목 국화과
- **개화** : 7～9월
- **높이** : 30～50cm
- **꽃말** : 영원한 행복

원추천인국 화분(현미경 사진)

원추천인국 꽃봉오리

원추천인국 꽃

원추천인국은 여러해살이풀로, 높이가 30~50cm 정도이고 줄기와 잎은 빳빳한 털로 덮여 있어 거칠다. 잎은 어긋나고, 뿌리잎이나 밑부분의 잎은 잎자루가 있으며 줄기잎은 잎자루가 없다. 잎은 피침 모양, 긴 타원형 또는 거꿀달걀 모양이며, 두껍고 가장자리가 밋밋하다. 꽃은 7~9월에 피는데, 지름 5~8cm의 두상화가 줄기 끝에 1개씩 달린다. 혀꽃은 노란색이고 아래쪽은 자갈색이며, 대롱꽃은 암적색 또는 흑색이다. 열매는 수과이다.

원추천인국 지상부

꽃을 달인 차는 여드름, 습진의 치료와 세포막과 세포 조직 치유, 면역 강화에 효과적이다.

유사종

겹삼잎국화 *Rudbeckia laciniata* var. *hortensia* L. H. Bailey : 잎은 뿌리잎이 3~7갈래로 갈라지고, 줄기잎은 3~5갈래로 갈라진다. 잎 양면에 털이 없고, 가장자리에는 톱니가 있다. 꽃은 줄기와 가지 끝에 황색의 겹꽃이 두상꽃차례로 달린다.

삼잎국화 *Rudbeckia laciniata* L. : 잎은 아래쪽 잎이 5~7갈래로 갈라지며 잎자루가 길고, 위쪽 잎은 3~5갈래로 갈라지며 잎자루가 없고 갈래조각이 다시 2~3갈래로 중앙까지 갈라진다. 꽃은 혀꽃과 대롱꽃으로 구성되어 있으며, 긴 꽃대 끝에서 옆으로 처지며 핀다. 혀꽃의 주변부는 황색이고, 중심부는 녹황색이다. 대롱꽃은 원추천인국이 흑갈색인 데 비해 삼잎국화는 녹황색이다.

수잔루드베키아 *Rudbeckia hirta* L. : 첫해에는 뿌리잎이 방사상으로 자란다. 이듬해에는 데이지의 두상화를 닮은 노란색 꽃이 여름부터 가을까지 핀다.

유채

Brassica napus L.

- **이명** : 호무, 호우무
- **영명** : Rape flower
- **분류** : 쌍떡잎식물 양귀비목 십자화과
- **개화** : 3~4월
- **높이** : 1m
- **꽃말** : 명랑, 쾌할

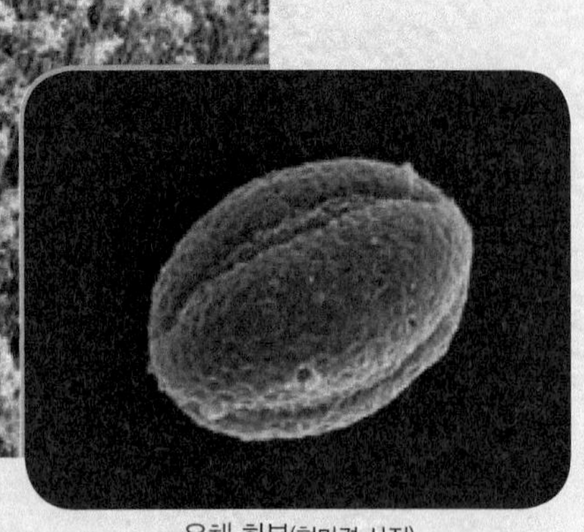

유채 화분(현미경 사진)

유채는 전 세계적으로 널리 재배되고 있는 두해살이풀로, 높이는 1m가량이다. 원줄기에서 15개 정도의 곁가지가 나오고, 이 곁가지에서 다시 2~4개의 곁가지가 나온다. 잎은 넓은 피침 모양이며 잎끝이 뾰족하고 갈라지지 않는다. 윗부분에 달린 잎은 밑부분이 귀처럼 처져서 원줄기를 감싼다. 잎의 표면은 짙은 녹색이고, 뒷면은 흰빛을 띤다. 잎자루는 자줏빛을 띤 경우도 있으며, 가장자리에는 치아 모양의 톱니가 있다. 줄기에는 보통 30~50개의 잎이 달린다. 꽃은 4월경에 노란색으로 피는데, 가지 끝에 총상꽃차례로 달리며 길이는 0.6cm가량이다. 꽃받침은 피침상의 배 모양이다. 꽃잎은 끝이 둥근 거꿀달걀 모양이며 길이는 1cm 정도이다. 6개의 수술 중 4개는 길고 2개는 짧으며 암술은 1개이다. 열매는 각과이며 끝에 긴 부리가 있는 원주형으로 중앙에는 봉합선이 있다. 익으면 봉합선이 갈라지며 20개의 암갈색 종자가 나온다. 화분은 단립이고 크기는 소립이며 약장구형이다. 발아구는 3구형이고 표면은 망상이며 망강은 뚜렷하다.

유채 꽃

유채 잎

유채 열매

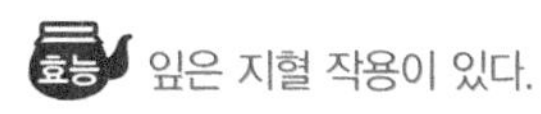

효능 잎은 지혈 작용이 있다.

유사종

윤판나물 *Disporum sessile* D.Don : 잎은 어긋나며 긴 달걀 모양 또는 긴 타원형에 끝이 뾰족하고, 3~5개의 뚜렷한 잎맥이 있다. 가장자리에 톱니가 없으며, 잎자루가 거의 없다. 꽃은 가지 끝에서 땅을 향해 노란색으로 핀다. 열매는 긴 공 모양의 장과로서 검은색으로 익는다.

윤판나물

윤판나물

Disporum uniflorum Baker

- **이명** : 큰가지애기나리, 대애기나리, 금윤판나물
- **영명** : Korean disporum
- **분류** : 외떡잎식물 백합목 백합과
- **개화** : 4~6월
- **높이** : 30~60cm
- **꽃말** : 당신을 따르겠습니다

윤판나물 화분(현미경 사진)

윤판나물 꽃

윤판나물 잎

윤판나물 열매

윤판나물은 숲속에서 자라는 여러해살이풀로, 높이는 30~60cm이다. 뿌리줄기는 짧고 뿌리가 옆으로 뻗으며 위에서 큰 가지가 갈라진다. 잎은 어긋나고 길이 5~18cm, 너비 3~6cm에 긴 타원형이다. 잎끝이 뾰족하고 밑부분은 둥글며, 잎자루가 없고 3~5개의 맥이 있다. 꽃은 4~6월에 황금색과 흰색으로 피는데, 가지 끝에 1~3개씩 아래를 향하여 달린다. 길이는 2~2.5cm 정도이고 꽃덮이는 통 모양이다. 꽃덮이조각과 수술은 각각 6개이고, 암술은 1개이며 끝이 3개로 갈라진다. 열매는 장과로 둥글고 지름이 1cm 정도이며 검은색으로 익는다. 화분은 단립이고 크기는 중립이며 배 모양이다. 발아구는 원구형이며 구구는 길다. 표면은 미립상이며 돌기는 작고 깁에 크기가 다른 구멍이 빽빽하게 배열되어 있다.

효능 민간에서는 기침, 식체, 폐결핵을 치료하는 데 사용하고, 뿌리는 비장이 허한 증상이나 장염, 대장 출혈 등에 약용한다.

인동덩굴

Lonicera japonica Thunb.

- **이명** : 연동줄, 금은화
- **영명** : Halls honeysuckle
- **분류** : 쌍떡잎식물 산토끼꽃목 인동과
- **개화** : 6~7월
- **길이** : 5m
- **꽃말** : 사랑의 인연

인동덩굴 화분(현미경 사진)

인동덩굴은 반상록활엽 덩굴성 관목으로 산과 들의 양지바른 곳에서 자란다. 덩굴의 길이는 약 5m이고, 줄기가 길게 뻗어 다른 물체를 오른쪽으로 감으면서 올라간다. 가지는 붉은 갈색이고 속이 비어 있다. 잎은 마주나고 길이 3~8cm, 너비 1~3cm에 긴 타원형 또는 넓은 피침 모양이다. 잎 가장자리는 밋밋하지만 어린 대에 달린 잎은 깃처럼 갈라진다. 꽃은 6~7월에 피는데, 잎겨드랑이에 2개씩 달리며 향기가 난다. 꽃의 빛깔은 옅은 붉은빛을 띤 흰색이지만 나중에 노란색으로 변한다. 꽃부리는 입술 모양이고 길이는 3~4cm이다. 꽃부리통은 끝에서 5개로 갈라져 뒤로 젖혀지며 겉에 털이 빽빽하게 나 있다. 수술은 5개이고, 암술은 1개이다. 열매는 장과로 둥글며 10~11월에 검게 익는다. 화분은 단립이고 크기는 대립이며 약단구형이다. 발아구는 3구형이고 구구는 매우 짧다. 표면은 극상이며 매우 작은 구멍이 있다.

인동덩굴 꽃봉오리

인동덩굴 잎

인동덩굴 약재(금은화)

효능 잎과 줄기를 '인동', 꽃봉오리를 '금은화'라 하여 약용하는데, 종기, 매독, 임질, 치질 등의 치료에 쓴다. 이뇨와 해독 작용이 강하고 미용 효과가 있다고 하여 차나 술을 만들기도 한다.

인동덩굴 열매

붉은인동 *Lonicera periclymenum* : 인동덩굴의 꽃은 옅은 붉은빛을 띤 흰색이지만 나중에 노란색으로 변하며, 붉은인동은 붉은색 꽃이 핀다.

붉은인동

잇꽃

Carthamus tinctorius L.

- **이명** : 홍람, 홍화, 잇나물
- **영명** : False saffron, Bastard saffron, Safflower
- **분류** : 쌍떡잎식물 국화목 국화과
- **개화** : 7~8월
- **높이** : 1m
- **꽃말** : 불변

잇꽃 화분(현미경 사진)

잇꽃 꽃봉오리

잇꽃 꽃

잇꽃은 두해살이풀로, 높이는 1m 정도이며 전체에 털이 없다. 잎은 어긋나고 넓은 피침 모양이며, 가장자리의 톱니 끝이 가시처럼 된다. 잎의 길이는 3.5~9cm이며, 너비는 1~3.5cm이다. 꽃은 7~8월에 피는데, 원줄기 끝과 가지 끝에 두상꽃차례로 1송이씩 달린다. 꽃은 생김새가 엉겅퀴와 비슷하나 붉은빛을 띤 황색이고, 길이는 2.5cm, 지름은 2.5~4cm이다. 총포는 잎 같은 꽃턱잎으로 싸여 있고 가장자리에 가시가 있다. 잔꽃은 가는 대롱 모양이며, 판연은 5갈래로 갈라진다. 중앙의 꽃에는 갓털이 있으나 주변부의 꽃에는 없다. 열매는 수과로 길이 0.6cm 정도에 흰색이며 짧은 갓털이 있다.

잇꽃 잎

효능 꽃에는 활혈, 통경, 화어, 지통의 효능이 있어 혈액 순환을 원활하게 하고 월경을 통하게 하며 어혈을 제거하고 통증을 완화시킨다. 씨에는 리놀레산이 많이 들어있어 동맥 경화에 좋다고 한다.

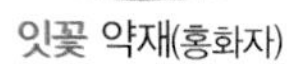

잇꽃 약재(홍화자)

자귀나무

Albizia julibrissin Durazz.

- **이명** : 합환수, 합혼수, 야합수, 유정수
- **영명** : Silk tree, Mimosa, Cotton varay
- **분류** : 쌍떡잎식물 콩목 콩과
- **개화** : 6~7월
- **높이** : 3~5m
- **꽃말** : 금슬

자귀나무 화분(현미경 사진)

자귀나무는 낙엽소교목으로, 높이는 3~5m이다. 줄기는 굽거나 약간 드러눕고 큰 가지가 드문드문 퍼지며 작은 가지에는 능선이 있다. 겨울눈을 싸고 있는 단단한 비늘조각이 2~3개 있지만 거의 눈에 띄지 않을 정도로 작다. 잎은 어긋나고 2회 짝수깃꼴겹잎이다. 잔잎은 길이 0.6~1.5cm, 너비 0.25~0.4cm에 낫처럼 굽으며 좌우가 같지 않은 긴 타원형이다. 잎의 양면에 털이 없거나 뒷면의 맥 위에 털이 있으며, 가장자리가 밋밋하다. 꽃은 6~7월에 연분홍색으로 피며, 작은 가지 끝에 15~20개씩 산형꽃차례로 달린다. 꽃받침과 꽃부리는 얕게 5개로 갈라지고 녹색을 띤다. 수술은 25개 정도이며 길게 밖으로 나오고 윗부분이 홍색이다. 꽃이 홍색으로 보이는 것은 수술의 빛깔 때문이다. 열매는 편평한 협과로 길이는 15cm 안팎이다. 안에 5~6개의 종자가 들어 있으며 9월 말부터 10월 초 사이에 익는다.

효능 한방에서는 나무껍질을 약용하는데, 약재의 성질은 평하고 맛은 달다. 신경쇠약, 불면증을 치료하며, 정신을 안정시키고 혈액 순환을 촉진한다. 또 부기를 가라앉히고 통증을 멎게 하며 근육과 뼈를 이어준다.

자귀나무 약재(합환피)

자귀나무 꽃

자귀나무 잎

자귀나무 열매

자두나무

Prunus salicina Linnaeus

- **이명** : 오얏, 오얏나무, 자도나무
- **영명** : Plum tree
- **분류** : 쌍떡잎식물 장미목 장미과
- **개화** : 4월
- **높이** : 10m
- **꽃말** : 순백, 순박

자두나무 잎

자두나무는 낙엽활엽교목으로, 높이가 10m까지 자란다. 일년생 가지는 적갈색이며 털이 없다. 잎은 어긋나고 길이 5~10cm, 너비 2~4cm에 긴 달걀 모양 또는 타원상의 긴 달걀 모양이다. 잎끝은 급하게 좁아지면서 뾰족해지고 가장자리에 둔한 톱니가 있다. 잎자루는 길이가 1~2cm이다. 꽃은 4월에 잎보다 먼저 피는데, 대개 흰색 꽃이 3개씩 모여 가지에 가득 달린다. 꽃잎은 5개이고 거꿀달걀 모양이며, 꽃받침조각에 톱니가 약간 있다. 열매는 달걀상의 원형 또는 공 모양으로, 밑부분이 들어간다. 야생의 것은 지름이 2.2cm이지만 재배종은 7cm에 달한다. 7월에 노란색 또는 자주색으로 익으며, 열매살은 연한 노란색이다.

효능 생잎을 물에 넣고 목욕하면 땀띠가 없어지고, 목이 아프거나 기침이 날 때 열매를 태워 먹으면 효과가 있다.

자두나무 꽃봉오리

자두나무 꽃

자두나무 덜 익은 열매

자두나무 익은 열매

자운영

Astragalus sinicus L.

- **이명** : 연화초, 홍화채, 쇄미제, 야화생
- **영명** : Chinese milk vetch
- **분류** : 쌍떡잎식물 콩목 콩과
- **개화** : 4~5월
- **높이** : 10~25cm
- **꽃말** : 나의 사랑, 관대한 사랑, 행복

자운영 화분(현미경 사진)

자운영 꽃

자운영 잎

자운영은 여러해살이풀로, 높이가 10~25cm이고 줄기는 뿌리에서 나와 땅 위를 기며 뻗어 나간다. 잎은 어긋나고 깃꼴겹잎이며, 9~11장의 잔잎으로 이루어진다. 잔잎은 거꿀달걀 모양 또는 타원형으로 길이 0.6~2cm, 너비 0.3~1.5cm이다. 얇고 부드러우며, 잎끝은 둥글거나 조금 오목하다. 꽃은 잎겨드랑이에서 나온 긴 꽃자루에 산형꽃차례로 7~10송이가 달리는데, 4~5월에 엷은 홍자색으로 핀다. 각각의 꽃은 길이가 1cm 정도이다. 열매는 협과로 긴 타원형이며, 길이 2.0~2.5cm이다. 5~6월에 검은색으로 익고 털이 없으며, 속에는 둥근 황색 종자가 들어 있다. 화분은 단립이고 크기는 소립이며 장구형이다. 발아구는 3구형이고, 표면은 망상이다. 망은 조밀하게 배열되어 있으며, 망강은 좁다.

자운영 지상부

전초를 약용하는데, 해열 · 해독 · 소종 · 이뇨 등의 효능이 있다.

작약

Paeonia lactiflora L.

- **이명** : 홍작약, 목작약, 민산작약
- **영명** : Peony root
- **분류** : 쌍떡잎식물 미나리아재비목 작약과
- **개화** : 5~6월
- **높이** : 60cm
- **꽃말** : 수줍음, 수치

작약 화분(현미경 사진)

작약 꽃(붉은색)

작약 꽃(흰색)

작약 잎

작약 종자 결실

작약은 산지에서 자라는 여러해살이풀로, 높이는 60cm 정도이다. 줄기는 여러 개가 한 포기에서 나와 곧게 서고, 잎과 줄기에 털이 없다. 잎은 어긋나고 밑부분의 것은 3출 겹잎이다. 뿌리잎은 1~2회 깃 모양으로 갈라지며, 윗부분의 것은 3개로 깊게 갈라지기도 하고 밑부분이 잎자루로 흐른다. 잔잎은 피침 모양 또는 타원형이나 때로는 2~3개로 갈라지며 잎맥과 잎자루는 붉은색을 띤다. 꽃은 5~6월에 줄기 끝에 1개가 피는데, 크고 아름다우며 재배한 것은 지름이 10cm 정도이다. 꽃잎은 10개 정도이고 꽃의 빛깔은 붉은색, 흰색 등 여러 가지이다. 꽃받침은 5개로 녹색이고 가장자리가 밋밋하며 끝까지 붙어 있는데, 가장 바깥쪽의 것은 잎 모양이다. 열매는 골돌과이며 복봉선으로 벌어진다. 8월 중순경에 종자를 채취할 수 있다. 화분은 단립이고 크기는 중립이며 약단구형이다. 발아구는 3구형이고 표면은 망상이며 망강은 작고 뚜렷하지 않다.

작약 약재(작약)

효능 뿌리에 안식향산과 아스파라긴 등이 함유되어 있어 진통, 해열, 진경, 이뇨, 조혈, 지한 등의 효능이 있으며, 복통, 위통, 설사복통, 월경 불순, 대하증, 식은땀을 흘리는 증세, 신체 허약을 치료한다.

참고

작약은 작약과의 여러해살이풀이며 백작약은 미나리아재비과의 풀이다. 흰색 꽃이 피는 백작약에 대하여, 작약을 적작약이라고 부르기도 하는데, 작약은 붉은색 꽃뿐만 아니라 흰색 꽃도 핀다.

장구채

Silene firma Siebold & Zucc.

- **이명** : 여루채, 견경여루채
- **영명** : Melandryum firmum
- **분류** : 쌍떡잎식물 중심자목 석죽과
- **개화** : 7월
- **높이** : 30~80cm
- **꽃말** : 동자의 웃음

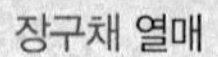

장구채 열매

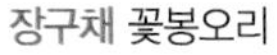
장구채 꽃봉오리

장구채 꽃

장구채는 생김새가 장구의 채를 닮았다고 하여 붙여진 이름이다. 산과 들에서 자라는 두해살이풀로, 높이는 30~80cm이다. 줄기가 곧게 자라고 털은 없으며 녹색이다. 마디는 검은 자주색을 띤다. 잎은 마주나고 길이 3~10cm, 너비 1~3cm로 긴 타원형, 달걀 모양 또는 넓은 피침 모양이다. 잎의 양끝이 좁으며 가장자리에 털이 있고, 양면에도 털이 약간 있으며 잎자루가 없다. 꽃은 7월에 흰색으로 피는데, 잎자루와 원줄기 끝에 먼저 피고 아래로 내려오며 잎자루 사이에서 층층으로 달린다. 꽃받침은 대롱 모양이고 끝이 5개로 얕게 갈라진다. 꽃잎은 흰색이며 5개이고 10개의 수술과 3개로 갈라진 1개의 암술대가 있다. 열매는 삭과이며 길이 0.7~0.8cm에 달걀 모양이다. 종자는 콩팥 모양이며 자갈색을 띠고 겉에 작은 돌기가 있다.

장구채 잎

장구채 약재(왕불류행)

효능 풍독을 몰아내고 혈맥을 통하게 하여 월경이 고르지 못한 증상과 난산을 치료한다.

장미

Rosa hybrida Hort.

- **이명** : 장미화
- **영명** : Rose
- **분류** : 쌍떡잎식물 장미목 장미과
- **개화** : 품종에 따라 다름
- **높이** : 품종에 따라 다름
- **꽃말** : 빨강-열렬한 사랑, 흰색-순결과 청순, 노랑-우정과 영원한 사랑

장미 화분(현미경 사진)

장미는 장미과 장미속에 속하는 식물의 총칭으로, 관목성 화목(花木)이다. 계통과 품종이 매우 많고, 현재 알려진 품종만도 2만 5000여 종이나 된다. 야생종이 북반구에 100종 이상 분포하며, 오늘날 장미라는 것은 개량 육성한 원예종을 말한다. 줄기에는 잎이 변한 가시가 있다. 잎은 마주나며, 깃 모양으로 갈라지는 겹잎이다. 잔잎은 약간 넓은 타원형이며 가장자리에 날카로운 톱니가 있다. 꽃은 흰색, 노란색, 오렌지색, 분홍색, 붉은색 등을 띤다. 열매는 실제로 꽃받침통이 익은 것으로, 장과 같은 다육질이며 먹을 수 있는 것도 있다. 화분은 단립이고 크기는 중립이며 아장구형이다. 발아구는 3구형이고 외표벽이 비후되어 있다. 표면은 유선상이며 선은 얇고 골은 좁으며 기부에 작은 구멍이 있다.

장미 잎

장미 열매

효능 열매를 '장미과'라 하며, 소염, 진통, 이뇨, 강장 등의 효능이 있어 종기, 부스럼, 설사 등을 치료한다. 향기는 신장을 튼튼하게 하여 맑고 유쾌한 기분을 만들어주며, 피로 회복에 효과가 탁월하다. 전목은 간과 비장에 유익하고 기를 흐르게 하여 답답함을 해소해주며, 어혈과 멍을 없애고 옆구리 통증, 위의 가스 차는 증세에도 좋다.

참고

하이브리드 티(hybrid tea/H.T.) : 티(tea)계와 하이브리드 퍼페추얼(hybrid perpctual)을 교잡한 품종군으로, 가지마다 큰 꽃이 한 송이씩 사철 피고 빛깔이 다양하며 꽃이 탐스럽다.

플로리분다(floribunda/Flo.) : 폴리안타(polyantha/Pol.)에 하이브리드 티를 교잡한 품종으로, 꽃이 중형이고 송이가 뭉쳐서 피며 내한성이 강하다. 이를 더욱 개량하여 꽃송이가 크고 꽃잎이 많아져서 미국에서 붙인 이름이다. 꽃피는 기간이 길다.

클래식 타입(classic type) : 꽃잎은 여러 겹으로 피는 로제트형이다. 짙은 향기를 가진 올드 로즈와 사계절 내내 피고 병충해에 강한 모던 로즈의 형질을 결합하여 개량한 품종으로, 직립형과 덩굴형이 있다.

클라이밍(climbing/Cl.) : 덩굴장미로 여러 계통이 있으나, 가장 대표적인 것은 하이브리드 티의 아조변이(芽條變異)에 의해서 생긴 것이다. 꽃의 모양은 하이브리드 티와 같다.

미니어처(miniature/Min.) : 미니장미라고도 한다. 높이가 약 30~50cm이고 꽃의 지름이 2cm 미만이며, 꽃이 뭉쳐서 피는 것과 가지 하나에 1송이가 피는 것이 있다.

전동싸리

Melilotus suaveolens Ledeb.

- **이명** : 노랑물싸리
- **영명** : Yellow melilot, Sweet clover
- **분류** : 쌍떡잎식물 콩목 콩과
- **개화** : 7~8월
- **높이** : 60~90cm
- **꽃말** : 겸허, 청초

전동싸리 잎

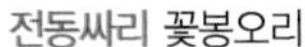

전동싸리 꽃봉오리

전동싸리 꽃

전동싸리는 두해살이풀로 높이는 60~90cm이다. 줄기는 곧게 서며 털이 없고, 분백색을 띠며 향기가 난다. 잎은 어긋나고 3출 깃꼴겹잎이다. 잔잎은 잎자루가 거의 없고 길이 1.5~3cm에 긴 타원형 또는 거꿀피침 모양이다. 잎끝은 뾰족하고 밑부분은 둥글거나 둔하다. 잎 가장자리에 톱니가 있고 주맥 끝이 뾰족하며 앞뒷면에 털이 없다. 꽃은 7~8월에 피며, 가지 끝이나 잎겨드랑이에서 나온 길이 3~5cm의 총상꽃차례에 달린다. 꽃줄기는 길이 2~4cm이고 꽃턱잎은 줄 모양이며 길이 0.1cm 정도로 꽃자루보다 길다. 꽃받침은 잔털이 있고 종 모양의 5가닥으로 길이는 0.15cm가량이다. 기꽃잎은 가장 길고 타원형이며 용골꽃잎이 가장 짧다. 열매는 협과로 길이 0.35cm가량에 달걀 모양이거나 둥글며, 흑색으로 익는다.

전동싸리 줄기

전초를 달여 약용하며 청열, 해독, 화습, 살충의 효능이 있다.

접시꽃

Althaea rosea Cav.

- **이명** : 접중화, 촉규화
- **영명** : Hollyhock
- **분류** : 쌍떡잎식물 아욱목 아욱과
- **개화** : 6월
- **높이** : 2.5m
- **꽃말** : 다산, 풍요

접시꽃 화분(현미경 사진)

접시꽃 잎

접시꽃 종자 결실

접시꽃은 우리나라 전역에 자생하는 여러해살이풀로, 높이는 2.5m까지 자란다. 줄기가 곧게 서고 녹색으로 단단하며 원기둥 모양에 털이 있다. 잎은 어긋나고 잎자루가 길며, 밑부분은 둥글거나 심장 모양이다. 잎 가장자리는 6~7개로 얕게 갈라지며 톱니가 있다. 꽃은 6월에 흰색, 노란색, 붉은색 등으로 다양하게 피며, 둥글고 넓은 접시 모양이다. 꽃받침은 5개로 갈라지고 꽃잎은 5개가 기왓장처럼 겹쳐진다. 수술은 서로 합쳐져서 암술을 둘러싸고 암술대는 1개이지만 끝에서 여러 개로 갈라진다. 열매는 삭과로 접시 모양이며 9월에 익는다. 화분은 단립이고 크기는 극대립이며 구형이다. 발아구는 산공형이고 표면은 극상이며 크고 작은 가시가 있다.

접시꽃 줄기

효능 이질, 토혈, 혈붕, 말라리아, 어린이의 풍진을 치료한다.

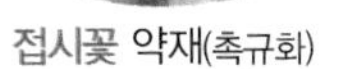

접시꽃 약재(촉규화)

조팝나무

Spiraea prunifolia var. *simpliciflora* Nakai

- **이명** : 단화이엽수선국, 조팝
- **영명** : Bridal wreath
- **분류** : 쌍떡잎식물 장미목 장미과
- **개화** : 4~5월
- **높이** : 2m
- **꽃말** : 단정한 사람, 매력, 선언

조팝나무 화분(현미경 사진)

조팝나무는 꽃이 만발한 모습이 튀긴 좁쌀을 붙인 것처럼 보인다고 하여 이름이 붙여졌다. 산과 들에서 흔히 자라는 낙엽활엽관목으로 높이는 2m 정도까지 자란다. 줄기에 능선이 있으며 윤기가 난다. 잎은 어긋나고 타원형이며, 끝이 뾰족하고 가장자리에 잔톱니가 있다. 꽃은 흰색으로 산형꽃차례를 이루며 피고, 가지의 윗부분에 달린 눈은 모두 꽃눈이어서 가지 전체가 꽃으로 뒤덮인다. 작은꽃줄기는 길이가 1.5cm 정도이고 털이 없다. 꽃받침조각은 5개이며 끝이 뾰족하고 안쪽에 털이 있다. 꽃잎도 5개이며 거꿀달걀 모양 또는 타원형이다. 씨방은 4~5개이고 암술대는 수술보다 짧다. 열매는 한쪽으로 터지는 골돌과이며 털이 없고 9월에 익는다. 화분은 단립이고 크기는 소립이며 약장구형이다. 발아구는 3구형이고 표면은 유선상이며 선은 뚜렷하고 골은 비교적 넓으며 작은 구멍이 있다.

효능 뿌리는 해열, 수렴의 효능이 있어 말라리아, 감모발열, 신경통, 인후종통, 설사, 대하 등의 치료에 쓰인다.

조팝나무 꽃

조팝나무 잎

조팝나무 열매

유사종

공조팝나무 *Spiraea cantoniensis* Lour. : 꽃차례가 가지에 산방상으로 배열되어 마치 작은 공을 쪼개어 놓은 것같이 보인다.

일본조팝나무 *Spiraea japonica* L.f. : 가지에 모서리 진 모양이 없으며 분홍색 꽃이 핀다.

꼬리조팝나무 *Spiraea salicifolia* L. : 조팝나무류 가운데 유일하게 붉은색 꽃이 핀다.

참조팝나무 *Spiraea fritschiana* C. K. Schneid. : 줄기가 연한 갈색 또는 붉은 갈색을 띤다.

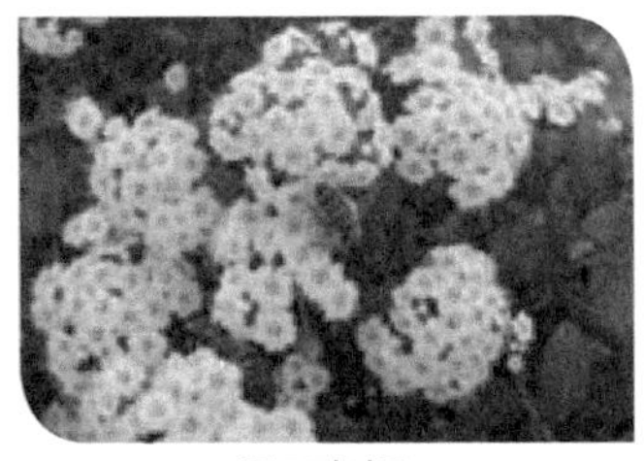
공조팝나무

꼬리조팝나무

참조팝나무

족제비싸리

Amorpha fruticosa L.

- **이명** : 왜싸리
- **영명** : Bastard indigo
- **분류** : 쌍떡잎식물 콩목 콩과
- **개화** : 5~6월
- **높이** : 3m
- **꽃말** : 생각이 나요, 상념, 사색

족제비싸리 화분(현미경 사진)

족제비싸리 꽃

족제비싸리 종자 결실

족제비싸리는 꽃의 빛깔이 족제비의 몸빛과 비슷하고 냄새가 나므로 이 이름이 붙여졌다. 낙엽활엽관목으로, 높이는 3m 내외이고 작은가지에 털이 있으나 점점 없어진다. 잎은 어긋나고 1회 깃꼴겹잎이다. 잔잎은 11~25개이고 길이 1.5~3cm에 달걀 모양 또는 타원형이다. 잎끝이 둥글지만 주맥 끝은 뾰족하며, 가장자리가 밋밋하다. 잎의 뒷면에 잔털이 없거나 약간 있다. 꽃은 5~6월에 자줏빛을 띤 하늘색으로 피며, 향기가 강하고 수상꽃차례에 달린다. 꽃받침에 샘점이 있고 꽃부리는 기판뿐이다. 열매는 협과이며 9월에 결실한다. 열매에는 1개의 종자가 들어 있으며 콩팥 모양이다. 화분은 단립이고 크기는 소립이며 약장구형이다. 발아구는 3구형이고 표면은 망상이며 망강은 뚜렷하다.

족제비싸리 잎

잎은 혈압 강하 작용이 있다.

좀목형

Vitex negundo var. *heterophylla* (Franch.) Rehder

- **이명** : 풀목향, 좀순비기나무
- **영명** : Chinese chaste-tree, Five-leaved chaste tree
- **분류** : 쌍떡잎식물 통화식물목 마편초과
- **개화** : 7～9월
- **높이** : 2～3m
- **꽃말** : 일편단심

좀목형 꽃봉오리

좀목형 꽃

좀목형 잎

좀목형은 낙엽활엽관목으로, 높이는 2~3m이며 밑에서부터 많은 줄기가 올라와 하나의 수형을 이룬다. 줄기와 잎에 방향유(芳香油)가 있다. 잎은 마주나며 5개, 드물게는 3개의 잔잎으로 된 손꼴겹잎이다. 잔잎은 피침 모양 또는 타원상의 피침 모양이고 뒷면에 잔털과 점이 있으며 가장자리가 밋밋하다. 꽃은 7~9월에 피는데, 연자주색 꽃이 가지 끝이나 줄기 끝부분의 잎겨드랑이에 수수 이삭 모양으로 달린다. 꽃받침조각은 샘점이 있고 끝이 뾰족하다. 꽃부리는 표면에 털이 있으며 자주색이고 뒷면에 융털이 있다. 열매는 핵과로 지름 0.2cm에 둥근 모양이며 9월 중순부터 10월 초에 익는다.

유사종

목형 *Vitex negundo* var. *cannabifolia* (Siebold & Zucc.) Hand.-Mazz. : 잎은 마주나며 3~5개의 잔잎으로 된 손바닥 모양 겹잎이다. 잔잎은 피침 모양 또는 긴 타원형이다. 잎 뒷면에 짧은 센털이 있다. 꽃은 가지 끝에서 원추꽃차례를 이루며 연한 보라색으로 핀다.

순비기나무 *Vitex rotundifolia* L. f. : 잎은 마주나고 달걀 모양 또는 넓은 타원형이며, 가장자리가 밋밋하다. 꽃은 가지 끝에서 수상꽃차례 모양의 원추꽃차례를 이루며 연보라색으로 핀다.

순비기나무

종이꽃

Helichrysum bracteatum Ambr.

- **이명** : 밀짚꽃, 바스라기, 회뫼간사시
- **영명** : Strawflower
- **분류** : 쌍떡잎식물 국화목 국화과
- **개화** : 6~9월
- **높이** : 60~90cm
- **꽃말** : 영원한 사랑

종이꽃 화분(현미경 사진)

종이꽃은 만지면 종이처럼 바스락거리는 소리가 나서 '바스라기'라고도 한다. 한두해살이풀로, 높이가 60~90cm이다. 줄기는 곧게 서며 가지가 많이 갈라지고 털이 없다. 잎은 어긋나고 밑부분의 잎은 거꿀달걀상의 긴 타원형이고 중간 부분의 잎은 긴 타원상의 피침 모양이며, 잎 가장자리가 밋밋하다. 꽃은 6~9월에 피며 가지 끝에 두상화가 1송이씩 달리는데, 초를 칠한 파라핀 종이처럼 반짝거린다. 총포는 꽃잎처럼 보이며 빛깔이 흰색, 노란색, 오렌지색, 진홍색, 주황색, 분홍색 등 여러 가지이다.

종이꽃 꽃

종이꽃 잎

종이꽃 줄기

쥐깨풀

Mosla dianthera (Buch.-Ham. ex Roxb.) Maxim.

- **이명** : 좀산들깨, 쥐깨, 참산들깨, 털쥐깨
- **영명** : Miniature beefsteak plant
- **분류** : 쌍떡잎식물 통화식물목 꿀풀과
- **개화** : 7~9월
- **높이** : 20~50cm
- **꽃말** : 추향

쥐깨풀 화분(현미경 사진)

쥐깨풀 꽃

쥐깨풀 잎

쥐깨풀은 그늘지고 습기가 있는 곳에서 자라는 한해살이풀로, 높이가 20~50cm이다. 줄기는 곧게 서며, 네모지고 마디에 흰색 털이 있다. 잎은 마주나고 양끝이 뾰족한 달걀 모양이며 가장자리에 톱니가 있다. 꽃은 7~9월에 피는데, 흰색 또는 붉은빛을 띤 자주색 꽃이 가지와 줄기 끝에 총상꽃차례로 달린다. 꽃받침은 5개로 갈라지며, 4개의 수술 중 2개는 길고 앞에 있는 2개는 짧다. 열매는 분과이며 달걀 모양이다. 화분은 단립이며 크기는 소립이고 약장구형이다. 발아구는 6구형이고 표면은 망상이며 망강 내 다시 미세한 망이 있다.

잎은 티몰(thymol)의 원료로 사용한다.

쥐깨풀 종자 결실

쥐똥나무

Ligustrum obtusifolium Siebold & Zucc.

- **이명** : 백당나무, 싸리버들, 남정실, 검정알나무, 귀똥나무
- **영명** : Amur privet
- **분류** : 쌍떡잎식물 현삼목 물푸레나무과
- **개화** : 5~6월
- **높이** : 2~4m
- **꽃말** : 강인한 마음

쥐똥나무 화분(현미경 사진)

쥐똥나무 꽃

쥐똥나무 잎

쥐똥나무는 검게 익은 열매의 생김새가 쥐똥 같다고 하여 이 이름이 붙여졌다. 들이나 산기슭에서 자라는 낙엽활엽관목으로, 높이는 2~4m이다. 나무껍질에 껍질눈이 있고, 가지는 회백색으로 가늘며 잔털이 있으나 2년생 가지에서는 없어진다. 잎은 마주나고 긴 타원형이며, 잎끝이 약간 둔하고 가장자리에 톱니가 없다. 잎의 뒷면 맥 위에 털이 있다. 꽃은 5~6월에 흰색으로 피고 가지 끝에 총상꽃차례를 이루며 달린다. 꽃차례는 길이가 2~3cm이고 잔털이 많다. 꽃부리는 길이 0.7~1cm의 대롱 모양이고 끝이 4개로 갈라지며, 갈래조각은 삼각형이고 끝이 뾰족하다. 수술은 2개이고 꽃부리의 통 부분에 달리며, 암술대는 길이가 0.33~0.45cm이다. 열매는 핵과로 둥근 달걀 모양이며, 10월에 검게 익는다.

쥐똥나무 열매

효능 한방에서는 열매를 '수랍과'라 하여 약용하는데, 강장, 지혈의 효능이 있어 허약 체질, 식은땀, 토혈, 혈변 등에 사용한다.

진달래

Rhododendron mucronulatum Turcz.

- **이명** : 참꽃, 두견화
- **영명** : Korean rosebay
- **분류** : 쌍떡잎식물 진달래목 진달래과
- **개화** : 4월
- **높이** : 2~3m
- **꽃말** : 사랑의 기쁨

진달래 화분(현미경 사진)

진달래는 전국 각지에 분포하는 낙엽활엽관목으로, 해발 50~2,000m 높이의 산야에서 무리지어 자란다. 높이는 2~3m이고, 줄기 윗부분에서 가지가 많이 갈라진다. 작은가지는 연한 갈색이고 비늘조각이 있다. 잎은 어긋나고 길이 4~7cm에 긴 타원상의 피침 모양 또는 거꿀피침 모양이다. 잎의 양끝이 좁으며 가장자리가 밋밋하다. 잎 표면에는 비늘조각이 약간 있고, 뒷면에는 비늘조각이 빽빽이 있으며 털이 없다. 잎자루는 길이가 0.6~1cm이다. 꽃은 4월에 잎보다 먼저 피는데, 가지 끝부분의 곁눈에서 1개씩 나오지만 2~5개가 모여 달리기도 한다. 꽃부리는 벌어진 깔때기 모양이고 끝이 5개로 갈라진다. 지름이 4~5cm이며 빛깔은 붉은빛이 강한 자주색 또는 연한 붉은색이고 겉에 털이 있다. 수술은 10개이고 수술대 밑부분에 흰색 털이 있으며, 암술은 1개이고 수술보다 훨씬 길다. 열매는 삭과로 길이 2cm의 원통 모양이며 11월에 익는다. 화분은 4립이고 크기는 중립이며 사면체형이다. 발아구는 3구형이고 표면은 난선상이며 선은 미세하고 불규칙하게 배열되어 있다.

효능 한방에서는 꽃을 '만산홍'이라 하여 약용하는데, 해수, 기관지염, 감기로 인한 두통에 효과적이고, 이뇨 작용이 있다.

진달래 꽃봉오리

진달래 꽃

진달래 잎

진달래 열매

짚신나물

Agrimonia pilosa Ledeb.

- **이명** : 집신나물, 등골짚신나물, 큰골짚신나물
- **영명** : Hairy agrimony
- **분류** : 쌍떡잎식물 장미목 장미과
- **개화** : 6~8월
- **높이** : 30~100cm
- **꽃말** : 감사

짚신나물 화분(현미경 사진)

짚신나물은 여러해살이풀로, 높이가 30~100cm이다. 잎은 어긋나고 홀수깃꼴겹잎이며 5~7개의 잔잎이 있다. 밑부분의 잔잎은 점차 작아지고 중앙부에 잔잎 같은 것이 끼어 있다. 끝에 달린 3개의 잔잎은 길이 3~6cm, 너비 1.5~3.5cm로 크기가 거의 비슷하고 긴 타원형, 거꿀달걀 모양 또는 달걀상의 긴 타원형이다. 잎의 양면에 털이 있고 양끝이 좁으며 가장자리에 톱니가 있다. 턱잎은 반원 모양이며 한쪽 가장자리에 큰 톱니가 있다. 잎의 표면은 녹색으로 털이 드문드문 나 있으며, 뒷면은 담록색으로 털이 더 많다. 꽃은 6~8월에 노란색으로 피며, 원줄기 끝과 가지 끝에서 나온 길이 10~20cm의 총상꽃차례에 달린다. 꽃받침통은 길이 0.3cm 정도에 세로줄이 있으며 위쪽 끝이 5개로 갈라진다. 꽃잎은 5개, 수술은 12개이다. 열매는 8~9월경에 달리고 꽃받침통 안에 들어 있으며, 윗부분에 갈고리 같은 가시가 많이 나 있다. 화분은 단립이고 크기는 중립이며 장구형이다. 발아구는 3구형이고 표면은 유선상이며 선은 미세하고 골은 얕다.

효능 전초를 약용하는데, 지혈, 거풍, 구충, 강장, 강심 등의 효능이 있어 하리, 대하, 자궁 출혈, 고혈압, 해수, 장출혈, 안질 등을 치료한다.

짚신나물 약재(용아초)

짚신나물 꽃

짚신나물 잎

짚신나물 종자 결실

쪽

Persicaria tinctoria (Aiton) H.Gross

- **이명** : 청대
- **영명** : Polygonum indigo
- **분류** : 쌍떡잎식물 마디풀목 마디풀과
- **개화** : 8~9월
- **높이** : 50~60cm
- **꽃말** : 추억

쪽 화분(현미경 사진)

쪽 꽃

쪽 잎

쪽은 한해살이풀로, 높이가 50~60cm이다. 줄기는 곧게 서고 붉은빛이 강한 자주색이다. 잎은 어긋나고 길이 7~9cm의 긴 타원형 또는 달걀 모양이며 양끝이 좁고 가장자리가 밋밋하다. 잎자루는 짧고, 턱잎은 잎집 모양으로 막질이며 가장자리에 털이 있다. 꽃은 8~9월에 붉은색으로 피는데, 줄기 윗부분의 잎겨드랑이와 줄기 끝에 수상꽃차례를 이루며 빽빽이 달린다. 꽃잎은 없고, 꽃받침은 길이 2~2.5cm에 5개로 깊게 갈라지며, 갈래조각은 거꿀달걀 모양이다. 수술은 6~8개이고 꽃받침보다 짧으며, 수술대 밑에 작은 선이 있고, 꽃밥은 연한 붉은색이다. 씨방은 달걀상의 타원형이고 끝에 3개의 암술대가 있다. 열매는 수과로 꽃받침에 싸여 있으며, 길이 0.2cm 정도의 세모난 달걀 모양이고 검은빛을 띤 갈색이다. 화분은 단립이고 크기는 중립이며 구형이다. 발아구는 산공형으로 원형이고 망강 내 존재한다. 표면은 망상으로 비교적 뚜렷하며 망벽은 여러 개의 원주상 기둥으로 되어 있다.

쪽 줄기

효능 청열과 진균, 항균 작용이 뛰어나 각종 균을 없애고 열독을 내려준다. 아토피 같은 피부성 질환의 원인균인 포도상 구균 등을 없애주어 피부 트러블과 가려움증을 치료한다.

찔레꽃

Rosa multiflora Thunb. var. *multiflora*

- **이명** : 가시나무
- **영명** : Baby rose, Multiflora rose
- **분류** : 쌍떡잎식물 장미목 장미과
- **개화** : 5~6월
- **높이** : 2m
- **꽃말** : 고독

찔레꽃 화분(현미경 사진)

찔레꽃 꽃

찔레꽃 잎

찔레꽃은 습기가 많은 하천이나 호반 주변에서 자라는 낙엽활엽관목으로, 높이는 2m에 달한다. 줄기는 곧게 서거나 비스듬히 옆으로 뻗으며 가지 끝이 밑으로 처져 덩굴성으로 된다. 새 가지는 녹색이지만 겨울에 붉어지며 가시가 있다. 잎은 어긋나고 깃꼴겹잎이며 잔잎은 5~9개이다. 잔잎은 타원형 또는 거꿀달걀 모양이며, 가장자리에 잔톱니가 있다. 잎의 표면에는 털이 없고 뒷면에 잔털이 있다. 꽃은 5~6월에 피며, 흰색 또는 연홍색의 꽃이 새 가지 끝에 달린다. 꽃잎은 거꿀달걀 모양이고 향기가 있다. 수술은 여러 개이고 꽃밥은 노란색이며, 꽃받침과 꽃잎은 각각 5개이다. 열매는 수과로 둥글고 10월에 붉게 익는다. 화분은 단립이고 크기는 소립이며 약장구형이다. 발아구는 3개로 약공구형이고 외구연이 비후되어 교각을 형성한다. 표면은 유선상이며 선은 뚜렷하지 않고 골에 다수의 작은 구멍이 있다.

찔레꽃 열매

찔레꽃 약재(영실근)

효능 뿌리는 성질이 서늘하고, 맛은 쓰고 떫으며 독이 없다. 열을 내리고 습을 거두며, 풍을 제거하고 혈액 순환을 촉진하며 독을 풀어주는 효능이 있고, 산후풍, 산후 골절통에 효과가 있어서 술을 담가 먹는다. 꽃 증류액은 구창, 당뇨병, 심장 질환을 치료한다. 잎을 찧어서 상처 난 데 붙이면 상처가 잘 아물고 새살이 돋는다.

차나무

Camellia sinensis (L.) Kuntze

- **이명** : 차, 차엽수
- **영명** : Tea-plant
- **분류** : 쌍떡잎식물 물레나물목 차나무과
- **개화** : 10~11월
- **높이** : 1~2m
- **꽃말** : 추억

차나무 화분(현미경 사진)

차나무 꽃

차나무 잎

차나무는 상록활엽관목으로, 높이는 1~2m이다. 잎은 어긋나고 피침상의 긴 타원형 또는 긴 타원형으로, 잎끝이 뾰족하고 밑부분이 둔하며 약간 안으로 굽은 둔한 톱니가 있다. 질은 단단하고 약간 두꺼우며 표면에 광택이 있다. 꽃은 10~11월에 흰색 또는 연분홍색으로 잎겨드랑이나 가지 끝에 1~3송이씩 달린다. 꽃받침조각은 5개이며 길이 1~2cm로 둥글고, 꽃잎은 6~8개이며 넓은 거꿀달걀 모양이고 뒤로 젖혀진다. 열매는 납작한 원형으로 지름 2cm에 3~4개의 둔하고 뾰족한 모서리각이 있다. 다음 해 8월 말~11월 중순에 다갈색으로 익으며, 종자는 둥글고 껍질이 굳다.

차나무 열매

차나무 약재(다엽)

효능 세계 10대 건강식품 중 하나인 녹차는 카테킨 성분이 풍부하게 함유되어 있어서 항암 효과는 물론 활성 산소를 제거하여 노화를 억제하는 효과가 있다. 녹차의 떫은맛을 내는 카테킨 성분은 혈당 수치를 개선해주고 몸속의 인슐린 분비를 촉진시켜 당뇨병 예방에도 효과적이다. 녹차를 꾸준히 섭취하면 몸속에 쌓여 있는 지방을 분해해주고 독소를 몸 밖으로 배출시켜 다이어트에도 효과가 있다. 또한 카테킨 성분은 발암 물질로 분류된 아플라톡신, 벤조피렌 등을 억제시키고 유방암, 전립선암 등 각종 암을 예방하는 효과가 있다.

차이브

Allium Schoenoprasum L.

- **이명** : 백두산파, 서양실파
- **영명** : Chive
- **분류** : 외떡잎식물 백합목 백합과
- **개화** : 5~6월
- **높이** : 20~30cm
- **꽃말** : 축하

차이브 화분(현미경 사진)

차이브 꽃

차이브 종자 결실

차이브는 여러해살이풀로, 허브의 한 종류이다. 각종 요리의 향신료로 쓰이는데, 톡 쏘는 향긋한 냄새는 식욕을 돋우는 효과가 있다. 높이는 20~30cm이고, 생김새는 작은 파와 같다. 잎은 많은 양분이 들어있는 다육질이며, 지름 0.4cm, 길이 1~3cm의 작은 비늘줄기 둘레에 빽빽하게 모여나서 땅속줄기를 형성한다. 포기의 속은 희고 껍질이 회색인 여러 개의 비늘줄기로 구성되어 있다. 꽃은 5~6월에 피며, 분홍색, 보라색, 자주색의 작은 꽃이 반원 모양에 가깝게 핀다. 꽃이 피면 잎이 딱딱해지고 풍미가 떨어진다.

빈혈 예방, 식욕 증진, 혈압 강하, 변비 해소, 소화 촉진의 효능이 있고 혈액을 맑게 하며 치아의 성장에 도움을 준다.

차이브 잎

참깨

Sesamum indicum

- **이명** : 오마자, 흑지마
- **영명** : Sesame
- **분류** : 쌍떡잎식물 통화식물목 참깨과
- **개화** : 7~8월
- **높이** : 1m
- **꽃말** : 기대하다

참깨 화분(현미경 사진)

참깨는 한해살이풀로 높이가 1m 정도이다. 줄기는 단면이 네모지고 여러 개의 마디가 있으며 흰색 털이 빽빽이 나 있다. 뿌리는 곧고 깊게 뻗는다. 잎은 마주나고 줄기 윗부분에서는 때때로 어긋나며 잎자루가 길다. 잎의 길이는 10cm 정도이며 긴 타원형 또는 피침 모양이다. 잎끝은 뾰족하고, 밑부분은 거의 둥글거나 뾰족하며, 가장자리는 밋밋하다. 줄기 밑부분에 달린 잎은 가장자리의 톱니가 발달해 3개로 갈라지기도 하며, 잎자루 밑부분에 노란색의 작은 돌기가 있다. 꽃은 7~8월에 연분홍색으로 피며, 줄기 윗부분에 있는 잎겨드랑이에 1송이씩 밑을 향해 달린다. 꽃받침은 5개로 깊게 갈라지고, 꽃부리는 대롱 모양이며 끝이 5개로 갈라진다. 수술은 4개인데 그중 2개가 길고 1개의 헛수술이 있다. 암술은 1개이고 암술머리는 2개로 갈라진다. 씨방은 4실이고 주변에 털이 빽빽이 나 있다. 열매는 삭과로 길이 2~3cm의 원기둥 모양이며, 약 80개의 종자가 들어있다. 종자의 빛깔은 흰색, 노란색, 검은색이다.

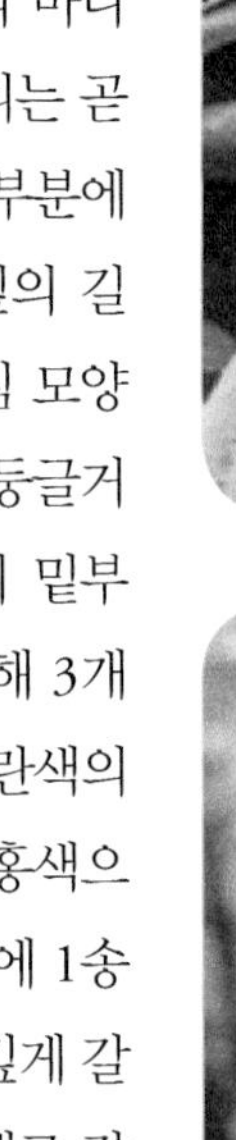

참깨 잎

참깨 줄기

효능 항산화 성분이 들어있어 인체 내의 자동 산화로부터 생성되는 노화 촉진성 과산화물을 억제하는 효능이 있다. 혈액을 맑게 하여 혈관을 정상상태로 유지할 수 있으며, 술 마시기 전에 씹어 먹으면 숙취나 악취를 예방할 수 있다.

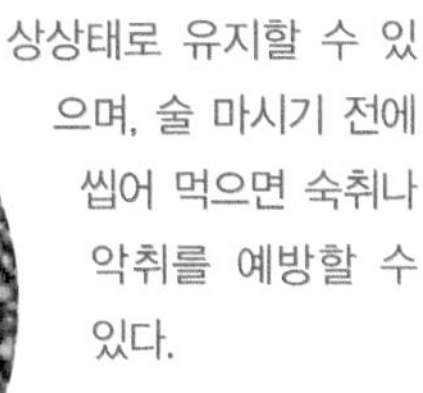

참깨 약재(흑지마)

참깨 열매

참싸리

Lespedeza cyrtobotrya Miq.

- **이명** : 사리, 비싸리
- **영명** : Shortstalk bushclover
- **분류** : 쌍떡잎식물 콩목 콩과
- **개화** : 7~8월
- **높이** : 1~2m
- **꽃말** : 은혜

참싸리 화분(현미경 사진)

참싸리 꽃

참싸리 잎

참싸리는 산지에 자라는 낙엽활엽관목으로, 높이는 1~2m이다. 줄기가 곧게 자라며 가지를 많이 치고 줄기 전체에 부드러운 흰색 털이 있다. 잎은 어긋나고 3출 겹잎이다. 잔잎은 타원형 또는 거꿀달걀 모양으로 잎끝이 둥글며 가운데는 약간 오목하고 밑부분은 둥글다. 잎의 뒷면에 짧고 부드러운 털이 있다. 줄기에 있는 잎사루가 가지에 있는 잎자루보다 길며 모든 잎자루에 털이 있다. 꽃은 7~8월에 잎겨드랑이에서 나온 짧은 꽃줄기에 총상꽃차례로 달리며, 붉은 보라색이다. 꽃줄기와 꽃자루에 흰 털이 빽빽하게 나 있다. 열매는 협과이며, 길이 0.8cm에 달걀 모양으로 털이 있고 10월에 익는다. 화분은 단립이고 크기는 중립이며 장구형이다. 발아구는 3구형이고 주변의 외표벽이 비후되어 있다. 표면은 망상으로 망강은 협소하고 망벽은 뚜렷하지 않다.

참싸리 줄기

참조팝나무

Spiraea fritschiana C. K. Schneid.

- **이명** : 좀조팝나무, 바위좀조팝나무, 고려조팝나무, 물조팝나무
- **영명** : Korean spiraea, Fritsch spiraea
- **분류** : 쌍떡잎식물 장미목 장미과
- **개화** : 5~6월
- **높이** : 1~2m
- **꽃말** : 노력

참조팝나무 잎

참조팝나무는 낙엽활엽관목으로, 우리나라 특산종이다. 높이는 1~2m이고, 줄기는 연한 갈색 또는 붉은 갈색을 띤다. 잎은 어긋나고, 달걀 모양 또는 달걀상의 타원형이며 가장자리에 고르지 않은 거친 톱니가 있다. 잎의 앞면은 녹색이고 뒷면은 연한 녹색이며, 양면에 털이 없다. 꽃은 5~6월에 붉은빛을 띤 흰색으로 피며, 가지 끝의 겹산방꽃차례에 달린다. 꽃받침통은 종 모양이며, 안쪽에 털이 있다. 꽃잎은 달걀 모양이고, 수술은 많으며 꽃잎보다 길다. 열매는 골돌과로 털이 거의 없으며 9월에 익는다. 화분은 단립이고 크기는 소립이며 장구형이다. 발아구는 3구형이고 공구 주변의 외표벽이 비후되어 교각을 형성한다. 표면은 유선상이며 선은 뚜렷하고 골은 얕으며 골에 크기가 다른 작은 구멍이 있다.

참조팝나무 꽃봉오리

참조팝나무 꽃

유사종

공조팝나무 *Spiraea cantoniensis* Lour. : 잎은 어긋나고 피침 모양 또는 넓은 타원형이며 위쪽 결각상 톱니가 있다. 양면에 털이 없으며, 뒷면은 흰색을 띤다. 꽃은 잎과 함께 흰색으로 핀다.

꼬리조팝나무 *Spiraea salicifolia* L. : 잎은 어긋나고 피침 모양에 양끝이 뾰족하다. 가장자리에는 날카로운 톱니가 있으며, 뒷면에는 잔털이 있다. 꽃은 연한 붉은색으로 핀다.

산조팝나무 *Spiraea blumei* G. Don : 잎은 어긋나고 달걀 모양 또는 원형이며, 위쪽 가장자리가 3~5갈래로 얕게 갈라진다. 잎 앞면은 진녹색이고 뒷면은 연녹색이며, 양면에 털이 없다. 꽃은 흰색으로 피고 털이 없다.

조팝나무 *Spiraea prunifolia* var. *simpliciflora* Nakai : 잎은 어긋나고 타원형이며 끝이 뾰족하고 가장자리에 잔톱니가 있다. 꽃은 흰색으로 핀다.

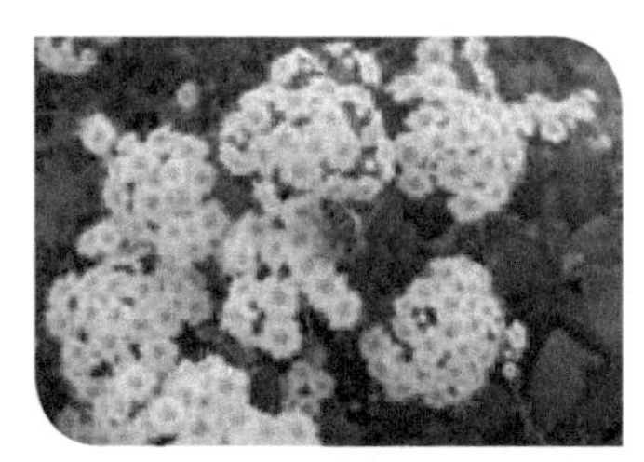
공조팝나무

꼬리조팝나무

조팝나무

채송화

Portulaca grandiflora Hook.

- **이명** : 대명화, 따꽃
- **영명** : Ross moss
- **분류** : 쌍떡잎식물 석죽목 쇠비름과
- **개화** : 7~10월
- **높이** : 20~30cm
- **꽃말** : 가련함, 순진, 천진난만

채송화 화분(현미경 사진)

채송화는 한해살이풀로, 햇빛이 잘 들고 토양이 기름지지 않은 푸석푸석한 곳에서 잘 자란다. 육질의 줄기는 원주형으로 붉은빛을 띠고 옆으로 누우며 가지를 쳐서 뻗는데, 큰 것은 30cm가량 자란다. 잎은 어긋나고 원기둥 모양이며, 살이 많고 털이 없다. 잎겨드랑이에는 흰 털이 무더기로 나 있다. 꽃은 여름에 붉은색, 흰색, 노란색, 자주색 등으로 피는데, 줄기 끝에서 1송이, 때로는 2송이 이상 달리기도 한다. 꽃받침조각은 2개로 넓은 달걀 모양이고, 꽃잎은 5개로 넓은 거꿀달걀 모양이며 끝이 뾰족하다. 수술은 많고, 암술은 5~9개의 암술머리로 되어 있다. 대개 낮에 꽃이 피었다가 오후에는 시드는데, 맑은 날 햇볕을 받을 때에만 핀다. 열매는 삭과이며 9월에 익으면 중앙부가 수평으로 갈라져 많은 종자가 나온다.

효능 전초를 '반지련'이라 하여 약용한다. 인후염이나 편도선염에 즙을 내어 입안에 물고 있다가 버리면 염증이 가라앉고 발열감이 적어진다. 또 어린이의 피부 습진이나 화상, 타박상 등에 짓찧어서 붙이고, 외상으로 인한 출혈에도 붙인다.

채송화 꽃(붉은색)

채송화 꽃(흰색)

채송화 꽃(노란색)

채송화 잎

천수국

Tagetes erecta L.

- **이명** : 공작초, 아프리칸메리골드
- **영명** : African marigold
- **분류** : 쌍떡잎식물 국화목 국화과
- **개화** : 5~8월
- **높이** : 45~60cm
- **꽃말** : 가련한 사랑, 이별의 슬픔

천수국 화분(현미경 사진)

천수국은 프렌치메리골드라고도 부르는 만수국(萬壽菊)에 상대하여 붙여진 이름이다. 한해살이풀로, 높이가 45~60cm이다. 줄기는 가지가 많이 갈라지며 털이 없다. 전초에서 독특한 냄새가 난다. 잎은 마주나거나 어긋나고 1회 깃꼴겹잎이며 13~15개의 잔잎으로 된다. 잔잎은 피침 모양이며, 가장자리에 잔톱니가 있으나 밋밋한 것처럼 보이고 측맥 끝에 샘점이 있다. 꽃은 여름에 피지만 온상에서 기른 것은 5월에 피며, 가지 끝에서 굵은 줄기가 나와 지름 5cm 내외의 두상화가 달린다. 중심부의 대롱꽃은 끝이 5개로 갈라진다. 혀꽃은 노란색, 적황색, 담황색 등이며 꽃피는 시기가 길다. 총포는 컵 모양이고 꽃턱잎조각은 밑부분이 합쳐져서 밋밋하다. 열매는 수과로 약간 모가 지며 굽고, 갓털은 가시 같으며 길이가 같지 않다.

효능 항산화 효과와 진정 효과가 있어서 염증과 경련을 줄이고, 혈압을 떨어뜨리는 효과도 있다.

천수국 꽃봉오리

천수국 꽃

천수국 잎

유사종

만수국 *Tagetes patula* L. : 잎은 어긋나거나 마주나고, 1회 깃꼴겹잎이며 가장자리에 뾰족한 톱니가 있다.

만수국아재비 *Tagetes minuta* L. : 잎은 깃꼴겹잎이고, 잔잎은 선상 피침 모양으로 잎끝이 둔하거나 뾰족하며 반투명한 샘점이 있다.

금잔화 *Calendula arvensis* L. : 줄기잎은 어긋나고, 넓은 피침 모양 또는 긴 타원형이며 가장자리에 톱니가 있다.

금잔화

천일홍

Gomphrena globosa L.

- **이명** : 천일초, 천날살이풀
- **영명** : Globe amaranth
- **분류** : 쌍떡잎식물 중심자목 비름과
- **개화** : 7～10월
- **높이** : 40～50cm
- **꽃말** : 변하지 않은 사랑

천일홍 화분(현미경 사진)

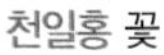

천일홍 꽃

천일홍 잎

천일홍은 꽃의 빛깔이 오랫동안 유지되는 데에서 이름이 유래하였다. 한해살이풀로, 높이가 40~50cm이다. 줄기는 곧게 서고 전체에 털이 있으며 가지가 갈라진다. 잎은 마주나고, 길이 3~10cm에 긴 타원형 또는 거꿀달걀상의 긴 타원형으로 좁고 가장자리는 밋밋하다. 꽃은 7~10월에 피고 가지와 줄기 끝에 1송이씩 달린다. 꽃의 빛깔은 흰색, 분홍색, 진홍색 등 여러 가지이다. 꽃잎이 없는 대신, 긴 줄기에 붉은색, 분홍색, 오렌지색, 흰색의 꽃턱잎이 달린다. 5개의 수술이 뭉쳐져서 대롱같이 되고 끝부분의 안쪽에 꽃밥이 달린다. 1개의 암술대는 끝이 2개로 갈라진다. 열매는 수과로 8~11월에 익으며, 안에 바둑알 같은 종자가 1개씩 들어 있다.

천일홍 줄기

철쭉

Rhododendron schlippenbachii Maxim.

- **이명** : 개꽃, 신두견, 대자두견화
- **영명** : Royal azalea
- **분류** : 쌍떡잎식물 진달래목 진달래과
- **개화** : 5월
- **높이** : 2～5m
- **꽃말** : 자제, 사랑의 즐거움

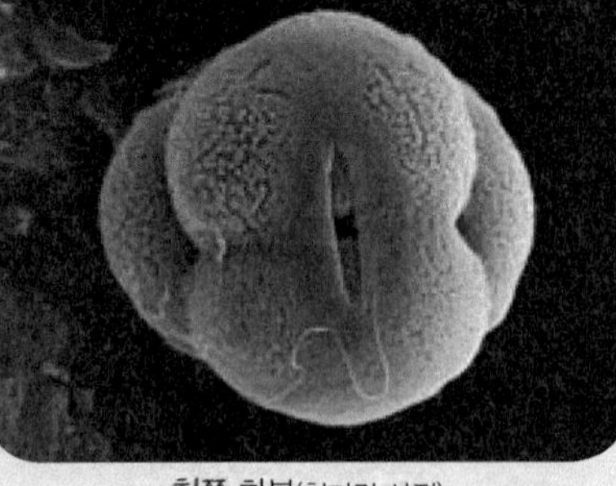

철쭉 화분(현미경 사진)

철쭉은 독성이 있어 먹을 수 없으므로 '개꽃'이라고 한다. 산지에서 자라는 낙엽활엽관목으로, 높이는 2~5m이다. 어린가지에 샘털이 있으나 점차 없어진다. 잎은 어긋나지만 가지 끝에서는 돌려나는 것처럼 보이고, 거꿀달걀 모양으로 잎끝은 둥글거나 다소 파이며 가장자리가 밋밋하다. 잎의 표면은 녹색으로 처음에는 털이 있으나 차츰 없어지며 뒷면은 연녹색으로 잎맥 위에 털이 있다. 꽃은 5월에 연분홍색으로 피며, 가지 끝에 3~7개씩 달려 산형꽃차례를 이룬다. 꽃받침은 작은꽃줄기와 더불어 샘털이 있다. 꽃부리는 깔때기 모양이고 5개로 갈라지며, 위쪽 갈래조각에 적갈색 반점이 있다. 수술은 10개, 암술은 1개이며 씨방에 샘털이 있다. 열매는 삭과로 길이 1.5cm 정도에 달걀상의 타원형이고 샘털이 있으며 10월에 익는다. 화분은 4립이고 크기는 중립이며 사면체형이다. 발아구는 3구형이고 표면은 미립상 또는 난선상이며 선은 미세하고 불규칙하게 배열되어 있다.

효능 뿌리 추출물은 아토피성 피부염과 습진을 치료하거나 개선하는 효능이 있다. 또한 잎은 강장제, 이뇨제, 건위제로 쓰인다.

철쭉 겨울눈

철쭉 꽃

철쭉 잎

철쭉 열매

초롱꽃

Campanula punctata Lam.

- **이명** : 산소채, 까치밥통
- **영명** : Spotted bellflower
- **분류** : 쌍떡잎식물 초롱꽃목 초롱꽃과
- **개화** : 6~8월
- **높이** : 40~100cm
- **꽃말** : 충실, 정의

초롱꽃 화분(현미경 사진)

초롱꽃 꽃

초롱꽃 종자 결실

초롱꽃은 꽃부리가 초롱처럼 생긴 데에서 이름이 유래하였다. 우리나라, 일본, 중국에 분포하는 여러해살이풀로, 산지의 풀밭에서 자란다. 높이가 40~100cm이고, 줄기는 전체에 퍼진 털이 있으며 옆으로 뻗는 가지가 있다. 잎은 뿌리잎과 줄기잎이 있는데, 뿌리잎은 잎자루가 길고 달걀상의 심장 모양이다. 줄기잎은 세모꼴의 달걀 모양 또는 넓은 피침 모양이고 가장자리에 불규칙한 톱니가 있다. 꽃은 6~8월에 피고 흰색 또는 연한 홍자색 바탕에 짙은 반점이 있으며, 긴 꽃줄기 끝에서 밑을 향하여 달린다. 꽃부리는 길이가 4~5cm이고 초롱같이 생겼다. 꽃받침은 5개로 갈라지고 털이 있으며 갈래조각 사이에 뒤로 젖혀지는 부속체가 있다. 씨방은 하위이고 5개의 수술과 1개의 암술이 있으며, 암술머리는 3개로 갈라진다. 열매는 삭과로 거꿀달걀 모양이고 9월에 익는다. 화분은 단립이고 크기는 중립이며 구형이다. 발아구는 3구형이고 표면은 극상이며 유선상의 무늬가 발달한다.

초롱꽃 잎

효능 전초를 '자반풍령초'라고 하여 약용한다. 열을 내리고 독을 풀어주며, 통증을 없애주고 산모의 해산을 촉진하는 효능이 있다. 또한 청열, 해독, 지통의 효능이 있어 인후염과 두통의 치료에 사용한다.

층꽃나무

Caryopteris incana (Thunb) Miq.

- **이명** : 층꽃풀, 난향초
- **영명** : Nursery spiraea
- **분류** : 쌍떡잎식물 통화식물목 마편초과
- **개화** : 7~9월
- **높이** : 30~60cm
- **꽃말** : 가을의 연인

층꽃나무 꽃봉오리

층꽃나무 꽃(보라색)

층꽃나무 꽃(흰색)

층꽃나무 잎

층꽃나무는 줄기 윗부분에 꽃이 많이 모여 달려 계단처럼 보이는 데에서 이름이 유래하였다. 반목본성 낙엽활엽관목으로, 높이는 30~60cm이다. 줄기가 무더기로 나오며 작은가지는 털이 많고 흰빛을 띤다. 잎은 마주나고 달걀 모양 또는 긴 타원형이며, 잎끝이 뾰족하고 가장자리에 5~10개의 톱니가 있다. 잎의 표면은 짙은 녹색이고 털이 있으며, 뒷면은 회백색이고 털이 빽빽하게 나 있다. 꽃은 7~9월에 피며, 흔히 연한 자주색이지만 연한 분홍색과 흰빛을 띠기도 한다. 암술대는 2개로 갈라지고 4개의 수술 중 2개는 길며 모두 꽃 밖으로 길게 나온다. 열매는 거꿀달걀 모양으로 편평하고 중앙에 능선이 발달하였으며, 꽃받침 속에 5개의 열매가 들어 있다. 종자는 가장자리에 날개가 발달하였으며, 9월 중순~11월 중순에 익는다.

효능 뿌리는 거풍제습, 산어지해의 효능이 있다. 감기에 의한 발열, 류머티즘에 의한 골통, 백일해, 만성 기관지염, 월경 불순, 붕루나 자궁암 등에 의한 자궁 출혈, 타박상, 피부소양, 습진, 창종을 치료한다.

칠엽수

Aesculus turbinata Blume

- **이명** : 일본칠엽수, 왜칠엽나무, 마로니에
- **영명** : Horse chestnut
- **분류** : 쌍떡잎식물 무환자나무목 칠엽수과
- **개화** : 5~6월
- **높이** : 30m
- **꽃말** : 사치스러움, 낭만, 정열

칠엽수 화분(현미경 사진)

칠엽수는 일본 원산의 낙엽활엽교목으로, 높이는 30m에 달한다. 굵은 가지가 사방으로 퍼지며 겨울눈은 크고 수지가 있어 점성이 있으며, 어린가지와 잎자루에 붉은빛을 띤 갈색의 털이 있으나 곧 떨어진다. 잎은 마주나고 손바닥 모양으로 갈라진 겹잎이다. 잔잎은 5~7개로 긴 거꿀달걀 모양에 끝이 뾰족하고 밑부분이 좁다. 가장자리에 잔톱니가 있고, 뒷면에는 붉은빛을 띤 갈색 털이 있다. 가운데 달린 잔잎이 가장 크고, 밑부분에 달린 잔잎은 작다. 꽃은 5~6월에 피는데, 수꽃에는 7개의 수술과 1개의 퇴화한 암술이 있고, 양성화에는 7개의 수술과 1개의 암술이 있다. 열매는 삭과로 거꿀원뿔형인데 지름이 4~5cm이고 3개로 갈라지며, 10월에 익는다. 종자는 너비가 2~3cm로, 밤처럼 생기고 끝이 둥글며 붉은빛을 띤 갈색이다.

효능 한방에서는 과실 또는 종자를 '사라자(娑羅子)'라 하며 약용한다. 과실에서 얻어진 사포닌(saponin)은 소염제로 사용된다. 약효는 심장과 위장을 시원하게 뚫어주고 관중기를 다스리며, 이기 살충의 효능이 있다. 위장통, 배가 부르고 빵빵한 증세, 기생충으로 인한 빈혈 증세와 동증, 말라리아, 이질 등을 치료한다.

칠엽수 꽃

칠엽수 잎

칠엽수 열매

붉은칠엽수 *Aesculus pavia* L. : 미국칠엽수와 서양칠엽수의 교배종으로, 꽃이 칠엽수보다 먼저 핀다.

붉은칠엽수

칡

Pueraria lobata (Willd.) Ohwi

- **이명** : 갈등, 갈마등, 갈등마, 침덩굴, 감갈근, 분갈근, 갈근
- **영명** : Kudzu vine
- **분류** : 쌍떡잎식물 콩목 콩과
- **개화** : 8월
- **길이** : 20m
- **꽃말** : 사랑의 한숨

칡 열매

칡은 낙엽활엽 덩굴성 식물로, 줄기가 매년 굵어져서 굵은 줄기를 이루기 때문에 나무로 분류된다. 겨울에도 얼어 죽지 않고 대부분의 줄기가 살아남는다. 산기슭의 양지에서 자라는데, 적당한 습기가 있고 흙이 깊은 곳에서 잘 자란다. 줄기는 20m 이상 길게 뻗으며 다른 물체를 감아 올라가고, 새로 난 줄기에 갈색 또는 흰색 털이 있으나 곧 없어진다. 잎은 어긋나고 잎자루가 길며, 3출 겹잎이다. 잔잎은 길이와 너비가 각각 10~15cm이고 마름모꼴 또는 넓은 타원형이다. 잎의 양면에 털이 많으며 가장자리가 밋밋하거나 얕게 3개로 갈라진다. 뒷면은 흰색을 띠고, 턱잎은 길이 1.5~2cm의 피침 모양이다. 꽃은 8월에 붉은빛을 띤 자주색으로 피고, 잎겨드랑이에 길이 10~25cm의 총상꽃차례를 이루며 많은 수가 달린다. 꽃턱잎은 길이 0.8~1cm에 줄 모양이고 긴 털이 있으며, 작은꽃턱잎은 좁은 달걀 모양 또는 넓은 피침 모양이다. 꽃의 생김새는 나비와 비슷하다. 열매는 협과이며, 길이 4~9cm에 넓은 줄 모양으로 굵은 털이 있고 9~10월에 익는다.

칡 꽃

칡 잎

효능 꽃은 주독을 없애고 하혈에 효과가 있다고 하여 민간약으로 애용되었다. 뿌리에는 전분이 많이 함유되어 있어 흉년에는 구황 식품으로 많이 이용되었고, 자양 강장제 등 건강식품으로 쓰이기도 하였다. 한방에서는 뿌리를 '갈근(葛根)'이라 하여 약용하는데, 발한, 해열 등의 효능이 있다. 뿌리의 녹말은 '갈분(葛粉)'이라 하며, 녹두가루와 섞어서 갈분국수를 만들어 먹었고, 줄기의 껍질은 갈포(葛布)의 원료로 쓰였다.

칡 약재(갈근)

칡 덩굴줄기

캘리포니아양귀비

Eschscholtzia californica L.

- **이명** : 금영화
- **영명** : Californian poppy
- **분류** : 쌍떡잎식물 양귀비목 양귀비과
- **개화** : 8월경
- **높이** : 30~50cm
- **꽃말** : 희망

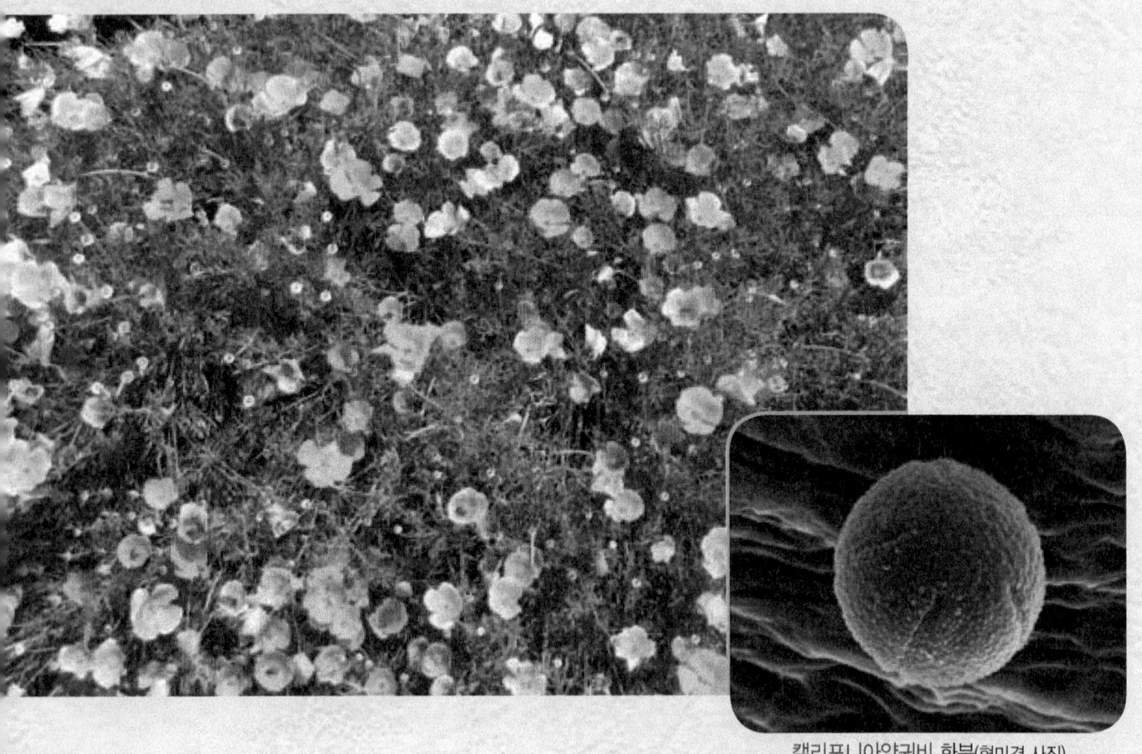

캘리포니아양귀비 화분(현미경 사진)

캘리포니아양귀비 꽃봉오리

캘리포니아양귀비 꽃

캘리포니아양귀비는 한해살이풀로, 양지바르고 물 빠짐이 좋은 곳이라면 어떤 곳에서나 잘 자란다. 높이는 30~50cm이며 전체적으로 회청색을 띤다. 잎은 어긋나고 잎자루가 길며 깃 모양으로 갈라진다. 잔잎은 다시 갈라져 맨 나중의 갈래조각은 줄 모양으로 된다. 꽃은 8월경에 황색으로 줄기 끝에 1송이씩 달린다. 꽃받침잎은 2개로 넓은 타원형이고, 꽃이 필 때 떨어진다. 꽃잎은 4개이며 많은 수술과 1개의 암술이 있다. 수술대는 짧고 꽃밥은 길며, 암술대는 불규칙하게 4개로 갈라진다. 이 꽃은 맑은 날에만 피고 해가 지면 오므라드는 것이 특징인데, 추위에 비교적 약하다. 열매는 삭과이고 길이 8cm 정도에 2개로 갈라지며 종자는 검은색이다.

캘리포니아양귀비 잎과 줄기

케일

Brassica oleracea var. *acephala*

- **영명** : Kale
- **분류** : 쌍떡잎식물 양귀비목 십자화과
- **개화** : 5~6월
- **높이** : 30~60cm

케일 화분(현미경 사진)

케일 꽃

케일 잎

케일은 지중해 원산의 여러해살이풀로, 높이는 30~60cm이다. 잎은 두껍고 털이 없으며 분백색을 띤다. 잎 가장자리에 불규칙한 톱니가 있으며 서로 겹쳐져서 중앙부의 것은 공처럼 단단하게 된다. 꽃은 5~6월에 연한 노란색으로 피며, 2년생 뿌리에서 자란 꽃줄기 끝에 총상꽃차례로 달린다. 꽃받침 조각과 꽃잎은 각각 4개이고, 6개의 수술 중 4개가 길며 암술은 1개이다. 열매는 각과로 짧은 원주형이며 비스듬히 선다.

효능 조혈 작용이 있어 빈혈에 좋다. 또한 혈액을 맑게 해주고 장을 깨끗하게 하여, 신진대사 촉진과 새 세포 생성에 효과가 있다. 신경통을 치료하고, 고혈압증 개선, 혈당치 회복의 효능도 있다. 발암 물질을 해독하는 인돌화합물이 함유되어 있다.

케일 줄기

코스모스

Cosmos bipinnatus Cav.

- **이명** : 살살이꽃, 추영
- **영명** : Common cosmos
- **분류** : 쌍떡잎식물 국화목 국화과
- **개화** : 6~10월
- **높이** : 1~2m
- **꽃말** : 소녀의 사랑, 전설

코스모스 화분(현미경 사진)

코스모스 꽃(흰색)

코스모스 꽃(분홍색)

코스모스 꽃(자홍색)

코스모스는 한해살이풀로 높이가 1~2m이다. 줄기는 곧게 서고 위쪽에서 가지가 갈라지며 털은 없다. 잎은 마주나며, 2회 깃 모양으로 깊고 가늘게 실처럼 갈라진다. 꽃은 6~10월에 피며, 가지와 원줄기 끝에 두상화가 1송이씩 달린다. 혀꽃은 6~8개이며 빛깔이 흰색, 분홍색, 자홍색 등 품종에 따라서 다르고 끝이 톱니처럼 얕게 갈라진다. 대롱꽃은 노란색이고 열매를 맺는다. 총포조각은 2줄로 배열되며 각각 8개의 포조각으로 되고 바깥조각은 밖으로 퍼지며 끝이 뾰족하다. 열매는 수과로 털이 없으며 부리처럼 길다. 가을운동회가 연상되는 코스모스는 1910년대 선교사에 의해 도입되었다고 전해진다. 화분은 단립이며 크기는 중립이고 구형이다. 발아구는 3구형이고 표면은 극상이며 불규칙하고 크기가 다른 소공이 있다.

코스모스 잎

효능 한방에서는 뿌리를 제외한 전초를 '추영'이라 하여 약용하며, 눈이 충혈되고 아픈 증세와 종기를 치료한다.

노랑코스모스 *Cosmos sulphureus* Cav. : 잎이 코스모스보다 넓고 끝이 뾰족하게 갈라진다.

노랑코스모스

콜레우스

Coleus blumei Benth.

- **이명** : 코리우스
- **영명** : Painted nettle
- **분류** : 쌍떡잎식물 통화식물목 꿀풀과
- **개화** : 7~8월
- **높이** : 60~80cm
- **꽃말** : 절망적인 사랑

콜레우스 화분(현미경 사진)

콜레우스 꽃

콜레우스 잎

콜레우스는 여러해살이풀로, 높이가 60~80cm이다. 줄기는 단면이 네모나며 가지가 많이 갈라지고 밑부분이 단단하게 목질화되어 있다. 줄기와 잎에는 털이 있다. 잎은 마주나는데, 육질이며 둥글거나 길고 잎 끝은 좁아지면서 뾰족하다. 크기와 빛깔이 다양하고 가장자리에 깊이 패어 들어간 모양과 주름이 있다. 잎의 표면은 녹색 바탕에 자홍색 반점이 있고 가장자리에 치아 모양의 톱니가 있다. 꽃은 7~8월에 자주색으로 피고, 줄기 끝에 윤산꽃차례로 달려 총상꽃차례를 이룬다. 꽃부리는 지름이 1cm이며 2장의 입술꽃잎으로 이루어진다. 화분은 단립이며 크기는 소립이고 약장구형이다. 발아구는 6구형이고 표면은 망상이다.

콜레우스 줄기

크림슨클로버

Trifolium incarnatum L.

- **이명** : 진홍토끼풀
- **영명** : Crimson clover, Scarlet clover
- **분류** : 쌍떡잎식물 콩목 콩과
- **개화** : 6~7월
- **높이** : 40~60cm
- **꽃말** : 좋은 소식, 기별

크림슨클로버 화분(현미경 사진)

크림슨클로버는 한해살이풀로, 높이가 40~60cm이다. 한 밑동에서 많게는 20~50개의 줄기가 나오는데, 줄기는 곧게 서며 가늘고 털이 많이 나 있다. 잎은 3출 겹잎이며, 줄기 마디에서 턱잎과 더불어 잎자루가 발달한다. 잎자루 끝에 타원형의 잔잎이 3개 붙어 있다. 잔잎은 길이 2~5cm에 달걀 모양으로 잎끝이 약간 들어가 있으며 가장자리에 잔톱니가 있다. 꽃은 6~7월에 피며, 원뿔 모양의 짙은 붉은색 꽃이 아래에서부터 피기 시작하여 줄기 끝에 100여 개가 빽빽하게 달린다. 열매는 협과이며 달걀 모양으로 끝이 뾰족하고 1실에 종자 1개가 들어 있다. 종자는 타원형으로 적황색 또는 담갈색이다. 화분은 단립이며 크기는 소립이고 아장구형이다. 발아구는 3구형이고 외구연이 비후되어 있다. 표면은 망상이며 망벽은 낮다.

크림슨클로버 꽃

크림슨클로버 잎

크림슨클로버 무리

큰꿩의비름

Hylotelephium spectabile (Boreau) H.Ohba

- **이명** : 불로초
- **영명** : Showy sedum, Live forever
- **분류** : 쌍떡잎식물 장미목 돌나물과
- **개화** : 8~9월
- **높이** : 30~50cm
- **꽃말** : 순종, 정은

큰꿩의비름 화분(현미경 사진)

큰꿩의비름은 여러해살이풀로, 세계적으로 500~600종이 나며 우리나라에는 16종이 자생한다. 높이는 30~50cm이며, 밑부분에서부터 줄기가 여러 대 모여난다. 줄기는 굵고 곧게 서며, 뿌리는 굵은 다육질로 잔뿌리가 많다. 줄기와 잎은 분백색이 있는 백록색으로 약간 황록색을 띤다. 잎은 마주나거나 돌려나고, 길이 4~10cm, 너비 2~5cm에 달걀 모양 또는 거꿀달걀 모양이다. 잎자루가 없으며 육질이고 잎 가장자리는 밋밋하거나 물결 모양의 톱니가 있다. 꽃은 8~9월에 홍자색으로 피며, 줄기 끝에 산방꽃차례로 모여 달린다. 열매는 골돌과로 끝이 뾰족하며 곧게 선다. 화분은 단립이고 크기는 소립이며 약장구형이다. 발아구는 3구형이고 표면은 난선상이며 선은 불규칙하게 배열되어 있다.

효능 전초를 '경천'이라 하며 약용한다. 뿌리 또는 전초를 짓찧어서 종기, 옴, 벌레 물린 데 등에 붙이면 해독하는 효능이 있다.

큰꿩의비름 꽃봉오리

큰꿩의비름 잎

큰꿩의비름 뿌리

큰꿩의비름 종자 결실

탱자나무

Poncirus trifoliata (L.) Raf.

- **이명** : 지, 취길, 지실, 탱자, 청피, 진청피
- **영명** : Trifoliate orange
- **분류** : 쌍떡잎식물 무환자나무목 운향과
- **개화** : 5월
- **높이** : 3~4m
- **꽃말** : 추억, 추상

탱자나무 화분(현미경 사진)

탱자나무는 낙엽활엽관목으로, 높이가 3~4m이다. 가지는 모서리가 지며 약간 납작하고 녹색이다. 줄기에 길이 3~5cm의 굵은 가시가 어긋난다. 잎은 어긋나고 3출겹잎이다. 잔잎은 길이 3~6cm에 타원형 또는 거꿀달걀 모양이며 두껍다. 잎끝은 둔하거나 약간 들어가고 밑부분은 뾰족하며 가장자리에 둔한 톱니가 있다. 잎자루는 길이가 약 2.5cm이며 날개가 있다. 꽃은 5월에 잎보다 먼저 흰색으로 피고 잎겨드랑이에 달린다. 꽃자루가 없고, 꽃받침조각과 꽃잎은 각각 5개이다. 수술은 많고 1개의 씨방에 털이 빽빽이 나 있다. 열매는 장과로 둥글고 노란색이며 9월에 익는데, 향기가 좋으나 먹지 못한다. 종자는 10여 개가 들어 있으며 달걀 모양이고 10월에 익는다. 화분은 단립이고 크기는 중립이며 아장구형이다. 발아구는 6구형이고 표면은 망상이며 망강은 뚜렷하고 비교적 넓으며 형태는 다양하다.

효능 열매는 건위, 이뇨, 거담, 진통 등의 효능이 있어 약으로 쓴다. 간과 위를 튼튼하게 하고 기운을 북돋우며, 풍과 통증을 없애고 몸속의 독을 내보내며, 가래를 없애고 장을 깨끗이 한다.

탱자나무 약재(지실)

탱자나무 꽃

탱자나무 잎

탱자나무 줄기에 난 가시

탱자나무 열매

토끼풀

Trifolium repens L.

- **이명** : 화란자운영
- **영명** : Clover, White clover, White Dutch clover
- **분류** : 쌍떡잎식물 콩목 콩과
- **개화** : 6~7월
- **높이** : 20~30cm
- **꽃말** : 약속, 행운, 평화

토끼풀 화분(현미경 사진)

토끼풀은 유럽 원산의 귀화 식물로, 1907년경에 사료로 이용하기 위해 도입되었다. 여러해살이풀로, 밑부분에서 갈라진 줄기가 옆으로 기면서 마디에서 뿌리가 내리고 털은 없다. 잎은 어긋나고 손꼴 3출 겹잎이지만 4~7장까지도 달린다. 네잎 클로버는 행운을 가져다준다는 속설도 있다. 잔잎은 거꿀달걀 모양으로 흰색의 무늬가 나타나기도 하며 양면에 털이 없고 가장자리에 잔톱니가 있다. 꽃은 6~7월에 피며, 나비 모양의 흰색 꽃이 줄기 끝에 공처럼 둥글게 달린다. 꽃자루는 길이 10~20cm이고 꽃받침조각은 끝이 뾰족하다. 열매는 협과로 줄 모양이고 9월에 익으며, 4~6개의 종자가 들어있다. 화분은 단립이고 크기는 소립이며 아장구형이다. 발아구는 3구형이고 외구연이 비후하다. 표면은 망상이며 망강은 작고 망벽은 낮다.

민간에서는 전초와 씨를 진해약, 이뇨약으로 쓰며, 전초를 황달, 부기, 위장병의 치료에 쓴다. 또 해독약, 진정약으로도 쓴다. 전초와 꽃을 산전산후의 부인병, 유행성 이하선염에 소염제로 쓴다.

토끼풀 꽃

토끼풀 잎

유사종

붉은토끼풀 *Trifolium pratense* L. : 줄기나 가지 끝에 자주색 또는 홍자색 꽃이 빽빽하게 모여 두상꽃차례를 이룬다.

크림슨클로버 *Trifolium incarnatum* L. : 원뿔 모양의 붉은색 꽃이 아래에서부터 피기 시작하여 줄기 끝에 100여 개가 둥글게 달린다.

붉은토끼풀

크림슨클로버

토마토

Solanum lycopersicum L.

- **이명** : 일년감
- **영명** : Tomato
- **분류** : 쌍떡잎식물 통화식물목 가지과
- **개화** : 5~8월
- **높이** : 1m
- **꽃말** : 완성된 아름다움, 사랑의 결실

토마토 화분(현미경 사진)

토마토는 16세기 무렵 이탈리아에서 전파되었으며 흔히 이용하기 시작한 것은 17세기 이후이다. 《지봉유설(芝峰類說)》에 '남만시(南蠻柿)'로 기록되어 있는 것으로 보아 1614년보다 앞선 것으로 추측된다. 한해살이풀로, 높이는 약 1m이다. 줄기는 가지를 많이 내고 부드러운 흰색 털이 빽빽이 나 있다. 잎은 깃꼴겹잎이고 길이는 15~45cm이며 특이한 냄새가 있다. 잔잎은 9~19개이고 달걀 모양 또는 긴 타원형이며, 잎끝이 뾰족하고 가장자리에 깊이 패어 들어간 톱니가 있다. 꽃은 5~8월에 노란색으로 피는데, 하나의 꽃이삭에 몇 송이씩 달린다. 꽃이삭은 8마디 정도에 달리며 그 다음에 3마디 간격으로 달린다. 꽃받침은 여러 갈래로 갈라지며, 갈래조각은 선상의 피침 모양이다. 꽃부리는 지름 약 2cm에 접시 모양이고 끝이 뾰족하며 젖혀진다. 열매는 장과로 6월부터 붉은빛으로 익는다. 화분은 단립이고 크기는 소립이며 약장구형이다. 발아구는 3개로 약공구형이고 외구연이 비후되어 교각을 형성한다. 표면은 미립상으로 미세한 돌기가 빽빽하게 배열되어 있다.

효능 열매의 90% 정도가 수분이며 카로틴과 비타민 C가 많이 들어 있다. 민간에서는 고혈압, 야맹증, 당뇨 등에 약으로 쓴다.

토마토 꽃

토마토 잎

토마토 줄기

토마토 열매

톱풀

Achillea alpina L.

- **이명** : 가새풀, 배암세, 배암채
- **영명** : Yarrow
- **분류** : 쌍떡잎식물 국화목 국화과
- **개화** : 7～10월
- **높이** : 50～100cm
- **꽃말** : 치유

톱풀 화분(현미경 사진)

톱풀은 잎이 찢어져 날카롭게 팬 부분이 톱니를 연상시키는 데에서 이름이 유래하였다. 여러해살이풀로, 높이는 50~100cm이다. 줄기가 곧게 자라고 뿌리줄기 한곳에서 여러 대가 모여나며, 밑부분에는 털이 없고 윗부분에는 털이 많이 나 있다. 잎은 어긋나고 긴 타원형이며 가장자리에 뾰족한 톱니가 있다. 꽃은 암수한꽃으로 7~10월에 피며, 흰색 또는 연한 붉은색 꽃이 가지 끝과 원줄기 끝에 편평꽃차례로 달린다. 암꽃은 5~7개이고, 총포는 둥글고 털이 약간 있으며 꽃턱잎조각은 2줄로 배열되어 있다. 열매는 수과이며 양끝이 납작하고 털이 없다.

효능 뱀에 물렸을 때 약으로 써서 '배암세', '배암채'라고도 하며, 톱이나 칼에 다친 상처를 치료한다고 하여 목수의 약초라고도 한다.

톱풀 꽃봉오리

톱풀 꽃

톱풀 잎

톱풀 종자 결실

파

Allium fistulosum L.

- **이명** : 대파
- **영명** : Spring onion, Bunching onion, Fistular onion
- **분류** : 외떡잎식물 백합목 백합과
- **개화** : 6~7월
- **높이** : 70cm
- **꽃말** : 인내

파 화분(현미경 사진)

파는 여러해살이풀로, 높이가 약 70cm이고 비늘줄기는 그리 굵어지지 않으며 땅속에서 수염뿌리가 사방으로 퍼진다. 땅 위 15cm 정도 되는 곳에서 5~6개의 잎이 2줄로 자라는데, 잎은 관 모양이고 녹색 바탕에 흰빛을 띤다. 잎끝이 뾰족하며 밑부분은 잎집으로 된다. 꽃은 6~7월에 피며, 원기둥 모양의 꽃줄기 끝에 흰색 꽃이 산형꽃차례로 달린다. 꽃이삭은 처음에 달걀 모양의 원형으로 끝이 뾰족하며 총포에 싸여 있지만, 꽃이 피는 시기에는 총포가 터져서 공 모양으로 된다. 꽃덮이는 6장이고 바깥갈래조각이 조금 짧다. 수술은 6개이며 꽃 밖으로 길게 나온다.

파 꽃봉오리

파 꽃

효능 비늘줄기를 '총백', 뿌리를 '총수', 잎을 '총엽', 꽃을 '총화', 종자를 '총실', 즙을 '총즙'이라 하며 약용한다. 민간에서는 뿌리와 비늘줄기를 거담제, 구충제, 이뇨제 등으로 쓴다. 파는 예로부터 감기에 좋다고 전해져 오는 대표적인 식품 중의 하나이다. 생것은 땀을 내거나 열을 내리는 작용을 하며, 감기 초기에 뿌리를 생강, 귤껍질과 함께 달여 마시고 땀을 내면 쉽게 감기가 낫는다. 파의 푸른 잎 부분에는 약효가 없으므로 뿌리의 흰 부분과 털만 사용한다. 파에 풍부하게 들어 있는 유화알릴 성분은 신경의 흥분을 진정시켜 불면증에도 좋다. 또한 칼슘, 염분, 비타민 등이 많이 들어 있으며, 자극적이고 특이한 향취가 있어서 생식하거나 요리에 널리 쓴다. 마늘, 부추, 달래, 흥거(무릇)와 함께 오신채(五辛菜)라 한다.

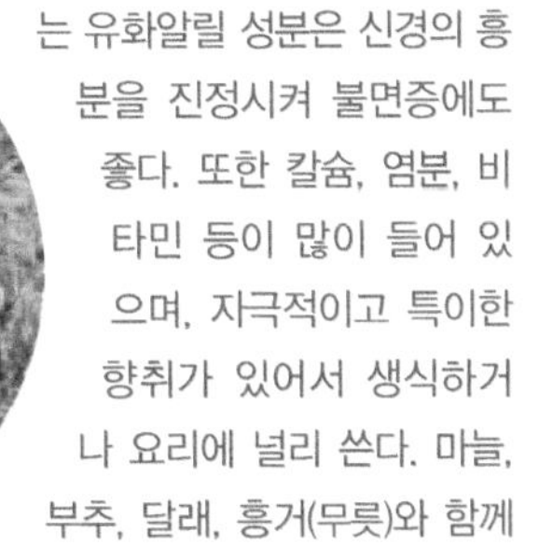
파 약재(총수)

파 잎

참고

잎의 수가 많은 계통을 연화(軟化) 재배한 것을 대파 또는 움파라고 하며, 노지에 재배하여 잎의 수가 적고 굵기가 가는 것은 실파라고 한다.

패랭이꽃

Dianthus chinensis L.

- **이명** : 석죽화, 대란, 산구맥
- **영명** : China pink
- **분류** : 쌍떡잎식물 중심자목 석죽과
- **개화** : 6~8월
- **높이** : 30cm
- **꽃말** : 영원하고 순결한 사랑

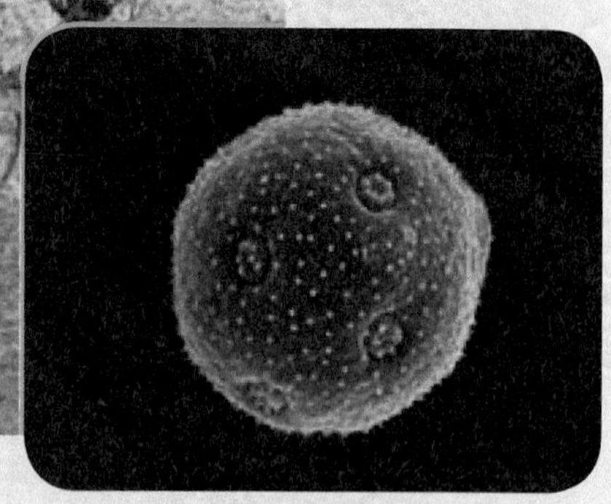

패랭이꽃 화분(현미경 사진)

패랭이꽃은 숙근성 여러해살이풀로, 낮은 지대의 건조한 곳이나 냇가 모래땅에서 자란다. 높이는 30cm 안팎이고, 줄기는 빽빽이 모여나며 위쪽에서 가지가 갈라진다. 잎은 마주나고 잎자루가 없으며, 줄 모양 또는 피침 모양이다. 잎끝이 뾰족하고 밑부분이 합쳐져서 원줄기를 둘러싸며, 가장자리는 밋밋하다. 꽃은 암수한꽃으로 6~8월에 피며, 줄기 끝부분에서 가지가 갈라져 그 끝에 붉은색 꽃이 1송이씩 달린다. 꽃받침은 5개로 갈라지고 밑부분은 원통형이다. 꽃잎은 5개이며 밑부분이 가늘어지고, 현부는 옆으로 퍼지며 끝이 얕게 갈라지고 짙은 무늬와 긴 털이 약간 있다. 수술은 10개, 암술대는 2개이다. 열매는 삭과로 원통형이며, 9월에 익으면 끝이 4개로 갈라진다. 화분은 단립이고 크기는 중립이며 아구형이다. 발아구는 산공형으로 구구는 다소 함몰되어 있고 표면에 극상 돌기가 있다. 표면은 극상 또는 유공상이며 구멍 주변부는 다소 돌출되어 있다.

패랭이꽃 약재(구맥)

효능 잎에 사포닌이 함유되어 있으며, 쓴맛을 내어 소화를 촉진하고 이뇨제와 항염제로 이용된다.

패랭이꽃 잎

패랭이꽃 줄기

패랭이꽃 열매

술패랭이꽃 *Dianthus superbus* var. *longicalycinus* : 꽃잎 끝이 깊고 잘게 갈라지며, 그 밑부분에 자줏빛을 띤 갈색 털이 있다.

수염패랭이꽃 *Dianthus barbatus* var. *asiaticus* Nakai : 가는 작은꽃턱잎이 모여 달려서 수염처럼 보인다.

술패랭이꽃

수염패랭이꽃

포도나무

Vitis vinifera L.

- **이명** : 포도덩굴, 영욱
- **영명** : Grapevine
- **분류** : 쌍떡잎식물 갈매나무목 포도과
- **개화** : 5~6월
- **길이** : 3m
- **꽃말** : 기쁨, 박애, 자선

포도나무 열매

포도나무는 낙엽성 덩굴식물로, 덩굴의 길이는 3m 안팎이다. 덩굴손으로 다른 물체에 붙어 올라가고, 어린가지에는 털이 있다. 잎은 어긋나고 3~5개로 얕게 갈라지며, 가장자리에 톱니가 있다. 잎의 표면에는 털이 없으며 뒷면은 솜털이 빽빽하게 나 있다. 꽃은 암수딴그루 또는 암수한그루이며, 5~6월에 노란빛을 띤 녹색 꽃이 원추꽃차례로 달린다. 암그루에는 씨방 상위의 암술과 기능이 없는 꽃가루를 가진 수술이 5개 남짓 있으며, 암술과 수술 사이에는 화반(花盤)이 있다. 수그루에는 기능이 있는 꽃가루를 가진 수술이 달리지만 암술은 없다. 암수한그루에서는 암술 · 수술이 모두 기능이 있다. 열매는 액과로 둥글고 8~10월에 익는다. 열매의 생김새는 공 모양, 타원 모양, 양끝이 뾰족한 원기둥 모양 등 여러 가지이다. 열매껍질은 자줏빛을 띤 검은색, 홍색빛을 띤 붉은색, 노란빛을 띤 녹색 등이다.

효능 성분으로는 당분이 많이 들어 있어 피로 회복에 좋고 비타민 A · B · B_2 · C · D 등이 풍부해서 신진대사를 원활하게 하며, 무기질도 들어 있다. 근육과 뼈를 튼튼하게 하고 이뇨 작용을 하며 생혈 및 조혈 작용을 하여 빈혈에 좋고 충치를 예방하며, 항암 성분이 있어서 항암 효과가 있다.

포도나무 꽃봉오리

포도나무 꽃

포도나무 잎

포도나무 덩굴손

풀명자

Chaenomeles japonica Lindl. ex Spach

- **이명** : 장수매
- **영명** : Lesser flowering quince
- **분류** : 쌍떡잎식물 장미목 장미과
- **개화** : 3~4월
- **높이** : 1m
- **꽃말** : 고결한 마음, 인내

풀명자 열매

풀명자 꽃

풀명자 잎

풀명자는 산지의 숲속에서 자라는 낙엽 활엽관목으로, 높이는 1m 안팎이다. 줄기 밑부분이 흔히 반 정도 눕고 가지 끝이 대부분 가시로 변하며 일년생 가지에는 털이 있다. 잎은 어긋나고 길이 4~8cm, 너비 1.5~5cm에 타원형 또는 긴 타원형이다. 잎 끝이 뾰족하고 양면에 털이 없으며 가장자리에 잔톱니가 있다. 잎자루는 짧고, 턱잎은 달걀 모양 또는 피침 모양이며 빨리 떨어진다. 꽃은 암수한꽃으로 3~4월에 피며, 지름은 2.5~3.5cm이고 붉은색이다. 꽃받침은 짧고 종 모양 또는 대롱 모양으로 5개이며, 꽃받침조각은 끝이 둥글다. 꽃잎은 거꿀달걀 모양 또는 타원형이며, 밑부분이 뾰족하다. 수술은 30~50개이고, 암술대는 5개이다. 열매는 이과로 둥글고 지름이 2~3cm이며, 9~10월에 노란색으로 익는다.

풀명자 가시

효능 열매에 사과산, 시트르산, 타르타르산 등의 유기산이 3% 정도 들어 있으며 강장과 정장 작용이 있다. 초 또는 약주(명자술)를 만들어 피로 회복에 이용한다. 또한 이뇨 작용이 있어 각기병과 류머티즘에 사용한다.

풍접초

Cleome spinosa L.

- **이명** : 족도리풀, 백화채
- **영명** : Spiny spiderfloner
- **분류** : 쌍떡잎식물 양귀비목 풍접초과
- **개화** : 8~9월
- **높이** : 1m
- **꽃말** : 시기, 질투

풍접초 화분(현미경 사진)

풍접초는 열대아메리카 원산의 한해살이풀로, 관상용으로 심는다. 높이는 1m 안팎이고 줄기가 곧게 서며 전체에 샘털과 잔가시가 흩어져 난다. 잎은 어긋나고 손꼴겹잎이다. 잔잎은 5~7개이고, 길이 9cm 정도에 긴 타원상의 피침 모양이며 가장자리가 밋밋하다. 밑부분의 것은 잎자루가 길며 바늘 모양 턱잎이 있다. 꽃은 8~9월에 홍자색 또는 흰색으로 피며, 원줄기 끝의 총상꽃차례에 달린다. 꽃턱잎은 홑잎처럼 생겼으며, 좁은 달걀 모양이다. 꽃받침조각과 꽃잎은 각각 4개이다. 각각의 꽃잎에는 긴 줄기가 있어 떨어져 있는 것처럼 보이고 수술과 암술이 길게 뻗어나와 있다. 수술은 4개이며 남색 또는 홍자색이고 꽃잎보다 2~3배 길다. 열매는 삭과로 줄 모양인데 하반부가 가늘어져 대같이 된다. 화분은 단립이고 크기는 중립이며 구형이다. 발아구는 3구형이고 표면에 미립상 돌기가 있다.

풍접초 꽃(홍자색)

풍접초 꽃(흰색)

풍접초 잎

풍접초 줄기

피나무

Tilia amurensis Rupr.

- **이명** : 꽃피나무, 달피나무
- **영명** : Basswood
- **분류** : 쌍떡잎식물 아욱목 피나무과
- **개화** : 6월
- **높이** : 20m
- **꽃말** : 부부애

피나무 화분(현미경 사진)

피나무 꽃

피나무 잎

피나무 열매

피나무는 낙엽활엽교목으로, 해발 100~1,700m 높이의 숲속에서 자란다. 높이가 20m에 이르고, 줄기는 곧게 자라며 회갈색이고 흰색 반점이 있다. 잎은 어긋나며 넓은 달걀 모양으로, 잎끝이 뾰족하고 밑부분은 심장 모양이다. 잎의 표면에 털이 없고, 뒷면은 회녹색이며 갈색 털이 빽빽이 나 있다. 잎 가장자리에 예리한 톱니가 있다. 꽃은 6월에 피며, 잎겨드랑이에 담황색 꽃이 3~20송이씩 편평꽃차례로 달린다. 꽃은 진한 향기가 난다. 꽃잎은 피침 모양으로 꽃받침보다 길고, 수술은 꽃잎보다 길어서 밖으로 나온다. 열매는 견과로 원형이며, 능선이 없고 흰색 또는 갈색 털이 빽빽하게 나 있다. 꽃턱잎이 달려 있으며 8월 중순에서 9월 말에 익는다. 화분은 단립이고 크기는 중립이며 반각상이다. 발아구는 3구형이고 표면은 망상으로 조밀하며 망강은 작고 기부에 소공이 있다.

해열, 진경의 효능이 있어 감기로 인한 발열에 효과적이다.

하늘매발톱

Aquilegia japonica Nakai & H. Hara

- **이명** : 장백두루채, 일본두루채, 산매발톱꽃, 골짝발톱꽃
- **영명** : Korean fan columbine
- **분류** : 쌍떡잎식물 미나리아재비목 미나리아재비과
- **개화** : 7~8월
- **높이** : 15~30cm
- **꽃말** : 행복, 승리의 맹세

하늘매발톱 화분(현미경 사진)

하늘매발톱은 고산 지대에서 자라는 여러해살이풀로, 높이는 15~30cm이다. 줄기는 곧게 서며 털이 거의 없고, 뿌리에서 잎이 무더기로 나온다. 잎은 2회 3출 겹잎이며, 뿌리에서 나온 것은 잎자루가 길다. 잔잎은 거꿀삼각형이며, 2~3개로 얕게 갈라지고 다시 2~3개로 갈라진다. 갈래조각은 끝이 둥글거나 패어 있으며, 줄기에는 잎이 2개 달린다. 꽃은 7~8월에 보라색 또는 짙은 하늘색으로 피는데, 줄기 끝에 1~3개씩 아래를 향하여 달린다. 꽃받침조각은 5개이고 달걀 모양으로 끝이 둔하고 보라색이다. 꽃잎은 5개이고, 수술은 9~10개, 암술은 2~4개이다. 거는 끝이 가늘어져 안쪽으로 굽으며 둥글다. 열매는 골돌과로 5개이며, 길이 2~3cm에 털이 없다. 화분은 단립이고 크기는 소립이며 약장구형이다. 발아구는 3공구형이고 표면은 미립상 또는 유공상이며 작은 돌기가 있다.

하늘매발톱 꽃봉오리

하늘매발톱 열매

하늘매발톱 잎

하늘매발톱 종자 결실

한련화

Tropaeolum majus

- **이명** : 금련화, 나스터튬
- **영명** : Garden nasturtium
- **분류** : 쌍떡잎식물 쥐손이풀목 한련과
- **개화** : 6~7월
- **높이** : 60cm
- **꽃말** : 승리, 애국심, 변덕

한련화 돌기

한련화 꽃(홍색)

한련화 꽃(황색)

한련화는 덩굴성 한해살이풀로, 높이는 60cm 정도이고 길이는 1.5m 정도로 자란다. 잎은 어긋나고, 긴 잎자루가 있다. 잎자루에서 둥근 방패 같은 잎몸으로 9개의 잎맥이 사방으로 퍼진다. 꽃은 6~7월에 홍색, 주황색, 황색 등으로 피는데, 잎겨드랑이에서 긴 꽃줄기가 나와 그 끝에 1송이가 달린다. 꽃받침과 꽃잎은 모두 황색 또는 적색이다. 꽃받침조각은 5개이며, 밑부분이 합쳐지고 위쪽이 기로 되이 수평으로 자란다. 꽃잎은 5개로 밑의 3개는 끝이 둥글며 밑으로 좁아지고 가장자리에 털 같은 돌기가 있으나, 위쪽의 2개는 돌기가 없다. 열매는 삭과로 종자가 1개씩 들어 있으며, 익은 후에도 벌어지지 않는다.

한련화 잎

효능 철분, 비타민 C를 다량 함유하고 있다. 잎과 꽃, 열매에 강장, 혈액 정화, 소독 효능이 있다. 자연의 항생 물질로서, 일반적인 항생 물질과 달리 장내의 세균에 손상을 주지 않는다. 잎의 침출액은 기관지염이나 비뇨생식기의 감염증 치료에 사용한다. 또한 적혈구의 형성을 촉진하기도 한다.

할미꽃

Pulsatilla koreana Nakai Mori

- **이명** : 노고초, 백두옹
- **영명** : Korean pasque flower
- **분류** : 쌍떡잎식물 미나리아재비목 미나리아재비과
- **개화** : 4월
- **높이** : 30~40cm
- **꽃말** : 슬픈 추억

할미꽃 종자 결실

할미꽃은 흰 털로 덮인 열매의 덩어리가 할머니의 하얀 머리카락처럼 보이는 데에서 이름이 유래하였다. 산과 들의 양지쪽에서 자라는 우리나라 고유의 야생화이다. 여러해살이풀로, 꽃줄기 길이는 30~40cm이다. 곧게 들어간 굵은 뿌리의 머리부분에서 잎이 무더기로 나와 비스듬히 퍼진다. 뿌리에서 바로 잎이 나오므로 줄기를 구분하기 어렵다. 잎은 잎자루가 길고 5개의 잔잎으로 된 깃꼴겹잎이다. 잔잎은 길이 3~4cm이며 3개로 깊게 갈라지고, 꼭대기의 것은 끝이 둔하다. 전체에 흰색 털이 빽빽이 나서 흰빛을 띠지만, 표면은 짙은 녹색이고 털이 없다. 꽃은 4월에 피는데, 꽃줄기 끝에 붉은빛을 띤 자주색 꽃이 아래를 향하여 달린다. 작은 꽃턱잎은 꽃대 밑에 달려서 3~4개로 갈라지고, 꽃자루와 더불어 흰색 털이 빽빽이 난다. 꽃받침조각은 6개이고 길이 3.5cm, 너비 1.2cm에 긴 타원형이며, 겉에 털이 있으나 안쪽에는 없다. 열매는 수과로 긴 달걀 모양이며, 끝에 4cm 내외의 암술대가 남아 있다.

효능 유독식물이지만 뿌리를 해열, 수렴, 소염, 살균 등에 약용하거나 이질 등의 지사제로 사용한다. 민간에서는 말라리아와 신경통에 쓴다. 음력 8월경에 뿌리를 캐서 햇빛에 말려 두었다가 약용하는데, 성질이 차가워 복부에 염증이나 열이 있을 때 사용하면 효과가 있다.

할미꽃 꽃(정면)

할미꽃 꽃(측면)

할미꽃 잎

할미꽃 줄기

해당화

Rosa rugosa Thunb.

- **이명** : 해당나무, 해당과, 필두화
- **영명** : Turkestan rose
- **분류** : 쌍떡잎식물 장미목 장미과
- **개화** : 5~7월
- **높이** : 1~1.5m
- **꽃말** : 원망, 온화, 미인의 잠결

해당화 화분(현미경 사진)

해당화는 낙엽활엽관목으로, 바닷가 모래땅에서 흔히 자란다. 높이는 1~1.5m이며, 뿌리에서 많은 줄기가 나와 군집을 이룬다. 줄기는 가지를 치며 갈색 가시가 빽빽이 나 있고 가시에는 털이 있다. 잎은 어긋나고 홀수깃꼴겹잎이다. 잔잎은 5~9개로 타원형 또는 달걀상의 타원형이며, 두껍고 가장자리에 톱니가 있다. 잎의 표면에는 주름이 많고, 뒷면에 털이 빽빽하며 샘점이 있다. 턱잎은 잎처럼 크다. 꽃은 5~7월에 피며, 가지 끝에 1~3개씩 달리는데 빛깔은 흔히 진분홍색이지만 흰색도 있다. 꽃의 지름은 6~10cm이고, 꽃잎은 5개로 넓은 거꿀심장 모양이며 향기가 강하다. 수술은 많고 노란색이며, 꽃받침조각은 녹색이고 피침 모양이며 떨어지지 않는다. 열매는 수과로 납작한 공 모양이며, 7월 말~8월 중순에 적색으로 익는다. 열매의 끝에 꽃받침이 붙어 있다. 화분은 단립이고 크기는 소립이며 아장구형이다. 발아구는 3구형이고 주변의 외표벽이 비후되어 있다. 표면은 유선상으로 거칠고 골은 비교적 넓으며 기부에 작은 구멍이 존재한다.

해당화 약재(매괴화)

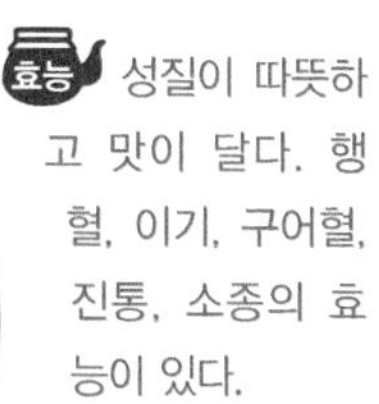

성질이 따뜻하고 맛이 달다. 행혈, 이기, 구어혈, 진통, 소종의 효능이 있다.

해당화 꽃(분홍색)

해당화 꽃(흰색)

해당화 잎

해당화 열매

해바라기

Helianthus annuus L.

- **이명** : 향일화
- **영명** : Sunflower, Helios
- **분류** : 쌍떡잎식물 국화목 국화과
- **개화** : 8～9월
- **높이** : 2m
- **꽃말** : 애모, 당신을 바라봅니다

해바라기 꽃봉오리

해바라기 잎

해바라기 열매

해바라기는 중앙아메리카 원산의 한해살이풀로, 양지바른 곳에서 잘 자란다. 높이는 2m 안팎이며, 줄기 전체에 억센 털이 있다. 잎은 어긋나고 잎자루가 길며, 길이 10~30cm로 대형이다. 심장상의 달걀 모양 또는 타원상의 넓은 달걀 모양이며, 잎끝이 뾰족하고 가장자리에 큰 톱니가 있다. 꽃은 8~9월에 피며, 원줄기 끝에 두상꽃차례로 달리며 옆으로 처진다. 꽃의 지름은 8~60cm이다. 가장자리의 혀꽃은 밝은 노란색이며 중성이고, 대롱꽃은 갈색 또는 황색이며 암수한 꽃이다. 총포는 반구형이며, 총포조각은 달걀상의 피침 모양으로 끝에 길고 가느다란 털이 있다. 열매는 수과로 10월에 익는데, 길이 1cm 안팎의 거꿀달걀 모양으로 2개의 능선이 있고 회색 바탕에 검은색 줄이 있다.

해바라기 줄기

효능 줄기 속을 약용하는데, 이뇨, 진해, 지혈의 효능이 있다.

헤어리베치

Vicia villosa

- **이명** : 윈터 베치, 샌드 베치, 베치
- **영명** : Hairy vetch
- **분류** : 쌍떡잎식물 콩목 콩과
- **개화** : 5~6월
- **높이** : 1.5~2m
- **꽃말** : 행운, 젊은날의 슬픔

헤어리베치 화분(현미경 사진)

헤어리베치는 덩굴성 한두해살이풀로, 추위에 잘 견디어 '윈터 베치(winter vetch)'라고도 한다. 높이는 1.5~2m이고 줄기는 속이 비어 있으며 겉에 세로줄과 더불어 털이 있다. 잎은 어긋나고 7쌍 내외의 잔잎으로 되며 끝의 잔잎은 갈라진 덩굴손으로 되어 있다. 잔잎은 긴 타원형이며 잎끝이 뾰족하다. 꽃은 적자색이며 20~30개가 총상꽃차례로 달린다. 열매는 협과이며 길이 2~3cm에 긴 타원형이고 2~8개의 검은색 또는 갈색 종자가 들어 있다. 화분은 단립이고 크기는 중립이며 장구형이다. 발아구는 3구형이고 표면은 망상이며 망벽은 낮다.

헤어리베치 꽃

헤어리베치 잎

헤어리베치 줄기

호박

Cucurbita moschata Duchesne

- **이명** : 당호박
- **영명** : Pumpkin
- **분류** : 쌍떡잎식물 박목 박과
- **개화** : 6~10월
- **길이** : 5~15m
- **꽃말** : 포용력, 해독

호박 화분(현미경 사진)

호박은 덩굴성 한해살이풀로, 덩굴줄기의 단면이 오각형이고 부드러운 흰색 털이 있다. 덩굴손으로 감으면서 다른 물체에 붙어 올라가지만 개량종은 덩굴성이 아닌 것도 있다. 잎은 어긋나고 잎자루가 길며, 심장 모양 또는 콩팥 모양이고 가장자리가 얕게 5개로 갈라진다. 꽃은 암수한그루이며 잎겨드랑이에 1개씩 노란색으로 달리고, 6월부터 서리가 내릴 때까지 계속 핀다. 수꽃은 꽃대가 길고 꽃받침통이 얕으며 꽃받침조각의 밑부분이 꽃부리에 붙어 있다. 암꽃은 꽃대가 짧고 밑부분에 긴 씨방이 있으며 꽃받침조각이 약간 잎처럼 된다. 꽃부리는 끝이 5개로 갈라지며 노란색이다. 열매는 크고 많은 변종이 있어, 생김새와 빛깔이 변종에 따라 다르다. 많은 종자가 들어 있으며 종자는 편평하고 맛이 좋다. 열매가 익으면 바깥면이 짙은 황갈색을 띤다. 화분은 단립이며 크기는 거대립이고 구형이다. 발아구는 산공형이고 표면에 극상의 돌기가 있으며 발아공이 균일하게 분포한다.

호박 꽃

호박 잎

호박 열매

호박 씨

화초가지

Solanum macrocarpon

- **이명** : 백가지, 계란가지, 꽃가지
- **영명** : White eggplant
- **분류** : 쌍떡잎식물 통화식물목 가지과
- **개화** : 6~9월
- **높이** : 30~45cm
- **꽃말** : 진실

화초가지 열매

화초가지 꽃

화초가지 잎

화초가지는 한해살이풀로, 높이는 30~45cm까지 자란다. 잎은 생김새가 가지와 비슷하지만 크기가 작고 가장자리가 물결 모양이다. 줄기와 잎은 옅은 녹색이다. 꽃은 6~9월에 피는데, 줄기와 가지의 마디 사이에서 꽃대가 나와 여러 송이의 연보라색, 흰색, 노란색 꽃이 달린다. 꽃받침은 자주색이고 암술은 노란색이다. 열매는 처음에는 매우 강렬한 흰색이지만 익으면서 점차 노란색으로 변한다.

화초가지 줄기

효능 화초가지는 변비를 낫게 하고 소변을 원활하게 하여 혈압을 낮추어주며 혈액 속의 지질을 풀어준다. 화초가지 속에 들어있는 페놀 화합물은 항산화 작용을 할 뿐만 아니라 혈액 속의 LDL 콜레스테롤을 낮추는 기능을 하는 것으로 밝혀졌다. 비만 예방에도 도움을 주며, 암세포의 성장을 억제해주는 효능도 있다. 화초가지에는 알레르기 반응을 유발하는 알칼로이드, 식물 스테롤과 단백질이 포함되어 있어서 민감한 사람에게 알레르기 반응을 일으킬 수 있다. 입안과 목구멍이 가렵거나 목소리가 거칠어질 수 있다.

황벽나무

Phellodendron amurense Rupr.

- **이명** : 황경피나무
- **영명** : Amur cork tree
- **분류** : 쌍떡잎식물 무환자나무목 운향과
- **개화** : 5~6월
- **높이** : 10~20m
- **꽃말** : 자유로운 마음, 기다림

황벽나무 나무껍질

황벽나무 꽃

황벽나무 잎

황벽나무 덜 익은 열매

황벽나무 익은 열매

황벽나무는 속껍질이 황색을 띤다 하여 이 이름이 붙여졌다. 깊은 산간 지대에서 자라는 낙엽활엽교목으로, 높이가 10~20m에 달한다. 굵은 가지가 사방으로 퍼지고, 나무껍질은 연한 회색이며 코르크가 발달하여 깊은 홈이 있다. 잎은 마주나고 홀수깃꼴겹잎이며, 잔잎은 5~13개이다. 잔잎은 길이 5~10cm, 너비 3~5cm에 달걀 모양이고 잎끝이 뾰족하며 밑부분은 둥글거나 뾰족하다. 잎의 표면에는 윤채가 있고 뒷면은 흰색이며 털이 약간 있다. 꽃은 암수딴그루로, 5~6월에 황록색 꽃이 원추꽃차례에 달린다. 꽃잎은 5~8개이고 안쪽에 털이 있으며, 수꽃에는 5~6개의 수술과 퇴화한 암술이 있다. 열매는 핵과로 둥글고 검게 익는다. 익은 열매는 겨울 동안 나무에 달려 있고 종자가 5개씩 들어 있다.

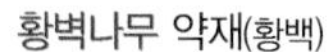

황벽나무 약재(황백)

회양목

Buxus koreana Nakai

- **이명** : 화양목, 고양나무, 도장나무, 회양나무
- **영명** : Korean box tree
- **분류** : 쌍떡잎식물 무환자나무목 회양목과
- **개화** : 4~5월
- **높이** : 5m
- **꽃말** : 인내, 참고 견뎌냄

회양목 화분(현미경 사진)

회양목 꽃

회양목 잎

회양목은 상록활엽관목으로, 매우 더디게 성장하며 최고 높이는 5m 정도까지 자란다. 작은가지는 녹색이고 네모지며 털이 있다. 잎은 마주나고 타원형이며 잎끝이 둥글거나 오목하다. 질이 두껍고 잎 가장자리가 밋밋하며 잎자루에 털이 나 있다. 잎의 표면은 굵은 잎맥의 하반부에 털이 있고, 뒷면은 가장자리가 뒤로 젖혀진다. 꽃은 암수한그루로, 4~5월에 노란색의 암꽃과 수꽃이 몇 개씩 모여 달리는데 중앙에 암꽃이 있다. 수꽃에는 보통 3개의 수술과 1개의 암술 흔적이 있다. 암꽃은 수꽃과 더불어 꽃잎이 없고 1개의 암술이 있으며 암술머리는 3개로 갈라진다. 열매는 삭과로 타원형이고 끝에 딱딱하게 된 암술머리가 있으며, 6~7월에 갈색으로 익는다. 화분은 단립이고 크기는 중립이며 구형이다. 발아구는 산공구형이고 표면은 망상이며, 망은 전체에 균일하게 배열되며 망강은 좁고 형태와 크기는 다양하다.

회양목 열매

효능 한방에서는 진해, 진통, 거풍 등의 효능이 있어 약용한다. 풍습동통, 치통, 백일해, 질타 손상 등을 치료하며, 피부병에 효과가 좋다. 꽃에는 지혈, 진경, 소종 등의 효능이 있다.

회화나무

Sophora japonica L.

- **이명** : 과나무, 회나무, 학자수, 양목, 양화목
- **영명** : Chinese scholar tree
- **분류** : 쌍떡잎식물 콩목 콩과
- **개화** : 7~8월
- **높이** : 10~30m
- **꽃말** : 망향

회화나무 화분(현미경 사진)

회화나무 꽃봉오리

회화나무 꽃

회화나무 잎

회화나무 열매

회화나무는 낙엽활엽교목으로, 높이가 10~30m에 달한다. 줄기는 곧게 서서 굵은 가지를 내고, 작은가지는 녹색이며 자르면 냄새가 난다. 잎은 어긋나고 1회 깃꼴겹잎이며 잔잎은 7~17개이다. 잔잎은 달걀 모양 또는 달걀상의 타원형이며, 잎끝이 뾰족하고 밑부분이 둥글다. 흔히 작은 턱잎이 있으며, 뒷면에는 회색의 누운 털이 있다. 잎자루는 짧고 털이 나 있다. 꽃은 7~8월에 연한 노란색으로 피며, 가지 끝에 원추꽃차례로 달린다. 열매는 협과로 원기둥 또는 염주 모양이다. 길이가 5~8cm이고 종자가 들어 있는 사이가 잘록하게 들어가며 밑으로 처진다. 종자는 1~4개이고 갈색이며 10월에 익는다. 화분은 단립이고 크기는 소립이며 아장구형이다. 발아구는 3구형이고 표면은 망상으로 망강은 좁고 망벽은 얇으며 뚜렷하지 않다.

회화나무 약재(괴화)

효능 꽃봉오리를 '괴화' 또는 '괴미'라고 하여 약용하는데, 동맥 경화 및 고혈압을 치료한다. 또한 열매를 '괴실'이라 하여 약용하며, 강장, 지혈, 양혈 등의 효능이 있어 토혈, 각혈, 치질, 혈변, 혈뇨, 장염 등의 치료에 사용한다.

히어리

Corylopsis coreana Uyeki

- **이명** : 납판나무, 송광꽃나무, 송광납판화
- **영명** : Korean winter hazel
- **분류** : 쌍떡잎식물 장미목 조록나무과
- **개화** : 3~4월
- **높이** : 1~2m
- **꽃말** : 봄의 노래

히어리 화분(현미경 사진)

히어리는 낙엽활엽관목으로, 높이가 1~2m이다. 작은가지는 황갈색 또는 암갈색이며 껍질눈이 많이 달려 있다. 겨울눈은 2개의 눈비늘로 싸여 있다. 잎은 어긋나고 달걀상의 원형이며 밑부분은 심장형이다. 잎 가장자리에 뾰족한 톱니가 있으며 양면에 털이 없다. 잎의 표면은 녹색, 뒷면은 회백색이고 잎맥이 뚜렷하다. 꽃은 3월말에서 4월에 피며, 8~12개의 연한 황록색 꽃이 총상꽃차례로 달린다. 꽃이삭은 길이가 3~4cm이지만 꽃이 핀 다음 7~8cm로 자란다. 밑에 달린 꽃턱잎은 달걀 모양으로 막질이고 양면에 긴 털이 있으며, 그 윗부분에서 긴 털로 덮인 잎이 나온다. 꽃에 달린 꽃턱잎은 안쪽과 가장자리에 털이 빽빽이 난다. 꽃받침은 5개로 갈라지고 털이 없으며 꽃잎은 거꿀달걀 모양이다. 수술은 5개로 길이는 0.5~0.8cm이고, 암술대는 2개이며 길이는 0.7~0.8cm이다. 열매는 삭과로 9월에 결실하며 2개로 갈라지고, 종자는 검은색으로 익는다. 화분은 단립이고 크기는 소립이며 아장구형이다. 발아구는 3구형이고 표면은 망상이며 망강은 뚜렷하고 망벽은 높게 발달한다.

히어리 꽃

히어리 잎

히어리 열매

히어리 종자 결실

부록
식물의 구조

1) 잎

❶ **구조와 역할** : 식물의 영양기관 중 하나이다. 줄기의 끝이나 둘레에 붙어 있으며 광합성 작용, 호흡 작용 및 증산 작용을 한다. 일반적으로 나무의 잎은 녹색이며 모양은 넓적하거나 길쭉하다. 잎몸, 잎자루, 턱잎으로 이루어진다.

- 잎몸 : 잎의 가장 중요한 부분으로서 잎사귀를 이루는 넓은 부분을 말하며 '엽신'이라고도 한다. 잎몸은 잎살과 잎맥으로 이루어지는데, 잎살은 잎의 표피 안쪽에 있는 녹색의 두꺼운 부분으로 잎에서 잎맥을 제외한 나머지 부분을 말한다. 잎살은 엽록체를 품은 부드러운 세포로 되어 있다. 잎맥은 잎살 안에 분포되어 있는 관다발과 그것을 둘러싼 부분을 말하며, 잎살을 튼튼하게 지탱해 주고 물과 양분의 통로가 된다.
- 잎자루 : 잎몸을 줄기나 가지에 붙게 하는 꼭지 부분이다. 잎을 햇빛이 드는 방향으로 향하게 한다.
- 턱잎 : 잎자루 밑에 붙은 한 쌍의 작은 잎이다. 눈이나 어린잎을 보호하는 역할을 한다. 흔히 쌍떡잎식물에서 볼 수 있다.

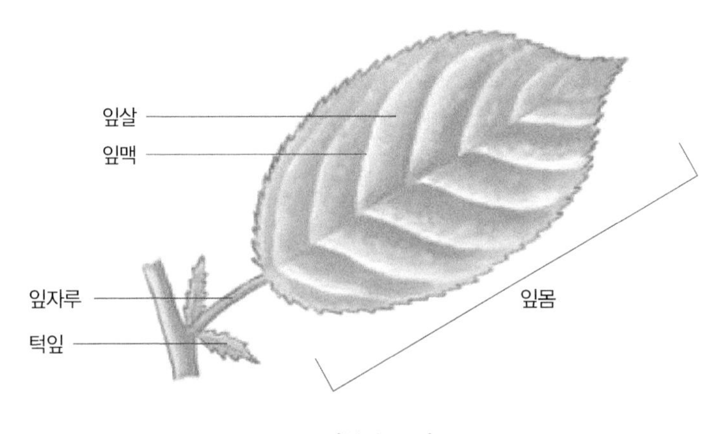

〈잎의 구조〉

❷ **잎의 종류 :** 갖춘잎과 안갖춘잎 그리고 홑잎과 겹잎으로 구분한다. 겹잎의 종류는 홀수 깃꼴겹잎(아까시나무), 짝수 깃꼴겹잎(활량나물), 짝수 2회 깃꼴겹잎(자귀나무), 삼출 겹잎(콩), 2회 삼출 겹잎(삼지구엽초) 등이 있다.

- 갖춘잎 : 잎몸, 잎자루, 턱잎을 모두 갖춘 잎이다.
  예 해당화, 산사나무, 나팔꽃, 사과나무, 완두 등
- 안갖춘잎 : 잎몸, 잎자루, 턱잎 가운데 어느 하나라도 없는 잎이다.
  예 참나리, 말나리, 갈대, 옥수수, 잔디, 벼, 보리 등
- 홑잎 : 하나의 잎자루에 한 장의 잎만 붙어 있는 것이다.
  예 벚나무, 산벚나무, 은행나무, 버드나무 등
- 겹잎 : 하나의 잎자루에 잔잎(소엽)이 여러 장 붙어 있는 것이다.
  예 콩, 아까시나무, 칠엽수, 삼지구엽초 등

〈잎의 종류〉

❸ **잎의 모양 :** 식물의 종류에 따라 잎의 모양은 다양하다. 박태기나무 잎처럼 생긴 심장 모양도 있고, 연잎꿩의다리 잎처럼 생긴 둥근 모양도 있으며, 소나무 잎처럼 생긴 바늘 모양도 있다.

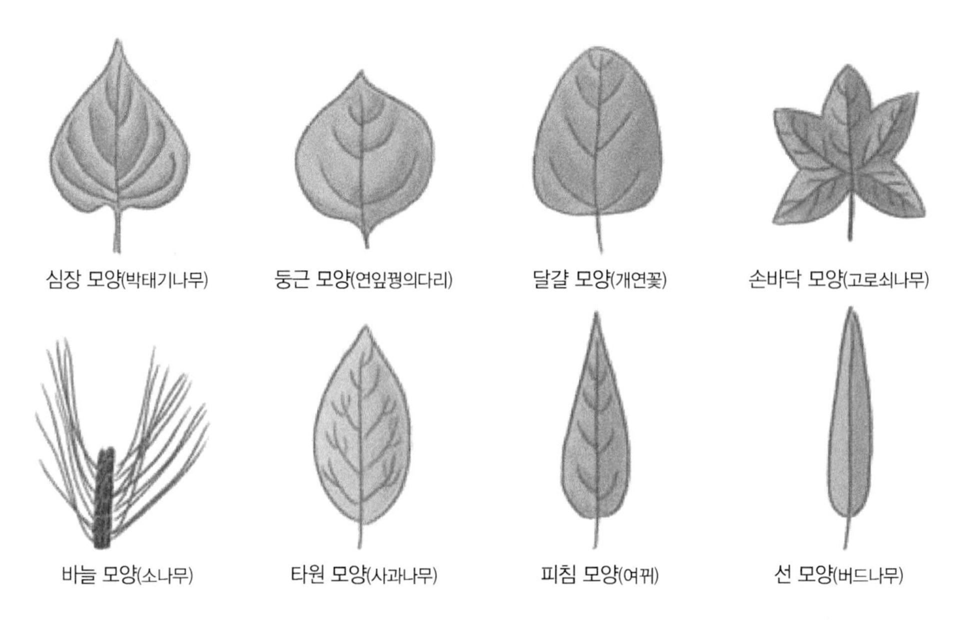

〈여러 가지 잎의 모양〉

❹ **잎차례 :** 잎이 줄기나 가지에 붙어 있는 모양을 말한다. 이것은 식물의 종류에 따라 각각 다른데, 어긋나기(애기나리), 마주나기(동자꽃), 돌려나기(선갈퀴), 뭉쳐나기(은행나무), 뿌리나기(민들레), 한잎나기(천남성) 등 여러 가지 모양이 있다.

뭉쳐나기(은행나무)　　뿌리나기(민들레)　　한잎나기(천남성)

〈여러 가지 잎차례〉

❺ **식물의 광합성 :** 지구상의 생물이 빛을 이용하여 화합물의 형태로 에너지를 저장하는 광화학반응으로 지구상의 생물계에서 볼 수 있는 가장 중요한 화학작용의 하나이다. 지구상의 모든 생물은 삶을 유지하기 위해 에너지가 필요하다. 에너지의 전환과 저장은 생물의 최소 단위인 세포에서 일어나며 에너지는 화합물의 형태(ATP)로 저장된다. 모든 생물은 광합성으로 생성된 산물을 생체 내 연료로 사용하며, 이것을 공급하는 방법이 엽록체에서 일어나는 광합성(photosynthesis)이다.

2) 꽃

❶ **구조와 역할 :** 식물의 생식기관이며 암술, 수술, 꽃잎, 꽃받침으로 구성된다. 이 네 가지가 있느냐 없느냐에 따라 '갖춘꽃'과 '안갖춘꽃'으로 분류된다. 암술과 수술은 꽃가루받이를 하여 열매를 맺고 열매 속에서 씨앗이 익어 땅에 떨어지면 새로운 싹이 돋는다.

- 암술 : 꽃의 중심부에 있는 암꽃의 생식기관으로, 꽃을 구성하는 중요한 부분이며 암술머리, 암술대, 씨방의 세 부분으로 되어 있다.
- 수술 : 수꽃의 생식기관으로, 수술대와 꽃밥의 두 부분으로 되어 있다.
- 꽃잎 : 꽃을 이루고 있는 낱낱의 조각 잎이다. 아름다운 모양과 색깔, 향기를 풍기면서 벌과 나비를 유혹하는 수단이 된다.
- 꽃받침 : 꽃의 가장 바깥쪽에서 꽃잎을 받치고 있는 꽃의 보호기관이다. 흔히 녹색이나 갈색이지만, 더러는 꽃잎처럼 화려한 것도 있다.
- 갖춘꽃 : 한 꽃 속에 암술, 수술, 꽃잎, 꽃받침을 모두 갖추고 있는 꽃이다.
  예 참나리, 살구꽃, 벚꽃, 복숭아꽃 등
- 안갖춘꽃 : 한 꽃 속에 암술, 수술, 꽃잎, 꽃받침 중 어느 하나라도 갖추지 못한 꽃이다.

예 튤립, 보리, 벼, 호박 등

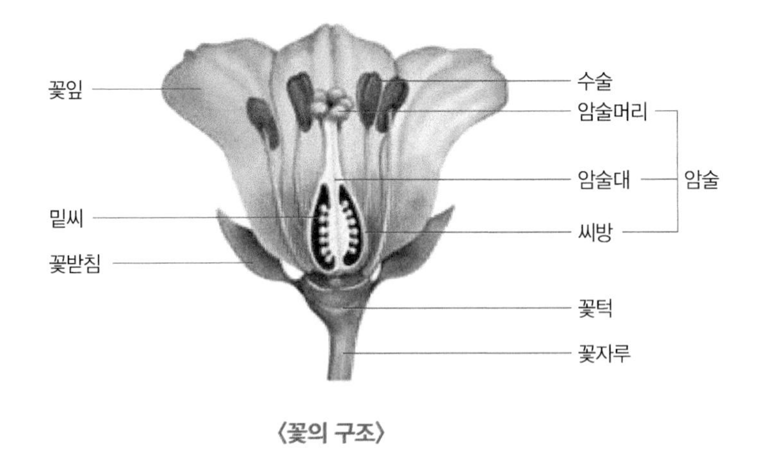

〈꽃의 구조〉

❷ **꽃의 종류 :** 식물의 종류에 따라 아주 다양하다. 한 꽃 속에 암술과 수술이 있느냐 없느냐에 따라 암수한꽃과 암수딴꽃 그리고 중성꽃으로 나눌 수 있다. 암수딴꽃으로 꽃이 피는 식물은 다시 암수한그루와 암수딴그루로 크게 나누어진다. 꽃잎이 붙는 횟수에 따라 홑꽃과 겹꽃으로 나누고 꽃잎이 갈라진 모양에 따라 통꽃과 갈래꽃으로 나눌 수 있다.

- 암수한꽃 : 한 꽃 속에 암술과 수술을 모두 갖추고 있는 꽃이다.
  예 진달래, 철쭉, 복사나무, 사과나무 등
- 암수딴꽃 : 한 꽃 속에 암술이나 수술 중 어느 하나만 갖추고 있는 꽃이다.
  예 소나무, 호박, 수박, 오이 등
- 중성꽃 : 암술과 수술이 모두 퇴화하여 없는 꽃이며 '무성화'라고도 부른다.
  예 불두화, 수국, 메꽃, 애기메꽃 등
- 암수한그루 : 암수딴꽃이면서 암꽃과 수꽃이 한 그루에 피는 식물이다.
  예 밤나무, 소나무, 신갈나무, 갈참나무 등
- 암수딴그루 : 암수딴꽃이면서 암꽃과 수꽃이 각각 다른 그루에 피는 식물이다.
  예 생강나무, 다래나무, 은행나무, 소철 등
- 홑꽃 : 1겹의 꽃잎으로 이루어진 꽃이다.
  예 병아리꽃나무, 사과나무, 딸기, 황매화 등
- 겹꽃 : 2겹 이상의 꽃잎으로 이루어진 꽃이다.
  예 장미, 죽단화, 불두화, 국화 등
- 통꽃 : 꽃잎의 밑부분이 서로 붙어 있는 꽃이다.
  예 용담, 메꽃, 나팔꽃, 진달래 등

- 갈래꽃 : 꽃잎이 1장씩 따로따로 떨어져 있는 꽃이다.
  예 함박꽃나무, 뱀딸기, 양지꽃, 목련 등

❸ **꽃차례** : 꽃이 줄기나 가지에 붙는 모양은 다양하다. 대부분의 식물은 하나의 꽃대에 여러 송이의 꽃들이 함께 달리는데, 꽃이 피는 순서와 모양은 식물의 종류에 따라 다르다.

〈여러 가지 꽃차례〉

❹ **화분(꽃가루) 형태**

- 초장구형 : 화분의 극축 길이와 적도의 직경 비가 2.00 이상
- 장구형 : 화분의 극축 길이와 적도의 직경 비가 1.34~1.99
- 아장구형 : 화분의 극축 길이와 적도의 직경 비가 1.15~1.33
- 약장구형 : 화분의 극축 길이와 적도의 직경 비가 1.01~1.14
- 구형 : 화분의 극축 길이와 적도의 직경 비가 1.0
- 약단구형 : 화분의 극축 길이와 적도의 직경 비가 0.88~0.99
- 아단구형 : 화분의 극축 길이와 적도의 직경 비가 0.76~0.87
- 단구형 : 화분의 극축 길이와 적도의 직경 비가 0.51~0.75

❺ **화분(꽃가루) 표면**

- 유선상(striate) : 줄무늬 형상
- 난선상(rugulate) : 뒤엉킨 줄 모양
- 망상(reticulate) : 그물 모양

❻ 발아구 형태

- 구형(colpate) : 가늘고 긴 형상
- 공형(porate) : 원형
- 공구형(colporate) : 구형과 공형의 혼합형
- 산공형(periporate) : 발아구(화분관이 나오는 화분벽의 얇은 부위)가 표면에 고루 흩어져 있는 형상

❼ **열매** : 식물이 수정된 후 씨방이나 꽃받침이 변해서 된 것이다. 열매에는 양분이 있어서 동물들의 중요한 먹이가 된다. 대부분 이 속에 씨앗이 들어 있는데, 씨앗은 싹을 틔우고 자라서 같은 종의 식물을 번식시키는 중요한 일을 한다.

- 참열매 : 씨방이 자라서 된 열매이다.
  예 호박, 오이, 복숭아, 가지, 수박, 토마토, 포도, 감, 콩, 완두 등
- 헛열매 : 꽃받침과 같이 씨방 이외의 부분이 자라서 된 열매이다.
  예 사과, 배, 딸기, 석류, 파인애플 등

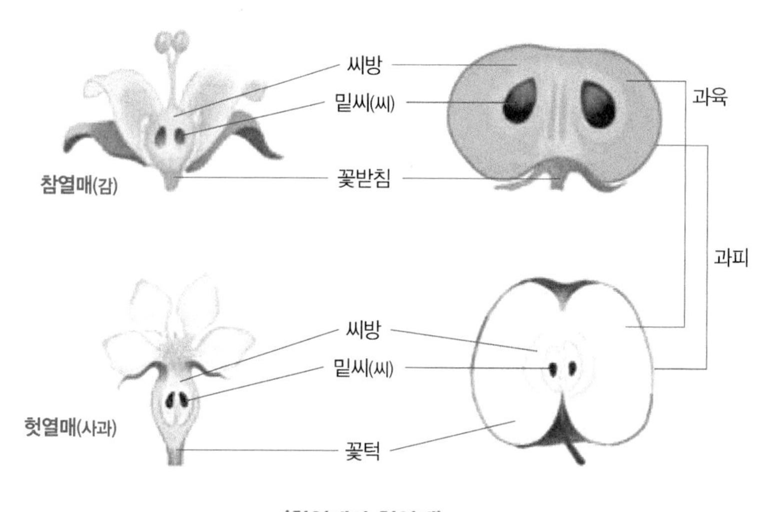

〈참열매와 헛열매〉

3) 줄기

❶ **구조와 역할** : 식물의 영양기관 중 하나이다. 식물체를 튼튼하게 지탱시켜 주고, 뿌리로부터 흡수한 물과 잎에서 만든 양분을 관다발을 통해서 운반하는 역할을 한다. 줄기는 표피, 관다발, 속 등으로 이루어져 있다.

- 표피 : 줄기를 둘러싸고 있는 겉껍질 부분으로 식물체 내부를 보호하며 수분의 증발을 방지한다.

• 관다발 : 겉씨식물과 쌍떡잎식물에 있는 조직의 하나이다. 뿌리, 줄기, 잎 속에 있으며 물의 이동 통로인 물관과 양분의 이동 통로인 체관으로 이루어져 있다. 물관과 체관 사이에 있는 부름켜(형성층)는 부피 생장을 담당한다.
• 속 : 식물 줄기의 중심부에 있는 관다발에 싸인 조직으로, 물렁물렁하고 연한 것이 특징이다.

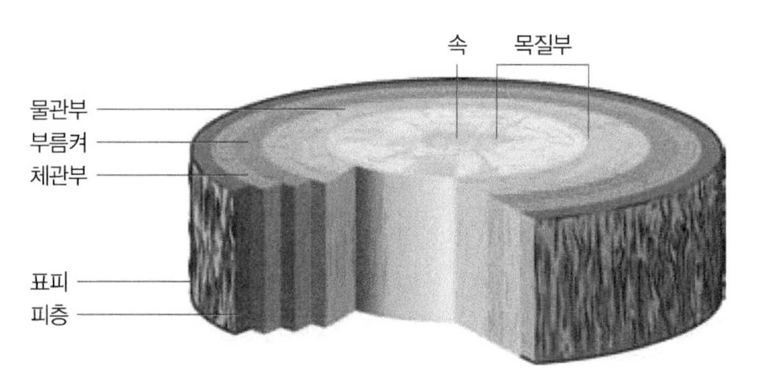

〈줄기의 구조〉

❷ **줄기의 종류 :** 식물의 종류에 따라 다양하다. 대부분의 줄기는 위로 뻗으면서 곧게 자라지만, 환경 변화에 따라 특이하게 변한 줄기도 있다. 동자꽃의 보통줄기, 나팔꽃의 감는줄기, 고구마의 기는줄기, 감자의 덩이줄기, 포도와 머루의 덩굴손, 탱자나무의 가시, 대나무의 땅속줄기, 선인장의 잎줄기, 참나리의 주아, 천남성의 알줄기, 참나리의 비늘줄기, 칸나의 뿌리줄기 등은 모두 줄기가 변태되어 만들어진 것들이다.

〈줄기의 종류〉

4) 뿌리

❶ **구조와 역할 :** 식물의 영양기관 중 하나이다. 식물체의 밑동으로서 보통 땅속에 묻히거나 다른 물체에 박혀 수분과 양분을 빨아올리고, 식물체가 쓰러지지 않도록 지탱하는 역할을 한

다. 또한 잎에서 만들어진 광합성 양분이 줄기를 통해 운반되어 오면, 그 양분을 저장하기도 한다. 뿌리의 생장은 그 끝에 있는 생장점에서 이루어지는데, 생장점은 뿌리골무라는 죽은 세포로 둘러싸여 보호받고 있다. 뿌리는 표피로 둘러싸여 있는데, 이 표피세포의 일부가 밖으로 길게 자란 것이 뿌리털이다. 뿌리는 뿌리털을 통해서 흙 속의 물과 무기 양분을 빨아들인다. 표피 안쪽에는 뿌리에서 빨아들인 물과 무기 양분이 올라가는 통로인 물관과 잎에서 만든 광합성 양분이 내려오는 통로인 체관이 있다.

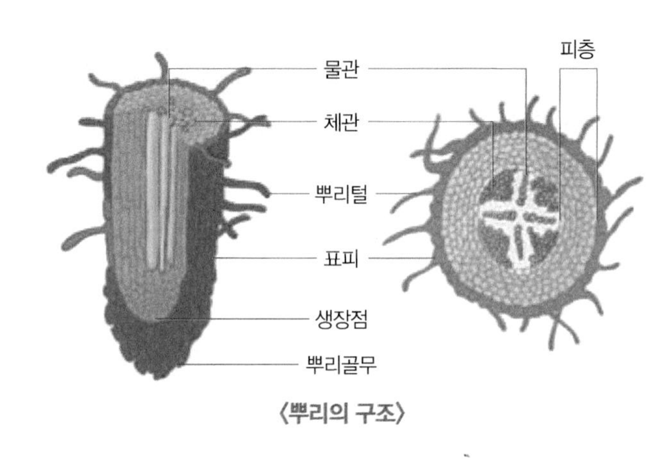

〈뿌리의 구조〉

❷ **뿌리의 종류 :** 쌍떡잎식물과 외떡잎식물의 뿌리는 각각 다르다.

- 쌍떡잎식물 : 가운데에 굵고 곧은 원뿌리가 있고 그 주위에 많은 곁뿌리가 갈라져 나와 있다.
  예 민들레, 호박, 명아주, 복사나무, 무궁화, 살구나무, 밤나무 등
- 외떡잎식물 : 원뿌리와 곁뿌리의 구별 없이 굵기가 비슷한 수염뿌리가 한곳에서 많이 뻗어 있다.
  예 벼, 보리, 밀, 옥수수, 강아지풀, 백합, 닭의장풀, 붓꽃 등

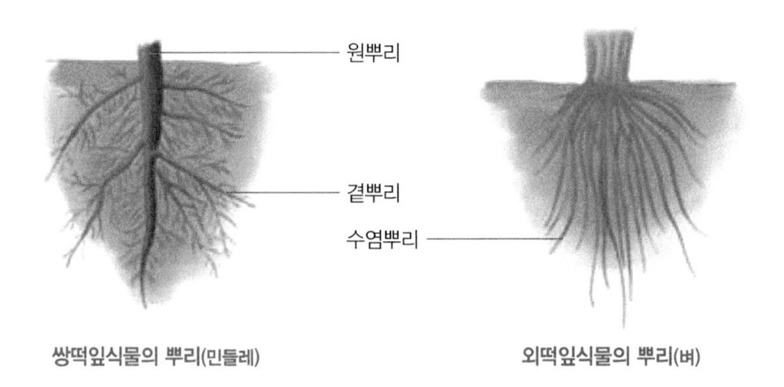

쌍떡잎식물의 뿌리(민들레)

외떡잎식물의 뿌리(벼)

〈뿌리의 형태〉

부록

꿀벌에 관한 유익한 정보

1) 꿀에 관한 오해와 진실

● 꿀병 밑에 가라앉은 침전물은 설탕이다?

- 꿀의 종류에 따라 과당에 비해 포도당의 함량이 높을 때에 침전물이 생긴다.

● 진짜 꿀을 감별하는 방법은 없다?

- 꿀의 품질평가를 위해서는 성분함량, 항생제, 농약, 타르 등 무려 40여 가지의 평가방법이 있다.
- 특히 천연꿀을 구분하는 방법으로는 최근에 탄소동위원소 분석법을 이용한 탄소동위원소비를 기준으로 삼는다. 탄소동위원소비가 –23.5‰보다 낮으면 천연꿀이고, 이보다 높으면 사양꿀로 구분된다.

〈꿀이 결정화하는 과정〉

2) 애벌레의 먹이, 꽃가루(화분)

● 꿀벌은 꽃가루를 모으기 위해 같은 종류의 꽃만 찾는다. 따라서 꽃가루받이(수분)를 위한 매개곤충 가운데 꿀벌에 의한 꽃가루받이(수분)가 가장 잘 이루어진다. 꽃가루는 어린 벌 즉 애벌레의 먹이이자 단백질(아미노산) 공급원이다.

- 꽃가루의 구성 성분 : 조단백질, 비타민, 미네랄 등
- 꽃가루의 주요 효능 : 애벌레의 단백질 공급원
- 꽃가루의 한방 약효 : 지혈 · 청혈, 속병 치료(본초서)

3) 꿀벌의 꽃가루 채취법과 배달된 꽃가루 채집법

● 일벌의 몸에는 짧고 부드러운 털이 많이 나 있어 꽃가루를 모으기에 적합하다.

- 일벌은 머리 부분에 묻은 꽃가루를 앞다리에, 가슴 부분의 꽃가루는 가운뎃다리에, 그리고 배 부분의 꽃가루는 뒷다리에 모아서 둥글게 뭉친다.
- 일벌은 경단처럼 뭉쳐진 꽃가루를 바구니 모양의 긴 털이 있는 뒷다리에 붙여 벌집으로 돌아온다.
- 꽃가루 채집기를 소문에 설치하여 벌이 소문을 통과하면서 뒷다리에 붙여온 꽃가루를 채집기에 떨어뜨리게 한다.

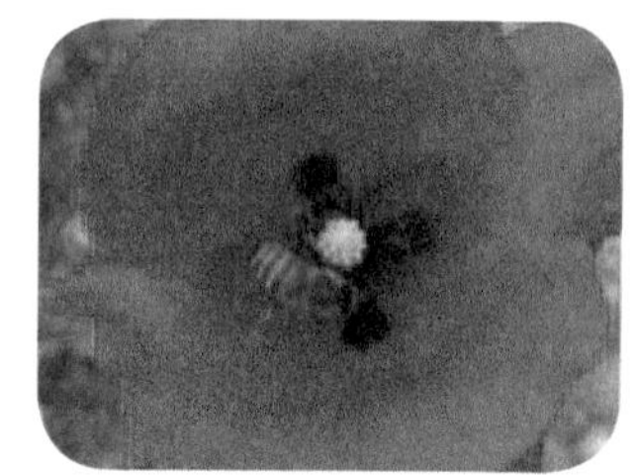

〈꿀벌들이 꽃가루를 모으는 모습〉

4) 로열젤리는 로열(여왕벌)만 먹는다? No!

- 로열젤리는 성충이 된 일벌이 꽃가루와 꿀을 소화 · 흡수시켜 머리의 인두샘에서 분비하는 물질이다.
- 크림 형태의 유백색 물질로서 새콤하고 특이한 맛과 향이 있다.
- 로열젤리는 젊은 일벌의 인두샘에서 분비되며, 일벌이 될 애벌레를 포함한 모든 애벌레에게 먹이로 제공된다.
- 여왕벌은 평생 로열젤리만 먹고 사는데, 수명이 일벌의 30배나 되며, 몸집도 2배 이상 크고 일생 동안 200만 개의 산란 능력을 유지한다.
  - 로열젤리의 주요 성분 : 10-HDA(암세포 성장 억제 등, 지표물질), 특이단백질, 안드로젠(남성호르몬), 에스트로겐(여성호르몬) 등

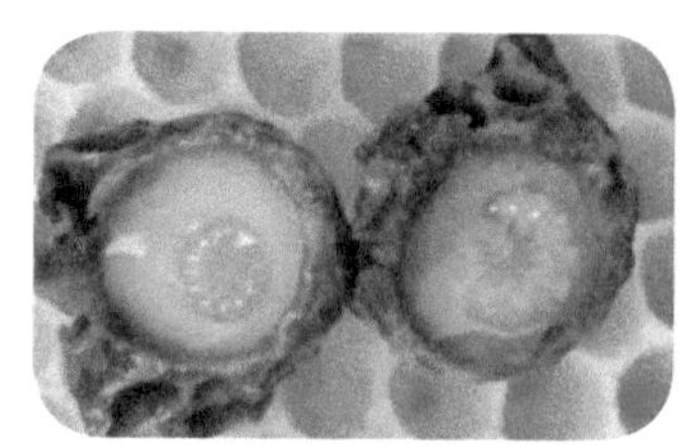

왕대(여왕벌이 될 알을 기르는 벌집)와 애벌레

여왕벌과 일벌

5) 독(毒)이 약(藥)이 되는 벌독

- 벌독은 자신과 종족의 안전을 위한 무기이다.
  - 모든 벌 즉 일벌과 여왕벌은 독선에서 독을 생산하여 독낭(독주머니)에 보관하였다가 침을 통해 분출한다.

• 벌독의 성분은 벌의 종류에 따라 다르며, 같은 종류의 벌이라도 일벌과 여왕벌의 벌독 성분이 다르다.

● 벌독은 봉침요법을 통해 민간과 한방에서 관절염 등 각종 질환의 예방과 치료에 이용되어 왔다.

• 서양종 꿀벌의 일벌은 0.3mg 정도의 독을 가지고 있으며, 벌독에는 항균, 항염증, 세포재생 등 다양한 약리효과를 갖춘 물질들로 구성되어 있다. 꿀벌인 일벌의 벌침은 벌의 내장과 연결되어 있어, 쏘게 되면 피부에 벌침이 박혀 내장이 함께 빠지기 때문에 벌이 죽게 되는 것이다. 그러나 벌침은 빠지지 않고 벌독만 모으는 봉독 채집 장치가 개발되어, 벌은 죽지 않고 다량의 봉독만 손쉽게 채취할 수 있게 되었다. 우리나라에서는 벌독을 화장품의 원료나 가축의 천연항생제로 사용한다.

• 토종벌 일벌은 0.15mg 정도의 독을 가지고 있다. 서양종 꿀벌과 독성분이 약간 다를 뿐만 아니라 약리 효과가 다양하다.

6) 벌집(밀납)은 애벌레 인큐베이터

● 벌집은 최소의 재료로 최대의 강도를 내기 위하여 120° 육각형 방으로 구성된다.

● 꿀벌이 밀납 1kg을 생산하기 위해서는 4kg의 꿀을 먹어야 한다.

● 약 12만 5천 개(100g)의 밀납 조각을 반죽하여 약 8천 개의 육각형 방을 만들 수 있는데, 밀납 비늘 조각은 지름이 약 3mm, 두께가 0.1mm이다.

꿀벌의 밀납 분비

• 벌집의 온도 : 34.5℃

• 벌집의 습도 : 60% 유지

• 벌집의 용도 : 벌꿀 · 화분 저장, 애벌레 양육, 통신망, 병원균 침투 방어 등

국명 찾아보기

학명 찾아보기

참고문헌

- 나무가 쓴 한국의 밀원식물(2007), 류장발 · 장정원, 퍼지컴미디어
- 한국의 화분 I(2000), 박호용 · 선병윤 · 김태진 · 오현우, 생명공학연구소
- 한국의 화분 II(2001), 박호용 · 김태진 · 오현우, 한국생명공학연구원
- 대한식물도감(1980), 이창복, 향문사
- 한국의 밀원식물(2005), 정헌관 · 류장발, (사)한국양봉협회
- 꿀벌家의 가훈과 꿀벌산업의 가치(2011), 이명렬 · 우순옥 · 홍인표 · 한상미 · 최용수, RDA 인테러뱅 · 농촌진흥청
- 한국민족문화대백과 http://terms.naver.com/list.nhn?cid=44621&categoryId=44621
- 국립수목원 국가생물종지식정보 http://www.nature.go.kr/main/Main.do
- 한국식물생태보감(2016), 김종원, 자연과 생태